国防科技工业无损检测人员资格鉴定与认证培训教材

无损检测综合知识

《国防科技工业无损检测人员资格鉴定与认证培训教材》编审委员会 编

主　编　王自明

主　审　张　引

机 械 工 业 出 版 社

本书是《国防科技工业无损检测人员资格鉴定与认证培训教材》中的一本。内容包括：无损检测概论；无损检测应用所需材料、工艺及缺陷的实用知识；无损检测人员资格鉴定与认证的主要内容。

本书可供无损检测Ⅱ、Ⅲ级人员和参加培训及考核的师生使用，也可供质量管理人员、大专院校师生参考。

图书在版编目（CIP）数据

无损检测综合知识/《国防科技工业无损检测人员资格鉴定与认证培训教材》编审委员会编. —北京：机械工业出版社，2004.10（2024.6 重印）

国防科技工业无损检测人员资格鉴定与认证培训教材

ISBN 978-7-111-15418-1

Ⅰ.无… Ⅱ.国… Ⅲ.无损检验–技术培训-教材 Ⅳ.TG115.28

中国版本图书馆 CIP 数据核字（2004）第 105643 号

机械工业出版社（北京市百万庄大街 22 号　邮政编码 100037）
责任编辑：吕德齐　武　江　封面设计：鞠　杨
责任印制：单爱军
北京虎彩文化传播有限公司印刷
2024 年 6 月第 1 版第 13 次印刷
184mm×260mm・16.25 印张・367 千字
标准书号：ISBN 978-7-111-15418-1
定价：49.00 元

凡购本书，如有缺页、倒页、脱页，由本社发行部调换

电话服务　　　　　　　　　　　　策划编辑：（010）88379772
社 服 务 中 心：（010）88361066　网络服务
销 售 一 部：（010）68326294　门 户 网：http://www.cmpbook.com
销 售 二 部：（010）88379649　教材网：http://www.cmpedu.com
读者购书热线：（010）88379203　**封面无防伪标均为盗版**

序　言

　　无损检测技术是产品质量控制中不可缺少的基础技术，随着产品复杂程度增加和对安全性保证的严格要求，无损检测技术在产品质量控制中发挥着越来越重要的作用，已成为保证军工产品质量的有力手段。无损检测应用的正确性和有效性一方面取决于所采用的技术和设备的水平，另一方面在很大程度上取决于无损检测人员的经验和能力。无损检测人员的资格鉴定是指对报考人员正确履行特定级别无损检测任务所需知识、技能、培训和实践经历所作的验证；认证则是对报考人员能胜任某种无损检测方法的某一级别资格的批准并作出书面证明的程序。对无损检测人员进行资格鉴定是国际通行做法。美国、欧洲等发达国家都建立了有关无损检测人员资格鉴定与认证标准，国际标准化组织 1992 年 5 月制定了国际标准 ISO 9712，规定了人员取得级别资格与所能从事工作的对应关系，通过人员资格鉴定与认证对其能力进行确认。无损检测人员资格鉴定与认证对确保产品质量的重要性日益突出。

　　改革开放以来，船舶、核能、航天、航空、兵器、化工、煤炭、冶金、铁道等行业先后开展了无损检测人员资格鉴定与认证工作，对提高无损检测人员素质，确保产品质量发挥了重要作用。随着社会主义市场经济体制不断完善，国防科技工业管理体制改革逐步深化，技术进步日新月异，特别是高新技术武器装备科研生产对质量工作提出的新的更高要求，现有的无损检测人员资格鉴定与认证工作已经不能适应形势发展的要求。未来十年是国防科技工业实现跨越发展的重要时期，做好无损检测人员资格鉴定与认证工作对确保高新技术武器装备研制生产的质量具有极为重要的意义。

　　为进一步提高国防科技工业无损检测技术保障水平和能力，"国防科工委关于加强国防科技工业技术基础工作的若干意见"提出了要研究并建立与国际惯例接轨，适应新时期发展需要的国防科技工业合格评定制度。2002 年国防科技工业无损检测人员的资格鉴定与认证工作全面启动，各项工作稳步推进，2002 年 11 月正式颁布 GJB 9712—2002《无损检测人员的资格鉴定与认证》；2003 年 8 月出版了《国防科技工业无损检测人员资格鉴定与认证考试大纲》；2003 年 9 月国防科工委批准成立国防科技工业无损检测人员资格鉴定与认证委员会，授权其统一管理和实施承担武器装备科研生产的无损检测人员资格鉴定与认证工作，标志着国防科技工业合格评定制度的建立开始迈出了重要的第一步。鉴于国内尚无一套能满足 GJB 9712 和《国防科技工业无损检测人员资格鉴定与认证考试大纲》要求的教材，为了做好国防科技工业无损检测人员资格鉴定与认证考核工作，国防科工委科技与质量司组织有关专家编写了这套国防科技工业无损检测人员资格鉴定与认证培训教材。

　　本套教材比较全面、系统地体现了 GJB 9712—2002《无损检测人员的资格鉴定与认证》和《国防科技工业无损检测人员资格鉴定与认证考试大纲》的要求，包括了对无损检测Ⅰ、Ⅱ、Ⅲ级人员的培训内容，以Ⅱ级要求内容为主体，注重体现Ⅲ级所要求的深度和广度，强调实际应用；同时教材体现了国防科技工业无损检测工作的特色，增加了典型应用实例、典型产品及事故案例的介绍，并力图反映无损检测专业技术发展的最新动态。全套教材共11册，包括《无损检测综合知识》、《涡流检测》、《渗透检测》、《磁粉检测》、《射线检测》、《超声检测》、《声发射检测》、《计算机层析成像检测》、《全息和散斑检测》、《泄漏检测》和《目视检测》。

由于无损检测技术涉及的基础科学知识及应用领域十分广泛，而且计算机、电子、信息等新技术在无损检测中的应用发展十分迅速，教材编写难度较大。加之成书比较仓促，难免存在疏漏和不足之处，恳请培训教师和学员以及读者不吝指正。愿本套教材能够为国防科技工业无损检测人员水平的提高和促进无损检测专业的发展起到积极的推动作用。

本套教材参考了国内同类教材和培训资料，编写过程中得到许多国内同行专家的指导和支持，谨此致谢。

《国防科技工业无损检测人员
资格鉴定与认证培训教材》编审委员会
2004年3月

前　言

根据"国防科技工业无损检测人员资格鉴定与认证培训教材"的编写要求和分工，我们承担了《无损检测综合知识》教材编写，并贯彻以下编制原则：一是紧密围绕考试大纲，强调实用；二是突出共性并体现国防科技工业无损检测工作特色；三是教材内容按照无损检测概论，材料、工艺及缺陷，人员资格鉴定与认证三部分进行编排。

全书设三篇和一个附录。第一篇"无损检测概论"分为七章：第 1 章概述无损检测及其在国防科技工业中的作用，描述国防科技工业中已实际应用的 10 种无损检测方法，说明无损检测方法的选择原则；第 2 章至第 6 章介绍五大常规无损检测方法——涡流检测、液体渗透检测、磁粉检测、射线照相检测和超声检测的物理原理、设备器材、检测技术和实际应用；第 7 章简介无损检测质量控制的实用知识；第二篇"材料、工艺及缺陷"分为四章：第 8 章介绍材料、工艺及缺陷的初步知识；第 9 章重点介绍国防科技工业中大量使用的主要金属结构材料——钢铁材料（非合金钢、低合金钢和合金钢）、高温合金材料、轻金属材料（铝合金、钛合金和镁合金）的分类、特点与应用、产品牌号表示方法等，对复合材料和火炸药也作了简单介绍；第 10 章介绍武器装备和主导民品制造涉及的基本工艺——金属铸造、金属塑性加工、金属焊接、粉末冶金、金属热处理、机械加工、金属腐蚀与防护的典型工艺方法；第 11 章介绍基本工艺可能产生的常见缺陷。第三篇"人员资格鉴定与认证"介绍国家军用标准 GJB 9712《无损检测人员的资格鉴定与认证》的主要内容。附录列出了 20 幅典型缺陷照片，说明这些缺陷的主要特征及五大常规无损检测方法的适用性和局限性，其意图在于使读者意识到影响有效无损检测方法选择的诸多因素。

本书第 2 章至第 7 章依次由徐可北和周俊华、宫润理、宋志哲、郑世才、史亦韦、王自明和张引编写，第 1 章、第 8 章～13 章和附录由王自明编写。全书由王自明整理定稿。张引担任主审，陶春虎、郑鹏参加了审定工作。

本书定位为所有无损检测方法Ⅱ、Ⅲ级人员的综合知识教材，全书按照对Ⅲ级人员的要求编写，带"*"号部分可供Ⅱ级人员学习。

编写组对有关参考文献的作者，对所有热情关心、支持和指导本教材编写的领导、专家和朋友们表示衷心感谢。

限于编者水平，错误和疏漏恐在所难免，热诚欢迎培训教师、学员和读者提出宝贵意见。

《无损检测综合知识》编写组

2004 年 5 月

目　录

第三篇　人员资格鉴定与认证

第一篇 无损检测概论

第1章 概 述

*1.1 无损检测

无损检测（Nondestructive Testing，缩写为 NDT），就是研发和应用各种技术方法，以不损害被检对象未来用途和功能的方式，为探测、定位、测量和评价缺陷，评估完整性、性能和成分，测量几何特征，而对材料和零（部）件所进行的检验、检查和测试。一般来说，缺陷检测是无损检测中最重要的方面。因此，狭义而言，无损检测是基于材料的物理性质因有缺陷而发生变化这一事实，在不改变、不损害材料和工件的状态和使用性能的前提下，测定其变化量，从而判断材料和零部件是否存在缺陷的技术。就是说，无损检测是利用材料组织结构异常引起物理量变化的原理，反过来用物理量的变化来推断材料组织结构的异常。它既是一门区别于设计、材料、工艺和产品的相对独立的技术，又是一门贯穿于武器装备和主导民用产品设计、研制、生产和使用全过程的综合技术。在设计阶段，用于支持损伤容限设计；在研制、生产阶段，用于剔除不合格的原材料、坯料及工序不合格品，改进制造工艺，鉴定产品对验收标准的符合性，判定合格与否；在在役检测中，用于监测产品结构和状态的变化，确保产品运行的安全可靠。在核能、航天、航空、兵器和船舶等国防科技工业的产品设计、研制、生产和使用中，无损检测技术已经获得广泛应用。

由于物理量的变化与材料组织结构的异常不一定是一一对应的，因此，不能盲目地使用无损检测，否则不但不能提高产品的可靠性，而且要增加制造成本。因而必须掌握无损检测的理论基础，选用最适当的无损检测方法，应用正确的检测技术，在最适当的时机进行检测，正确评价检测获得的信息，才能充分发挥其效果。例如要发现锻造及冲压加工所产生的缺陷，不宜采用射线检测；对于表面淬火裂纹等则应选用磁粉检测等。此外，无损检测的时机也是一个重要因素，例如经过焊接或热处理的某些材料会出现延迟断裂现象，即在加工或热处理后，经过几个小时甚至几天才产生裂纹。因此，必须了解这些情况以确定检测时机。

无损检测的可靠性与被检工件的材质、组成、形状、表面状态、所采用的物理量的性质以及被检工件异常部位的性质、形状、大小、取向和检测装置的特性等关系很大，而且还受人为因素、标定误差、精度要求、数据处理和环境条件等的影响，因此，需要根据不同情况选用不同的物理量，而且有时往往需要综合考虑几种不同物理量的变化情况，才能对材料组织结构的异常情况做出可靠的判断。可见，不管采用哪一种检测方法，要完全检测出异常部位是十分困难的，而且往往不同的检测方法会得到不同的信息，因此综合应用几种方法可以提高无损检测的可靠性。

　　根据物理原理的不同，无损检测方法多种多样。工程应用中最普遍采用的有涡流检测（ET）、液体渗透检测（PT）、磁粉检测（MT）、射线照相检测（RT）和超声检测（UT），通称五大常规无损检测方法。其中，射线照相检测和超声检测主要用于检测内部缺陷，磁粉检测和涡流检测可以检测表面和近表面缺陷，液体渗透检测只能检测表面开口缺陷。已获工程应用的其他无损检测方法主要有：声发射检测、计算机层析成像检测、全息干涉/错位散斑干涉检测、泄漏检测、目视检测和红外检测。

*1.2　常规无损检测方法

1.2.1　涡流检测

　　涡流检测（Eddy Current Testing，ET）是基于电磁感应原理揭示导电材料表面和近表面缺陷的无损检测方法。

　　当载有交变电流的检测线圈接近被检件时，材料表面和近表面会感应出涡流，其大小、相位和流动轨迹与被检件的电磁特性和缺陷等有关；涡流产生的磁场作用会使线圈阻抗发生变化，测定线圈阻抗即可获得被检件物理、结构和冶金状态的信息。涡流检测可以用于测量或鉴别电导率、磁导率、晶粒尺寸、热处理状态、硬度；检测折叠、裂纹、孔洞和夹杂等缺陷；测量非铁磁性金属基体上非导电涂层的厚度，或者铁磁性金属基体上非铁磁性覆盖层的厚度；还可用于金属材料分选、并检测其成分、微观结构和其他性能的差别。

　　由于涡流检测有多种敏感反应，一方面应用范围广，另一方面对检测结果的干扰因素多。因此，涡流检测仪器一般都根据不同的检测目的，采用不同的方法抑制干扰信息，提取有用信息，制成不同类型的专用仪器，例如涡流电导仪、涡流探伤仪和涡流测厚仪。涡流检测的主要优点是：非接触，检测速度快，能在高温状态下进行检测；主要局限是：只能检测导电材料；检测灵敏度相对较低。

1.2.2　液体渗透检测

　　液体渗透检测（Liquid Penetrant Testing，PT）是基于毛细管现象揭示非多孔性固体材料表面开口缺陷的无损检测方法。简称渗透检测。

　　将液体渗透液借助毛细管作用渗入工件的表面开口缺陷中，用去除剂（如水）清除掉表面多余的渗透液，将显像剂喷涂在被检表面，经毛细管作用，缺陷中的渗透液被吸附出来并在表面显示。

　　液体渗透检测的基本步骤是：预处理、渗透、去除、干燥、显像、检验和后处理。

　　有两种渗透检测方法：荧光渗透检测和着色渗透检测。渗透检测适用于表面裂纹、折叠、冷隔、疏松等缺陷的检测，被广泛用于铁磁性和非铁磁性锻件、铸件、焊接件、机加工件、粉末冶金件、陶瓷、塑料和玻璃制品的检测。图1-1是渗透检测实例。

　　渗透检测在使用和控制方面都相对简单。渗透检测所使用的设备可以是分别盛有渗透液、去除剂、显像剂的简单容器组合，也可以是复杂的计算机控制自动处理和检测系统。

渗透检测的主要优点是：显示直观；操作简单；渗透检测的灵敏度很高，可检出开度小至 1μm 的裂纹。渗透检测的主要局限是：它只能检出表面开口的缺陷；粗糙表面和孔隙会产生附加背景，从而对检测结果的识别产生干扰；对零件和环境有污染。

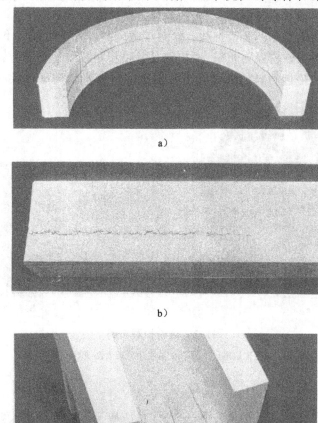

图1-1　渗透检测显示

a）分层　b）焊接缩裂　c）铝锻件裂纹

1.2.3 磁粉检测

　　磁粉检测（Magnetic Particle Testing，MT）是基于缺陷处漏磁场与磁粉的相互作用而显示铁磁性材料表面和近表面缺陷的无损检测方法。

　　当被检材料或零件被磁化时，表面或近表面缺陷处由于磁的不连续而产生漏磁；漏磁场的存在，亦即缺陷的存在，借助漏磁场处聚集和保持施加于工件表面的磁粉形成的显示（磁痕）而被检出；磁痕指示出缺陷的位置、尺寸、形状和程度。施加于工件表面的磁粉可以是干磁粉，也可以是置于载液（例如水载液、油基载液和乙醇载液）中的湿磁粉。

磁粉检测的基本步骤是：预处理、磁化工件、施加磁粉或磁悬液、磁痕分析与评定、退磁和后处理。

磁粉检测可发现的主要缺陷有：各种裂纹、夹杂（含发纹）、夹渣、折叠、白点、分层、气孔、未焊透、疏松、冷隔等。图1-2为检测实例。

磁粉检测的主要优点是：显示直观；检测灵敏度高，可检测开口小至微米级的裂纹；设备简单（主要设备为磁粉探伤机），操作简便，结果可靠，价格便宜；磁粉检测的主要局限是：只能检测铁磁性材料的表面和近表面缺陷，而不适用于非铁磁性材料。

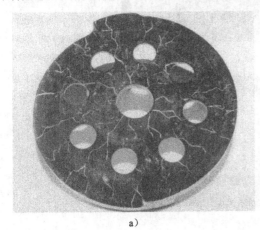

a）　　　　　　　　　　　　　　　　　　　　　　　　b）

图1-2　磁粉检测实例

a）热处理缺陷（上）　b）法兰中的近表面缺陷（下）

1.2.4　射线照相检测

射线照相检测（Radiographic Testing，RT）是基于被检件对透入射线（无论是波长很短的电磁辐射还是粒子辐射）的不同吸收来检测零件内部缺陷的无损检测方法。

由于零件各部分密度差异和厚度变化，或者由于成分改变导致的吸收特性差异，零件的不同部位会吸收不同量的透入射线。这些透入射线吸收量的变化，可以通过专用底片记录透过试件未被吸收的射线而形成黑度不同的影像来鉴别。根据底片上的影像，可以判断缺陷的性质、形状、大小和分布。

射线照相检测主要适用于体积型缺陷，如气孔、疏松、夹杂等的检测，也可检测裂纹、未焊透、未熔合等。工业应用的射线检测技术有三种：X射线检测、γ射线检测和中子射线检测。其中使用最广泛的是X射线照相检测，主要设备是X射线探伤机，其核心部件是X射线管，常用管电压不超过450kV，对应可检钢件的最大厚度约70~80mm；当采用加速器作为射线源时，可获得数十兆电子伏的高能X射线，可检测厚度500~600mm的钢件。图1-3为检测实例。

射线照相检测的主要优点是：可检测工件内部的缺陷，结果直观，检测对象基本不受零件材料、形状、外廓尺寸的限制；主要局限是：三维结构二维成像，前后缺陷重叠；被检裂纹取向与射线束夹角不宜超过10°，否则将很难检出。

射线的辐射生物效应可对人体造成损伤，必须采取妥善的防护措施。

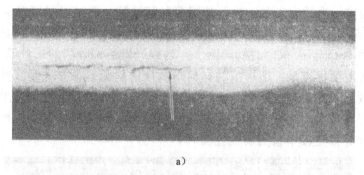

a)

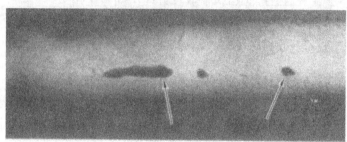

b)

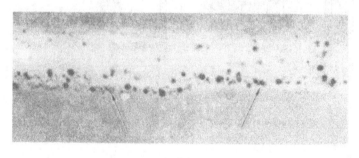

c)

图1-3　射线照相检测实例

a）纵向裂纹　b）拉长的孔洞　c）孔隙

1.2.5　超声检测

超声检测（Ultrasonic Testing，UT）是利用超声波（常用频率为 0.5～25MHz）在介质中传播时产生衰减，遇到界面产生反射的性质来检测缺陷的无损检测方法。

对透过被检件的超声波或反射的回波进行显示和分析，可以确定缺陷是否存在及其位置以及严重程度。超声波反射的程度主要取决于形成界面材料的物理状态，而较少取决于材料具体的物理性能。例如，在金属／气体界面，超声波几乎产生全反射；在金属／液体和金属／固体界面，超声波产生部分反射。产生反射界面的裂纹、分层、缩孔、发纹、脱粘和其他缺陷易于被检出；夹杂和其他不均匀性由于产生部分反射和散射或产生某种其他可检效应，也能够被检出。具体检测方法主要有脉冲回波法和超声穿透法，其中以超声脉冲回波法应用最广。

基本的缺陷显示方式有三种：显示缺陷深度和缺陷反射信号幅度的 A 型显示（A 扫描）、显示缺陷深度及其在纵截面上分布状态的 B 型显示（B 扫描）、以及显示缺陷在平面视图上分布的 C 型显示（C 扫描）。图 1-4 为碳纤维结构分层的三种显示结果。

超声检测的主要优点是：适用多种材料与制作的检测；可对大厚度件（如几米厚的钢件）进行检测；能对缺陷进行定位；设备轻便，可现场检测。主要局限是：常用的从波脉冲发射法存在盲区，表面与近表面缺陷难以检测；试件形状复杂对检测可实施性有较大影响；检测者需要较丰富的实践经验。

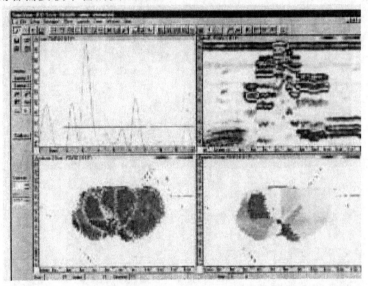

图1-4　碳纤维结构分层的几种显示方法

（A 显示（左上）、B 显示（右上）和 C 显示（下））

1.3　其他无损检测方法

1.3.1　声发射检测

声发射检测（Acoustic Emission Testing，AE）是借助受应力材料中局部瞬态位移所产生的应力波——声发射进行检测的动态无损检测方法。

典型的声发射源是与缺陷有关的变形过程，例如裂纹扩展与塑性变形。源区瞬态位移所产生的应力波经介质传播至表面，激励与表面耦合的、灵敏的压电换能器；来自一个或多个换能器的信号经放大和测量即可形成显示和解释所需要的特性参数。声发射能量来源于材料中的弹性应力场，没有应力，就没有声发射。因此，声发射检测通常是在加载过程中进行的，属动态检测。

声发射检测的主要目标是：分析确定声发射源的性质和部位；确定声发射发生的时间或载荷；评定声发射源的严重性。

声发射检测的主要优点是：由于是检测动态缺陷（如缺陷扩展），而不是检测静态缺陷，因此可检测和评价对结构安全更为有害的活动性缺陷；由于是检测缺陷本身发出的缺陷信息，无需用外部的输入对缺陷进行扫查，因而对大型复杂构件，可提供整体或大范围的快速检测。主要局限是：检测易受外部机电噪声干扰；需要加载程序；准确定性、定量依赖于其他无损检测方法。20 世纪 80 年代以来，随着计算机技术和基础研究的进展，声发射技术获得了迅速发展，已从实验室研究扩展到结构评价和工业过程监视等各领域。

　　声发射的主要应用有：监视疲劳裂纹扩展和焊接接头质量，已实际用于压力容器的制造、维修和运转中的检测，监测核反应堆运转状态下泄漏和危险区域；声发射还可用于某些复合材料构件（如海豚直升机的碳纤维复合材料大垂尾结构组件）的结构完整性评价、监视飞机构件和整机的结构完整性；在力学性能试验中也有相当多的应用。

1.3.2　计算机层析成像检测

　　计算机层析成像检测（Computed Tomography Testing，CT）是一种生成"对象"横截面薄切片图像的技术。CT 成像技术与其他成像技术不同（参加图 1-5）：在 CT 成像技术中，CT 系统的能量束和探测器阵列与成像表面处于同一平面内；而典型的成像技术中，能量束与成像表面垂直。此外，由于 CT 成像平面与能量束和探测器扫描信道平行，CT 系统需要一套计算程序对通过"对象"横截面薄切片结构内能量束的相对衰减进行逐点计算、定位和显示。

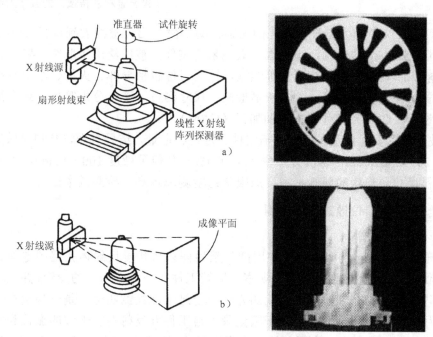

图1-5　计算机层析成像与射线照相的比较

a）计算机层析成像　b）射线照相

　　不同类型的能量束，例如超声波、电子、质子、α粒子、激光和微波，都可以实现计算机层析成像。然而在工业无损检测中，只有 X 射线计算机层析成像（XCT）被认为具有普遍意义。它采集和重建透过"对像"二维切片的 X 射线数据，形成一幅既无切片上部区域、也无切片下部区域干扰的横截面图像，这幅 CT 图像代表了切片内逐点线性衰减系数，该衰减系数取决于材料的密度、有效原子序数和 X 射线束的能量。CT 图像对结构内小的密度差有很高的灵敏度。CT 系统还能够生成数字射线图像（DR），DR 和 CT 图像能在计算机内进一步处理和分析。从一系列二维图像可以构成三维图像，重现"对象"内部特征。图 1-6 和图 1-7 给出了 CT 系统生成的切片层析图和数字射线图像实例。

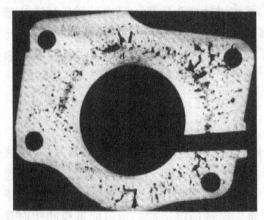

图1-6　显示铸锭底座严重收缩和孔隙的 CT 图像　　图1-7　由工业 CT 系统生成的航空发动机叶片（镍合金精密铸造）的数字射线图像

目前，工业 CT 作为一种实用化的无损检测手段，已可检测大到直径 2~4m、长度 8.6m、质量 55000kg 的结构，小到直径数毫米的试件，被广泛用于航空、航天、兵器、核能、船舶、新材料、新工艺研究等领域。检测对象包括导弹、火箭、军用发动机、核废料、陶瓷、计算机芯片等。除了缺陷检测、尺寸测量、密度分析等外，还广泛用于计算机辅助设计（CAD）和计算机辅助加工（CAM）中。

CT 技术的主要优点是：可对缺陷定性、定位、定量，结果直观，检测灵敏度高（空间分辨率 20~250 lp/cm，密度分辨率 1%~0.1%，几何灵敏度 100~5μm），检测对象基本不受材料尺寸、形状的限制；主要局限是：检测成本高、检测效率低。

1.3.3　全息干涉/错位散斑干涉检测

1. 全息干涉检测

全息干涉（Holography）是一种用创建某种任意形状漫反射体完整图像即三维图像的二维成像术 —— 全息照相方法来观察和比较工件在外力作用下的变形，并以此判断工件表面或内部是否存在缺陷的无损检测方法。全息干涉检测实际上是一种全息干涉计量技术：先用激光照射工件，用全息干版记录来自工件漫反射的相干波的振幅和相位，形成一幅全息图（用相干参考光照射这张全息图时，可以反映工件的真实形状），然后对工件加载，再记录一幅全息图；通过比较分析加载前、后的两幅全息图，找出反映应变集中的条纹异常 —— 特征条纹，即可识别缺陷（图 1-8）。

有三种全息干涉检测方法——双曝光法、时间平均法和实时观察法，已被成功地用于位移、应变和振动研究、等深线测绘、瞬态／动态现像分析。在无损检测方面的应用包括：蜂窝芯夹层结构的脱粘检测、碳纤维复合材料的分层检测、充气轮胎的检测、固体火药柱包覆层脱粘检测等。

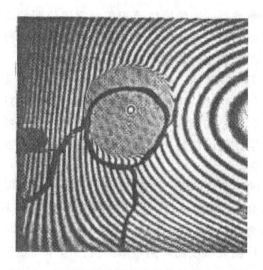

图1-8 显示蜂窝夹层结构脱粘的全息干涉图

全息干涉检测的主要优点是：非接触、检测灵敏度高（检测位移灵敏度优于半个光波波长），检测对象基本不受工件材料、尺寸、形状限制；主要局限是：要求防振，检测能力随缺陷埋深增加而迅速下降。

2. 错位散斑干涉检测

错位散斑干涉（Shearography）又称错位照相，是一种允许观察全场表面应变的光学干涉方法，它等效于可观测大面积应变分布的全场应变计，而又不要求实际安装应变计／传感器。错位照相输出的是反映表面应变分布的条纹图，并通过找出反映应变异常的特征条纹——蝶状条纹检出缺陷（参见图 1-9）。

相干光照射物体光学粗糙表面时，物面漫射的光也是相干光，它们在物面前方的空间彼此干涉形成无数随机分布的亮点和暗点，称为散斑。物体运动或受力变形时，

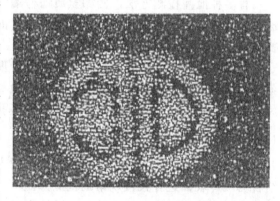

图1-9 显示复合材料层扳分层的蝶状条纹

散斑也随之在空间按一定的规律运动，即散斑带有位移的信息。因此能利用记录在底片（或其他记录介质）上的散斑图分析物体运动和变形的有关信息，并利用这些信息进行无损检测。散斑测量方法有两类：一类叫散斑照相，也叫单光束散斑干涉，包括单光束单孔径记录和单光束多孔径记录；另一类叫散斑干涉，包括双光束散斑干涉和错位散斑干涉。已为工业领域接受的主要是错位散斑干涉，借助错位照相机，通过双曝光记录变形前、后的两幅散斑图并使之叠加，形成一幅描述物体表面位移导数的条纹图；物体中的缺陷通常产生应变集中，而应变集中则转化为条纹图异常——特征条纹；通过识别特征条纹即可检出缺陷。

有两种错位散斑干涉类型：光学错位照相和数字错位照相。前者采用光学照相乳胶作为记录介质，可获得高质量的条纹图；后者是一种不用光学照相记录和湿处理的计算机处理技术，条纹图可在近于实时即视频速率下产生。

错位散斑干涉用于无损检测始于轮胎检测，目前国防上主要是检测复合材料结构、蜂窝夹层结构、火药柱包覆层等。可检缺陷类型包括分层、脱粘、冲击损伤和孔洞等。检测灵敏度与材料性质和缺陷的埋深有关：对纤维增强复合材料层板埋深 1mm 的分层，对飞机上使用的蜂窝夹层结构的脱粘，检测灵敏度优于直径 ϕ12mm；对橡胶轮胎，则可检测直径小至 ϕ1mm 的缺陷。

错位散斑干涉技术的主要优点是：非接触；无污染；检测基本不受工件几何外形、尺寸和材料限制；全场检测、实时成像（黑／白或伪彩色），检测速率高；缺陷尺寸与面积的数字化测量；不用避光，不必专门隔振；可用于产品和现场检测。主要局限是：检测时必须对构件加载，检测灵敏度随缺陷埋藏深度的增加而迅速下降。

1.3.4 泄漏检测

泄漏检测（Leak Testing，LT）是基于密闭容器内外存在压差时流体（气体或液体）能够从漏道渗入或渗出的原理以检测容器或系统密封性的无损检测方法。

泄漏检测的目的是：找出漏道并进行漏道定位；确定漏道或系统的泄漏速率；泄漏监控。

有多种泄漏检测方法，例如氦质谱检漏、压力变化检漏、卤素检漏、气泡检漏、渗透检漏等。确定选用哪一种检测方法要考虑的主要因素有三个：被检系统和示踪流体的物理特性；预计漏道的尺寸；检测目的。

检测常用于下列三种情况：为了防止贵重材料或能量的损失；为了阻止造成环境污染；为了确保零件和系统的运行可靠性。检测通常分两步进行：先进行粗检，然后用更灵敏的方法终检。泄漏检测适用于所有非多孔性材料制成的构件。

1.3.5 目视检测

目视检测（Visual Testing，VT）是仅用人的肉眼或肉眼与各种低倍简易放大装置相结合对工件表面进行直接观察的检测方法。

放大装置包括放大镜、袖珍显微镜和内窥镜。内窥镜又分为刚性内窥镜、柔性内窥镜和视频内窥镜，可对结构内部进行检测。先进的视频内窥镜已经达到了较高的水平：数字化高分辨率图像、如身临其境的真彩色还原、直观的图像分屏显示功能、完整的图像数字化存储管理系统、精确的（距离、深度和斜面）立体三维测量功能等。

目视检测的优点是：快速、方便、直观。其局限是：只能检测表面缺陷，必要时需对表面进行清理。

1.3.6 红外检测

红外检测（Infrared Testing，IR）是基于红外辐射原理，通过扫描记录或观察被检测工件表面上由于缺陷所引起的温度变化来检测表面和近表面缺陷的无损检测方法。

将一固定热量均匀地注入工件表面，其扩散进入工件内部的速度由内部性质决定。

如果内部有缺陷，则均匀热流被缺陷所阻（热阻），经过时间延迟在缺陷部位产生热量堆积，在相应工件表面表现为温度异常。用红外仪器扫描工件表面，记录表面温度场，可判断温度异常处下方存在缺陷。可检缺陷包括：金属和非金属材料胶接件、蜂窝夹层结构、金属焊接、管道设备、空心涡轮叶片等材料与构件中的脱粘、分层、孔洞、裂纹、厚度不均、夹杂物等。图1-10为检测实例。

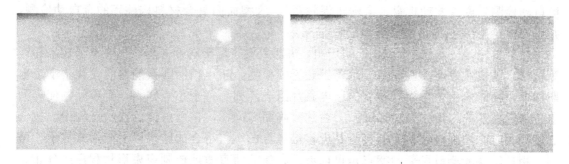

图1-10　碳纤维复合材料层板（240mm×160mm×2mm）人工缺陷检测结果

缺陷尺寸：直径依次为20mm、15mm、10mm、5mm、3mm。

缺陷埋深：0.5mm（左）和0.7mm（右）

红外检测按其检测方式分为主动式和被动式两类。前者是在人工加热工件的同时或加热后经过延迟扫描记录和观察工件表面的温度分布，适用于静态件检测；后者是利用工件自身的温度不同于周围环境的温度，在两者的热交换过程中显示工件内部的缺陷，适用于运行中设备的质量控制。

红外检测的主要设备是红外热像仪。红外检测的优点是：非接触、遥感、大面积、快速有效、结果直观；主要局限是：检测灵敏度随缺陷埋藏深度的增加而很快降低。

1.4　无损检测技术进展

无损检测技术进展主要包括三个方面：首先，无损检测技术正从一般的无损检测向自动无损检测和定量无损检测发展，引入计算机和数字图像处理技术进行检测和分析数据，以减少人为因素的影响，提高检测可靠性；其次，是发展微观缺陷检测技术、在线检测技术和在役检测技术；第三，是开展无损检测新原理、新方法、新技术的探索研究。

作为无损检测技术进展的工程化成果很多，例如X射线数字化实时成像技术、复杂型面构件超声自动检测技术、超声相控阵技术、激光超声技术、锥束计算机层析成像（锥束CT）技术等。

高速计算机系统的出现，伴随着功能强大的图像处理软件和固态射线探测器的发展，使得X射线数字化实时成像技术迅速发展并获工程应用。与胶片照相技术相较，X射线数字化实时成像技术无需胶片和胶片的暗室处理，缩短了曝光时间，增大了图像的动态范围并对图像进行数字化，而且其检测的实时性和对曝光时间的宽容度等特点，不仅为室内作业，也为外场作业创造了无比的优越性。可大大降低成本，有效保护环境。美国材料与试验学会（ASTM）正制订用于非胶片 X 射线检测系统的电子数字图像标准，该系统将来亦可用于制造业的铸件检测。先进的 X 射线数字化实时成像技术必将对各个生产环节射线检测的质量自动评价起到关键性的作用，而这在以前的质量控制方法中是难以想象的。

超声自动检测技术方面，通过解决型面跟踪、信噪比等问题，已从简单管、棒、平板自动检测发展到发动机盘（含粉末涡轮盘）、大型曲面复合材料构件等的全自动检测，并可同时给出 A 扫描、B 扫描和 C 扫描结果。

超声相控阵技术已有近 20 年的历史，初期主要应用于医疗领域，随着电子技术和计算机技术的快速发展，已逐渐应用于工业无损检测。超声相控阵换能器的设计基于惠更斯原理，换能器由多个相互独立的压电芯片组成阵列，每个芯片称为一个单元，使阵列中各单元发射的超声波叠加形成一个新的波阵面。同样，在反射波的接收过程中，按一定规则和时序控制接收单元的接收并进行信号合成，再将合成结果以适当形式显示。可见，相控阵换能器最显著的特点是可以灵活、便捷而有效地控制声束形状和声压分布。其声束角度、焦柱位置、焦点尺寸及位置在一定范围内连续、动态可调；而且，探头内可快速平移声束。与传统超声检测技术相比，超声相控阵技术的优势是：用单束扇形扫查替代栅格形扫查可提高检测速度；不移动或尽量少移动探头，可扫查厚大工件和形状复杂工件的各个区域，成为解决可达性差和空间限制问题的有效手段；优化控制焦柱长度、焦点尺寸和声束方向，在分辨力、信噪比、缺陷检出率等方面有一定的优越性。超声相控阵技术已实际用于粗晶奥氏体钢件、汽轮机转子叶根、轮槽和键槽、管道焊缝等的自动检测。

激光超声技术是利用激光束（取代常规换能器）入射到工件表面因热变形产生超声波进入工件内部，出射的超声波通过激光束（取代常规换能器）接收来进行检测。与常规超声检测相较，激光超声检测的优势是：非接触、遥感；高效；易于检测复杂形状的构件。

锥束计算机层析成像（锥束 CT）技术利用面阵探测器取代线阵探测器，主要优点是直接三维成像。

1.5　无损检测方法的选择

一般来说，缺陷检测是无损检测中最重要的方面。本节围绕缺陷检测来考虑无损检测方法的选择。

选择无损检测方法前所要回答的最重要的问题是应用无损检测的原因。有多种可能的原因，例如：

1）确定对象在每一制造步骤后能否被接收（工序检测）；

2）确定产品对验收标准的符合性（最终检测或成品检测）；

3）确定正在应用的产品是否能够继续应用（在役检测）。

应用无损检测的原因确定后，选择无损检测方法要考虑的主要因素是缺陷的类型和位置以及被检工件的尺寸、形状和材质。

1. 缺陷类型与无损检测

根据缺陷形貌，一般来说，可将缺陷分成体积型缺陷和平面型缺陷。

体积型缺陷是可以用三维尺寸或一个体积来描述的缺陷。常见的体积型缺陷包括：孔隙、夹杂、夹渣、夹钨、缩孔、缩松、气孔、腐蚀坑等。可供选用的无损检测方法有：目视检测（表面）、液体渗透检测（表面）、磁粉检测（表面和近表面）、涡流检测（表面和近表面）、微波检测、超声检测、射线照相检测、计算机层析成像检测、红外检测、全息干涉/错位散斑干涉检测等。

平面型缺陷是一个方向很薄、另两个方向较大的缺陷。常见的平面型缺陷包括：分层、脱粘、折叠（锻造或轧制）、冷隔（铸造）、裂纹（热处理裂纹、磨削裂纹、电镀裂纹、疲劳裂纹、应力-腐蚀裂纹、焊接裂纹等）、未熔合、未焊透等。可供选用的无损检测方法有：目视检测、液体渗透检测、磁粉检测、涡流检测、微波检测、超声检测、计算机层析成像检测、声发射检测、红外检测、全息干涉/错位散斑干涉检测、射线照相检测等。

2. 缺陷位置与无损检测

根据缺陷在物体中的位置，可以方便地将其分为表面缺陷和（不延伸至表面的）内部缺陷。

可供检测表面缺陷的无损检测方法有：目视检测、液体渗透检测、磁粉检测、涡流检测、超声检测、红外检测、全息干涉/错位散斑干涉检测、声显微镜以及射线照相检测等。

可供检测内部缺陷的无损检测方法有：磁粉检测（近表面）、涡流检测（近表面）、超声检测、射线照相检测、计算机层析成像检测、声发射检测、微波检测、红外检测（有可能）、全息干涉/错位散斑干涉检测（有可能）、声显微镜（有可能）等。

3. 被检工件尺寸与无损检测

被检工件尺寸（厚度）不同，适用的无损检测方法也不同：

1）仅检测表面（与壁厚无关）：目视检测、液体渗透检测。

2）壁厚最薄（壁厚≤1mm）：磁粉检测、涡流检测。

3）壁厚较薄（壁厚≤3mm）：微波检测、红外检测、全息干涉检测、错位散斑干涉检测、声显微镜。

4）壁厚较厚（壁厚≤50mm，以钢计）：X射线照相检测、X射线计算机层析成像检测。

5）壁厚更厚（壁厚≤250mm，以钢计）：中子射线照相检测、γ射线照相检测。

6）壁厚最厚（壁厚≤10m）：超声检测。

注意：

1）上述壁厚尺寸是近似的；这是因为不同材料工件的物理性质不同；

2）除中子射线检测以外，所有适合于厚壁工件的无损检测方法均可用于薄壁工件的检测；中子射线照相检测对大多数薄件不适用；

3）所有适合于薄壁工件的无损检测方法均可用于厚壁工件的表面和近表面缺陷检测；

4）当采用高能直线加速器作为射线源时，X射线照相检测、X射线计算机层析成像检测可检测壁厚数百毫米（以钢计）的工件。

4. 被检工件形状与无损检测

按最简单形状至最复杂形状排序，优先选用的无损检测方法大体顺序为：

全息干涉/错位散斑干涉检测—声显微镜—红外检测—微波检测—涡流检测—磁粉检测—中子射线照相检测—X 射线照相检测—超声检测—液体渗透检测—目视检测—计算机层析成像检测。

5. 被检工件材料特征与无损检测

针对不同的无损检测方法，对被检工件的主要材料特征有不同的要求：

1）液体渗透检测：必须是非多孔性材料；

2）磁粉检测：必须是磁性材料；

3）涡流检测：必须是导电材料或磁性材料；

4）微波检测：能透入微波；

5）X 射线照相检测：工件厚度、密度和/或化学成分发生变化；

6）X 射线计算机层析成像检测：工件厚度、密度和/或化学成分发生变化；

7）中子射线照相检测：工件厚度、密度和/或化学成分发生变化；

8）全息干涉检测：表面光学性质；

9）错位散斑干涉检测：表面光学性质。

以上粗略讨论了选择无损检测方法所要考虑的主要因素；具体方法的选择应综合考虑所有的因素。一般，可选择几种具有互补检测能力的检测方法进行检测。例如，超声和射线照相检测共同使用可保证既检出平面型缺陷（如裂纹），又检出体积型缺陷（如孔隙）。

为了提高无损检测结果的可靠性，必须选择适合于异常部位的检测方法、检测技术和检测规程，需要预计被检工件异常部位的性质，即预先分析被检工件的材质、加工类型、加工过程，必须预计缺陷可能是什么类型？什么形状？在什么部位？什么方向？然后确定最适当的检测方法和能够发挥检测方法最大能力的检测技术和检测规程。

复 习 题

1. 什么是无损检测？说出 10 种已获工程应用的无损检测方法名称。

2. 什么是涡流检测？简述涡流检测基本原理、应用范围和局限性。

3. 什么是液体渗透检测？简述渗透检测的基本原理、可检缺陷类型、应用范围和局限性。

4. 什么是磁粉检测？简述磁粉检测的基本原理、可检缺陷类型和主要优缺点。

5. 什么是射线照相检测？简述射线照相检测的基本原理、可检缺陷类型和主要优缺点。

6. 什么是超声检测？简述超声检测的基本原理、可检缺陷类型和和基本的缺陷显示方式。

7. 什么是声发射检测？简述声发射检测的基本原理、主要目标和主要优缺点。

8. 什么是计算机层析成像检测？简述计算机层析成像检测的应用范围和主要优缺点。

9. 什么是全息干涉/错位散斑干涉检测？简述其基本原理、在无损检测方面的应用和主要优缺点。

10. 什么是泄漏检测？简述泄漏检测的检测目的和适用范围。

11. 什么是目视检测？简述其主要优缺点。

12. 什么是红外检测？简述红外检测的基本原理、分类、应用范围和主要优缺点。

13. 简述无损检测技术的主要进展和已获实际应用的工程化成果实例。

14. 针对缺陷检测，简述选择无损检测方法所要考虑的主要因素。

第2章 涡流检测

2.1 概述

涡流检测是以电磁感应原理为基础的一种常规无损检测方法，适用于导电材料。如果把导电金属材料置于交变磁场中，在导体中将会感生出涡旋电流，即涡流。由于导体自身各种因素，如电导率、磁导率、形状、尺寸和缺陷等的变化，会引起感应电流的大小和分布的变化，根据此变化可检测导体缺陷、膜层厚度和导体的某些性能，还可用以进行材质分选。

涡流检测是把通有交流电的线圈接近被检导体，由于电磁感应作用，线圈产生的交变磁场会在导体中产生涡流。同时该涡流也会产生磁场，涡流磁场会影响线圈磁场的强弱，进而导致线圈电压和阻抗的变化。导体表面或近表面的缺陷，将会影响涡流的强度和分布，涡流的变化又会引起检测线圈电压和阻抗的变化，根据这一变化，可以推知导体中缺陷的存在。

涡流检测具有以下特点：

1）检测时，线圈不需接触被检对象，也无需耦合介质，因此检测速度快，易于实现自动化检测，特别适合管、棒材的检测。

2）对于表面和近表面缺陷有较高的检测灵敏度，且在一定的范围内具有良好的线性指示，可对大小不同的缺陷进行评价。

3）能在高温状态下进行管、棒、线材的探伤。

4）能较好地适用于形状较复杂零件的检测。

2.2 物理基础

2.2.1 电阻率和电导率

自由电子在运动中总要与金属晶格中的正离子碰撞，这种碰撞会阻碍自由电子的定向移动，从而减小电流。这种阻碍电荷移动的能力称为电阻，其大小与导体的长度 l 成正比，与导体的横截面积 S 成反比，还与导体的材料有关，可以用下式表示：

$$R = \rho \frac{l}{S} \tag{2-1}$$

式中　　ρ——导体的电阻率，表示规定的温度条件下，单位长度、单位截面积的电阻，
单位是 $\Omega \cdot m$（欧姆•米）。

电阻率的倒数称为电导率 σ，单位是 S/m（西门子/米），用下式表示

$$\sigma = 1/\rho \qquad\qquad (2\text{-}2)$$

在工程技术中还可用 IACS（国际退火铜标准）单位来表示电导率，这种单位规定退火工业纯铜（电阻率在温度 20℃时为 $1.7241\times10^{-8}\Omega\cdot m$）的电导率作为 100%IACS。则其他金属的电导率 σ_x 用它的百分数表示，即为

$$\sigma_x(\%IACS) = \left[\frac{标准退火铜电阻率}{金属的电阻率}\right]\times100\% \qquad (2\text{-}3)$$

显然，ρ 值愈小，σ 值愈大，材料的导电性能就愈好。

2.2.2 电磁感应现象

当穿过闭合导电回路所包围面积的磁通量发生变化时，回路中就产生电流，这种现象就是电磁感应现象，如图 2-1a 所示，回路中所产生的电流叫做感应电流。另外，当闭合回路中的一段导线在磁场中运动并切割磁力线时，导线也会产生电流，这也是电磁感应现象，如图 2-1b 所示。

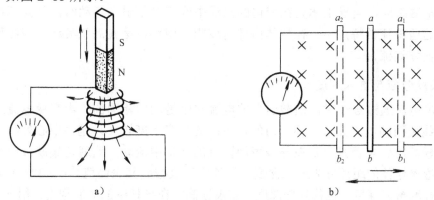

图2-1　电磁感应现象

a）磁铁穿过线圈　b）导线切割磁力线

在任何电磁感应现象中，不论是怎样的闭合路径，只要穿过路径围成的面积内的磁通量有了变化，就会有感应电动势产生；任何不闭合的路径，只要切割磁力线，也会有感应电动势产生。在闭合回路中，在感应电动势作用下会形成感应电流。

感应电流的方向可以用楞次定律来确定。闭合回路内的感应电流所产生的磁场总是阻碍引起感生电流的磁通变化，这个电流的方向就是感应电动势的方向。另外，对于导线切割磁力线时的感应电动势方向还可用右手定则来确定。

2.2.3 法拉第电磁感应定律

当闭合回路所包围面积的磁通量发生变化时，回路中就会产生感应电动势 E_i，其大小等于所包围面积中的磁通量 Φ 随时间变化的负值：

$$E_i = -\frac{\mathrm{d}\Phi}{\mathrm{d}t} \qquad\qquad (2\text{-}4)$$

式中的负值表明闭合回路内感应电流所产生的磁场总是阻碍产生感应电流的磁通的变化，这个方程称为法拉第电磁感应定律。

如果将上述方程用于一个绕有 N 匝的线圈，线圈绕得很紧密，穿过每匝的磁通量 Φ

相同，则回路的感应电动势为：

$$E_i = -N\frac{\mathrm{d}\Phi}{\mathrm{d}t} = -\frac{\mathrm{d}(N\Phi)}{\mathrm{d}t} \qquad (2-5)$$

式中各参量的单位是：E_i——伏特（V），N——匝，Φ——韦伯（Wb），t——秒（s）。

长度为 l 的长导线在均匀的磁场中作切割磁力线运动时，在导线中产生的感应电动势 E_i 为：

$$E_i = Blv\sin\alpha \qquad (2-6)$$

式中　B——磁感应强度，单位是 T（特斯拉）；

　　　l——导线长度，单位是 m（米）；

　　　v——导线运动的速度，单位是 m/s（米/秒）；

　　　α——导线运动的方向与磁场间的夹角。

2.2.4 涡流

由于电磁感应，当导电体处在变化的磁场中或相对于磁场运动时，其内部都会感应出电流。这些电流的特点是：在导体内部自成闭合回路，呈漩涡状流动，因此称之为涡旋电流，简称涡流。

2.2.5 集肤效应与透入深度

当直流电流通过导线时，横截面上的电流密度是均匀相同的。当交变电流通过导线时，沿导线截面的电流分布是不均匀的，表面的电流密度较大，越往中心处越小，尤其是当频率较高时，电流几乎是在导线表面附近的薄层中流动，这就是集肤效应现象。

涡流透入导体的距离称为透入深度，涡流密度衰减到其表面值 $1/e$（37%）时的透入深度称为标准透入深度，也称集肤深度，它表征涡流在导体中的集肤程度，用 δ 表示，单位是米（m）：

$$\delta = \frac{1}{\sqrt{\pi f\mu\sigma}} \qquad (2-7)$$

式中　f——交流电流的频率，单位是 Hz；

　　　μ——材料的磁导率，单位是 H/m；

　　　σ——材料的电导率，单位是 S/m。

从式中我们可以看出，频率越高、导电性能越好或导磁性能越好的材料，集肤效应越显着。

在实际工程应用中，通常定义 2.6 倍的标准透入深度为涡流的有效透入深度，其意义是：将 2.6 倍标准透入深度范围内 90% 的涡流视为对涡流检测线圈产生有效影响，而在 2.6 倍标准透入深度以外的总量为 10% 的涡流对线圈产生的效应是可以忽略不计的。

2.3 设备器材

2.3.1 检测线圈

涡流检测线圈是在被检测导电材料或零件表面及近表面激励产生涡流，并感应和接收材料或零件中感生涡流的再生磁场的传感器,它是构成涡流检测系统的重要组成部分,对于检测结果的好坏起着重要的作用。

针对产品的不同类型,涡流检测线圈设计、制作成不同的形式。线圈的分类有多种方式,常用的分类方式有以下三种:按感应方式分类,按应用方式分类和按比较方式分类。

1. 按感应方式分类

按照感应方式不同,检测线圈可分为自感式线圈和互感式线圈。自感式线圈由单个线圈构成,该线圈既作为产生激励磁场,在导电体中形成涡流的激励线圈,同时又是感应、接收导体中涡流再生磁场信号的检测线圈,故名自感线圈。互感线圈一般由两个或两组线圈构成,其中一个线圈是用于产生激励磁场,在导电体中形成涡流的激励线圈(又称一次线圈),另一个(组)线圈是感应、接收导体中涡流再生磁场信号的检测线圈(又称二次线圈)。

2. 按应用方式分类

按照应用方式不同,检测线圈可分为外通过式线圈、内穿过式线圈和放置式线圈(又称为探头式线圈)。外通过式线圈是将工件插入并通过线圈内部进行检测,广泛用于管、棒、线材的在线涡流检测。内穿过式线圈是将其插入并通过被检管材(或管道)内部进行检测,广泛用于管材或管道质量的在役涡流检测。与外通过式线圈和内穿过式线圈在应用过程中其轴线平行于被检工件的表面不同,放置式线圈的轴线在检测过程中垂直于被检工件表面,可实现对工件表面和近表面的缺陷检测。探头式线圈不仅可用于板材、带材、管材、棒材等原材料的检验,而且可更广泛地应用于各种复杂形状零件的检验。

3. 按比较方式分类

按照比较方式不同,检测线圈可分为绝对式线圈、自比式线圈和他比式线圈。绝对式线圈是一种由一个同时起激励和检测作用的线圈或一个激励线圈(一次线圈)和一个检测线圈(二次线圈)构成、仅针对被检测对象某一位置的电磁特性直接进行检测的线圈,而不与被检对象的其他部位或标准试样某一部位的电磁特性通过比较进行检测。自比式线圈是一种由一个激励线圈(一次线圈)和两个检测线圈(二次线圈)构成、针对被检测对象两处相邻近位置通过其自身电磁特性差异的比较进行检测的线圈,又称差动式线圈。他比式线圈是一种针对被检测对象某一位置、通过与另一对象电磁特性差异的比较进行检测的线圈,通常这一参比对象是标准试样或对比试样。

2.3.2 检测仪器

涡流检测仪是涡流检测系统的核心部分。根据不同的检测对象和检测目的,研制出各种类型和用途的检测仪器。尽管各类仪器的电路组成和结构各不相同,但工作原理和基本结构是相同的。涡流检测仪的基本组成部分和工作原理是:激励单元的信号发生器产生交变电流供给检测线圈,放大单元将检测线圈拾取的电压信号放大并传送给处理单元,处理单元抑制或消除干扰信号,提取有用信号,最终显示单元给出检测结果。

根据检测对象和目的的不同,涡流检测仪器一般可分为涡流探伤仪、涡流电导仪和涡流测厚仪三种。按照检测结果显示方式的不同,涡流检测仪可分为阻抗幅值型和阻抗平面型,这一般是针对涡流探伤仪而言,不包括涡流电导仪和测厚仪。阻抗幅值型仪器在显示终端仅给出检测结果幅度的相关信息，不包含检测信号的相位信息，如电表指针的指示、数字表头的读数及示波器时基线上的波形显示等。按照仪器的工作频率特征，涡流检测仪可分为单频涡流仪和多频涡流仪。单频涡流仪并非仅限于只有单一激励频率的仪器，如涡流测厚仪和大部分涡流电导仪，而且包括激励频带非常宽的涡流探伤仪。尽管宽频带的涡流探伤仪可以激励不同工作频率的线圈进行检测，但由于同一时刻仅以单一的选定频率工作，因此仍归类于单频涡流仪。多频涡流仪是指同时可以选择两个或两个以上检测频率工作的涡流探伤仪和具有两种或两种以上工作频率的涡流电导仪。对于多频涡流探伤仪而言，是指仪器具有两个或两个以上的信号激励与检测的工作信道，因此又称作多信道涡流探伤仪。随着涡流检测仪器制造技术的发展，出现了多种型号的同时具备探伤、电导率测量、膜层厚度测量功能的通用型仪器，这些通用仪器中的大部分仪器能够以阻抗幅值和阻抗平面两种形式显示探伤信号。

2.3.3 辅助装置

涡流检测辅助装置是指除检测线圈和仪器之外的、对材料或零件实施可靠检测所必要的装置，主要包括磁饱和装置、试样传动装置、探头驱动装置等。

1. 磁饱和装置

磁饱和装置是一种通过输入直流磁化电流对被检测的铁磁性材料或制件实施饱和磁化，以达到消除被检测对象因磁导率不均匀而对检测结果产生干扰影响的专用装置。

2. 试样传动装置

试样传动装置用于形状规则产品的自动化检测，在管、棒材生产线上的应用最为广泛，大体由上料、进料和分料装置组成。管、棒材的传动装置是涡流自动检测中最为常见的一种，但并非试件传动装置仅有这一种传动形式。这种装置是对管、棒材实施直线平移传送，管材不作轴向转动。当需要采用放置式线圈对管、棒材实施周向扫查时，传动装置还应该配备驱动管、棒材沿轴向转动的机构。

3. 探头驱动装置

针对不同类型的检测对象和要求，采用的探头驱动方式各有不同。如上所述，当需要采用放置式线圈对管、棒材实施周向扫查时，除了可通过试件传动装置驱动管、棒材沿轴向作平移和转动两种复合运动予以实现外，还可以在管、棒材作直线平移运动的同时，驱动放置式线圈沿管、棒材轴向作周向旋转。

管道的在役检测通常采用内穿过式线圈，对于较大长度的管道，往往需要借助专用的探头驱动装置。探头枪是一种检测螺栓孔壁缺陷常用的驱动装置，这种装置可以控制探头的旋转方向、速度和进给位置。

2.3.4 标准试样与对比试样

下面从缺陷检测（涡流探伤）、电导率测量和覆盖层厚度测量三个方面的应用对涡流检测的标准试块和对比试块作一简要介绍。

1. 缺陷检测

标准试样是按照相关标准加工制作并用于仪器性能测试与评价的标准样品，并不直接与被检测对象的材质相关和用于具体产品的检验。大多数涡流检测标准对试样的选材、加工制作和人工缺陷的形式、大小作了规定，但对涡流仪器的使用性能，如检测能力、周向灵敏度差、端部盲区、分辨力及线性度等性能指标均未作规定，因此也就未涉及用于涡流仪器性能测试与评价的标准试样。

（1）标准试样　以德国 DIN 54141 标准第 2 部分"无损检测管材的涡流检测穿过式线圈涡流检测系统性能的测试方法"为例，为使测试、评价结果具有良好的可重复性和可比性，该标准对系统测试用标准样管的规格、尺寸及材料做了统一规定：建议采用外径为 25mm、壁厚为 2mm、长度为 2000mm 的铜（SF-Cu）、奥氏体不锈钢（X-10，1Cr18Ni9Ti）、铜-锌合金（CuZn20Al）和铁磁性钢管（St35.2,）制作。不同材料的选用是根据测试的频率范围和所期望的内部缺陷与表面缺陷信号间相位角的差异所决定的。

如图 2-2 所示，在管材试样一端管壁同一母线位置上加工 10 个间距为 20mm、直径为 1mm 的通孔缺陷。该标准试样用于评价涡流检测系统对靠近管材端部缺陷的检测分辨能力，即检测系统的端部效应。

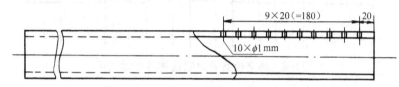

图2-2　评价检测系统端部效应的标准试样

（2）对比试样　由于对比试样的形状和材质相对被检测产品必须具有代表性，因此对比试样的形状和材质必然是千差万别、各不相同的。按照对比试样上人工缺陷的形式不同，可分为孔形缺陷对比试样和槽形缺陷对比试样。按照涡流探伤应用对象的不同，也可分为外通过式线圈探伤用对比试样、内穿过式线圈探伤用对比试样和放置式线圈探伤用对比试样。无论是用于哪一类产品探伤的对比试样，其上人工缺陷的形式并没有统一的限定，而是由产品制造或使用过程中最可能产生缺陷的性质、形态所决定的。

通孔形人工缺陷能较好地代表穿透性孔洞，虽然穿透性孔洞在管材制造过程中较少出现，但由于通孔缺陷最易于加工，因此被广泛采用。平底盲孔缺陷对于管壁的腐蚀具有较好的代表性，因此在在役管材的涡流检测中较多采用。槽形人工缺陷能更好的代表管、棒材制造过程产生的折叠及使用过程中出现的开裂等条状缺陷和各种机械零件使用过程产生的疲劳裂纹，可以说槽形人工缺陷在多数情况下比通孔缺陷对于自然缺陷具有更广泛、真实的代表性，但由于槽形缺陷的加工与测量比通孔缺陷难度大，因此在涡流对比试样制作中并没有更广泛地选择槽形人工缺陷。

图 2-3 所示试样是一典型的管材缺陷检测用对比试样。试样上 3 个通孔缺陷沿轴向等距离排列，在圆周方向上以 120° 均匀分布在圆周面上，其作用是检测周向灵敏度和传动系统的对中状态；在接近对比样管某一端部位置上的通孔的作用是评价涡流检测系统的端部盲区。

图 2-4 所示试样是一典型的热交换器管探伤用对比试样。试样外表面从左至右加工有 5 个深度分别为管材壁厚 10%、20%、30%、40% 和 50% 的周向刻槽，内表面刻有 1

个深度为壁厚 10%的周向刻槽，槽深容许偏差为 0.075mm。各槽宽度均为 50mm，间距均为 25mm，槽宽和间距容许偏差均为 1.5mm。

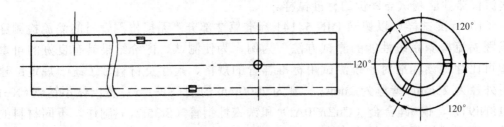

图2-3　评价检测系统周向灵敏度差的标准试样

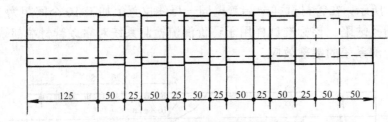

图2-4　热交换器管缺陷检测用对比试样

图 2-5 给出了平板零件探伤用典型对比试样。槽的深度如图所示，宽度为 0.15mm，容许偏差均为±0.05mm。

图2-5　零件探伤用对比试样

　2. 电导率测量

　　图 2-6 是美国波音公司制作的两套电导率标准试块。左边一套的电导率范围为 0.58～58MS/m（即 1%IACS～100%IACS），由 8 块试块组成，可用于钛及钛合金、奥氏体不锈钢、镁及镁合金、铝及铝合金、铜及铜合金的电导率测量，右边一套的电导率范围为 16.24～34.8MS/m（即 28%IACS～60%IACS），由 3 块试块组成，专用于铝及铝合金的电导率测量。

　3. 膜层厚度测量

　　与电导率测量相似，膜层厚度测量是采用标准厚度片校准测厚仪对涂层厚度进行测量（因此绝大多数情况下不存在对比试片的问题），用作校准仪器用的标准试片必须有明确的量值，并满足以下要求：良好的刚性，即检测线圈压在上面时不会发生显著的弹性变形；良好的柔性，当用于曲面制件表面覆盖层厚度测量时，应能与被检测对象的弧面基体形成良好的吻合。

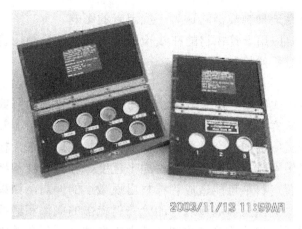

图2-6　电导率标准试块

2.4　检测技术

2.4.1　缺陷检测

缺陷检测即通常所说的涡流探伤。主要影响因素包括工作频率、电导率、磁导率、边缘效应、提离效应等。

工作频率是由被检测对象的厚度、所期望的透入深度、要求达到的灵敏度或分辨率以及其他检测目的所决定的。检测频率的选择往往是上述因素的一种折衷，虽然低频条件下可获得更大的涡流透入深度，但发现缺陷的灵敏度也随之降低，并且某些情况下（如自动探伤），检测速度也可能需要降低。在满足检测深度要求的前提下，检测频率应选得尽可能高，以得到较高的检测灵敏度。如果仅是需要检测表面裂纹，一般来说频率选择比较简单，通常可选择高达几兆赫兹的频率；但如果被检测表面粗糙，或是期望识别出表面不同裂纹缺陷的深度差异，则采用过高的检测频率并不能获得良好的检测结果。

边缘效应在涡流探伤中会经常出现。当检测线圈扫查至接近零件边缘或其上面的孔洞、台阶时，涡流的流动路径就会发生畸变。这种由于被检测部位形状突变引起涡流响应变化的现象称为边缘效应。通常边缘效应的影响远远超过所期望检测缺陷的涡流响应，如果不能消除这种影响，也就无法检测出靠近或存在于试件边缘的缺陷。边缘效应作用范围的大小除了与被检测材料的导电性、导磁性相关，还与检测线圈的尺寸、结构有关。鉴于在这种条件下电磁场与涡流分布较为复杂，因此不作进一步的理论分析与计算。从实际经验来说，对于非屏蔽式线圈，通常认为磁场的作用范围是涡流检测线圈直径的 2 倍。

提离效应这一概念是针对放置式线圈而言，是指随着检测线圈离开被检测对象表面距离的变化而感应到涡流反作用发生改变的现象，对于外通过式和内穿过式线圈而言，表现为棒材外径和管材内径或外径相对于检测线圈直径的变化而产生的涡流响应变化的现象。无论是提离效应，还是填充系数变化的影响，其作用规律均较为显著和一致，即该因素变化引起检测线圈阻抗的矢量变化具有固定的方向，且在通常采用的检测频率条件下，该方向与缺陷信号的矢量方向具有明显的差异，因此采用适当的信号处理办法或相位调整可以比较容易地抑制或消除这类干扰因素的影响。

缺陷检测技术主要应用于管棒材的在线检测与入厂复验检测、管道的在役检测和非规则零件制造与使用过程的检测。

1. 管棒材探伤

填充系数（在穿过式线圈中用来表示线圈与试样尺寸关系的系数，同时涉及检测线圈所产生的磁场用于试样的百分比值）是管棒材涡流检测中一个非常重要的概念，也是影响管棒材涡流检测灵敏度的一个重要因素。从电磁感应原理讲，检测线圈与管棒材接近程度越高，检测灵敏度越高。由于管棒材的平直度、轴对称性和椭圆度总是存在一定的偏差，加上传动装置运行中可能造成管棒材出现微小的偏离，如果仅仅追求填充系数的提高，必然会增大检测线圈被高速运行的管棒材撞击的概率和磨擦损耗。面对被检测的管棒材，如何选择适当尺寸的检测线圈，其中没有其他更复杂的影响因素，只要将尽可能提高填充系数和防止检测线圈受撞击或过度磨损这两个基本原则协调处理好即可。如果管棒材的平直度、同心度、表面粗糙度都很好，检测系统传动装置运行的稳定性和精确度也比较高，则可选择填充系数值大的条件实施检测；否则应适当降低填充系数。

2. 热交换器管道探伤

热交换器管道内的液体介质可能造成管壁的腐蚀和沉淀物的堆积。设备在运行过程中，由于热交换器管的振动，与支撑板之间形成碰撞和摩擦，造成热交换器管外壁与支撑板接触部位磨损。采用内穿过式线圈的涡流检测方法是检测热交换器管道内、外壁缺陷，保证设备安全运行最为有效和可靠的无损检测方法。

对于热交换器的在役检测，人们最关注的是内、外壁腐蚀或磨损引起管壁的减薄是否会影响设备的安全运行；同时，热交换器管内、外壁上的腐蚀或磨损也是设备运行过程中最为常见的缺陷。尽管由于磨损缺陷形状各异而引起的涡流响应信号的形状与规则的人工缺陷的响应信号形状有很大差异，但响应信号的相位角与腐蚀或磨损缺陷的深度之间总是存在良好的对应关系，且这种关系的对应性要明显优于响应信号幅度与缺陷深度之间的对应性，因此在热交换器管的在役检测中，人们通常采用相应信号的相位角来评定缺陷的深度。

3. 非规则形状材料和零件探伤

非规则形状材料和零件是针对具有规则形状并适合采用外通过式或内穿过式线圈检测的管棒材及其制件而言，指适合采用放置式线圈检测的材料和零件，既包括形状复杂零件，也包括除管棒材以外形状规则的材料和零件，如板材、型材等。

采用放置式线圈检测，效果的好坏很大程度上取决于线圈外形与被检测零件型面的吻合状况，良好的吻合是保证检测线圈平稳扫查、与被检测零件形成最佳电磁耦合的重要前提。由于零件形状、结构多种多样，因此放置式线圈的形貌也多种多样。以下简要介绍几种典型形状的放置式涡流检测线圈及其应用。

（1）笔式探头　如图2-7所示，笔式探头外形细长、平直，线圈直径通常只有1～2mm，线圈外壳直径一般也只有 3～5mm。线圈端部多呈弧形球面，其优点是能够较好地适用于曲率较大的曲面、拐角和深孔底部的检测，具有较高的检测灵敏度；缺点是保持线圈端部与检测部位耦合一致性的难度较大，在检测部位上方需要有较大的操作空间

（至少大于探头外形高度）。

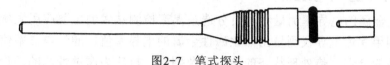

图2-7　笔式探头

（2）钩式探头　钩式探头的线圈直径和外形尺寸与笔式探头相近，所不同的是钩式探头的端部呈直角，如图 2-8 所示。这种结构的探头不仅可较好地适用于曲率较大的曲面、拐角部位的检测，具有较高的检测灵敏度，而且克服了检测部位上方需要有较大操作空间的限制，操作平稳性也较笔式探头稍好一些。

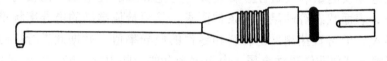

图2-8　钩式探头

（3）平探头　如图 2-9 所示，平探头检测线圈的直径一般在 5～15mm，外壳直径在 10～20mm 左右，探头的探测面为平面，内部通常装有弹簧，能够使探头检测面与被检测面形成稳定的耦合。由于单次扫查覆盖区域较大，因此检测效率高，适合于平面和曲率较小的弧面上的检测，不足之处在于不适合形状复杂零件的检测。

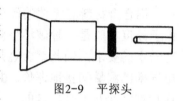

图2-9　平探头

（4）孔探头　如图 2-10 所示，孔探头的线圈尺寸较小，直径通常在 1～2mm 范围，与被检测孔的直径大小无关。相反，探头端部镶嵌检测线圈的球体的直径应与被检测孔的直径相同，以保证检测线圈与孔壁的紧密耦合，因此当检测不同直径的螺栓孔时，就需要配备相应规格的孔探头。

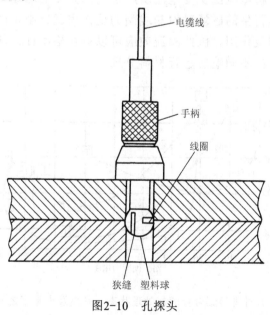

电缆线

手柄

线圈

狭缝　塑料球

图2-10　孔探头

2.4.2　电导率测量与材质鉴别

非铁磁性金属的电导率测量和材质分选是涡流检测技术的主要应用领域之一。电导率的测量是利用涡流电导仪测量出非铁磁性金属的电导率值，通过电导率值的测量结果可以进行材质的分选、热处理状态的鉴别以及硬度、抗应力腐蚀性能的评价。材质分选可以是通过利用电导仪测量出不同材料的电导率值进行，也可以是利用其他类型涡流仪器（如涡流探伤仪、涡流测厚仪）检测出由于材料导电性的差异引起的涡流响应的不同，并据此进行不同材质的分选。这种检测往往不是准确的定量测量，而是定性的测试分析。

1. 铝合金电导率的涡流检测

利用涡流电导仪测量非铁磁性金属及其合金电导率的技术本身比较简单，只要试件的厚度、大小、表面状态等满足测试条件要求，使用量值准确的电导率标准试块校准性能合格的电导仪，即可直接测量出材料和零件的电导率值，并据此进行牌号、状态的识别或分选。不同于其他非铁磁性金属，由于铝合金的一些力学性能（如硬度）与其电导率之间具有密切的对应关系，如图 2-11，因此铝合金电导率的涡流检测技术应用更为广泛。

铝合金材料和零件的硬度和热处理状态均匀状况是工程应用十分关心的技术指标。由于硬度检验是一种破坏性测量方法，且测试设备通常也比较大，对试件大小及硬度又有一定的要求，因此铝合金热处理质量的检验一般不直接采用打硬度的方法，而是通过电导率的测量间接地评价。由图 2-11 可见，各种牌号铝合金的电导率值与其硬度、热处理状态之间并不是单值的一一对应关系，因此要根据电导率值评价铝合金的硬度，首先还需要明确被测试对象的牌号和热处理状态。

2. 铁磁性材料的电磁分选

电磁分选中，为克服或减小不同铁磁性材料电导率不同对材料分选带来的不利影响，工程上通常采用很低的检测频率对铁磁性材料分选，即所谓的电磁分选。当检测频率只有几十～几百赫兹时，检测线圈交变电流所产生的低频交变磁场在铁磁性材料中激励产生的涡流非常微弱，其再生的磁场对检测线圈的反作用远远小于由铁磁性材料磁导率感应的磁场对检测线圈的反作用，因此涡流效应可以被忽略不计，从而实现仅根据低频线圈对铁磁性材料磁导率的不同响应进行材料分选。

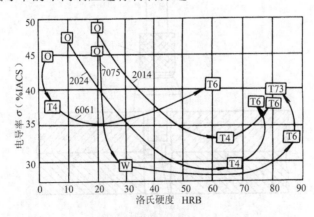

图2-11　几种牌号铝合金的热处理状态、硬度及电导率之间的关系

2.4.3 厚度测量

1. 非导电覆盖层厚度的涡流法测量

涡流测厚技术是利用涡流检测中的提离效应。为提高涡流测厚的灵敏度和准确度,涡流测厚仪在设计、制造时选用了很高的检测频率,一般在 1～10MHz 的频率范围。不同于涡流探伤仪,测厚仪通常使用固定的检测频率,在测试过程中不需要、也不能够进行频率选择。较高的检测频率可以增大检测线圈在被测量覆盖层下面导电基体中所激励产生涡流的密度,进而增强涡流的提离效应,达到提高测量灵敏度和准确度的目的。

提高仪器测量精度的最有效办法是选择合适厚度的标准膜片校准仪器,具体的作法是:选择厚度与被测覆盖层厚度尽可能相近的标准膜片校准仪器,且校准膜片厚度的低值与高值所包含的范围应覆盖被测量膜层的厚度变化范围。如果被测量膜层的厚度变化范围较大,应按上述原则分别选用合适的标准膜片分别校准仪器。

涡流法适用于基体材料为非铁磁性材料,如常见的铜及铜合金、铝及铝合金、钛及钛合金以及奥氏体不锈钢等,覆盖层为非导电的绝缘材料,如漆层、阳极氧化膜等。

2. 非铁磁性覆盖层厚度的磁性法测量

磁性测厚技术包括机械式和磁阻式两种测量方法。目前使用的绝大部分磁性测厚仪是采用后一种原理方法。为避免或减小涡流效应的影响,磁阻式磁性测厚仪采用较低的工作频率,通常是几十到几百赫兹的频率。当线圈通以低频交流电时,线圈内产生磁通,磁通穿过磁芯和被测量对象的铁磁性基体形成闭合的磁路。当非铁磁性覆盖层厚度不同时,磁路中的磁阻不同。对于较薄的覆盖层,回路中的磁阻较小;对于较厚的覆盖层,回路中的磁阻则较大。因此根据磁阻的大小可以获得覆盖层的厚度信息。这种对应关系同样随基体材料磁性不同而有所差异,因此它们之间的对应关系也需要针对具体的基体材料,利用标准厚度膜片通过校准予以确定。

磁性法适用于基体材料为铁磁性材料,如碳钢,覆盖层为非铁磁性材料,包括非导电的漆层、阳极氧化膜、珐琅层和导电的铜、铬、锌的镀层等。

2.5 实际应用

2.5.1 原材料检测

现以钛合金小直径棒材（$\phi3～\phi6mm$）为例,介绍和说明涡流检测技术在原材料质量复验中的应用。

1. 方法的选择

对于 $\phi3～\phi6mm$ 的钛合金小直径棒材,采用外通过式线圈实施检测具有速度快的优点,为减小和消除小棒材沿轴向方向尺寸变化引起的涡流响应,通常选用自比差动式线圈。从提高涡流透入深度和保证检测灵敏度两方面考虑,采用 50～500kHz 范围的检测频率较为适宜。

2. 人工缺陷的制作

对比试样制作主要是人工缺陷的设计与加工。人工缺陷的形式可以选择钻孔、轴向刻槽或周向刻槽等多种方式。通常轴向槽形缺陷的长度控制在 5～10mm，槽的宽度在 0.05～0.1mm。槽的深度是依据产品的验收标准确定的，采用涡流检测方法可检测出最小深度约为0.1mm的槽形缺陷，从这一角度来说，如果产品表面不允许有深度小于0.1mm的缺陷，则不适合采用涡流方法进行探伤。

如果明确了以某一深度人工缺陷作为产品的质量验收标准，可以在对比试样上仅加工这一种深度的槽形缺陷；如果考虑对发现的缺陷深度进行定量评价，则需要加工多种深度的人工缺陷。为调整检测系统传动装置的稳定性和保证线圈周向检测灵敏度的一致性，应在对比试样表面沿轴向方向等间距地加工制作 3 个沿周向 120°分布的槽形缺陷。如果对比试样的长度过短，则不利于试样的稳定夹持与传送，因此对比试样长度一般控制在 1000～2000mm 范围。

3. 缺陷信号的分析与识别

图 2-12 是采用自比差动式的外通过线圈检测直径为 5.5mm 钛合金棒材对比试样的结果。试样上加工有 3 个深度为 0.2mm 人工槽形缺陷和 0.15mm、0.1mm 深度的槽形缺陷各 1 个。该结果记录了人工缺陷的位置和响应信号的幅度。可以看到，响应信号的幅度与缺陷的深度之间有着良好的对应关系。

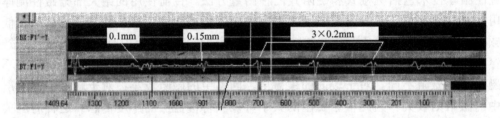

图2-12　钛合金棒材上不同深度人工槽形缺陷的涡流响应信号

对于人工缺陷来说，由于加工形状规则，位置确定，且目视可见，因此检测获得的信号，不论是缺陷的数量、位置，还是大小，都非常容易识别，而在实际的产品检测中，对检测信号的识别与判读则远非如此简单，往往单从仪器显示信号上较难直接得出缺陷的真实情况。

2.5.2　零件检测

1. 螺栓孔内壁缺陷的检测

孔探头是采用涡流方法检测内壁疲劳裂纹的最佳选择，它是利用探头枪带动探头在孔内高速旋转并逐步推进，仪器以"时间基线-信号幅度"方式显示检测结果。当孔探头扫过螺栓孔内壁上存在的疲劳裂纹时，涡流检测仪显示屏会在时间基线的对应位置形成响应信号，信号的幅值与裂纹的深度相关。

2. 飞机轮毂的涡流检测

轮毂在飞机着陆、滑行过程承受巨大冲力和磨擦力作用而成为飞机定期安全检查的重点部位。任何零件检测方案的制定和具体方法的确定都是根据其材料特点、受检状态、受力状况以及可能的损伤等因素来考虑的。

（1）缺陷检测　轮毂的检测可采用如图 2-13 所示装置进行自动扫查。外缘部位受力最大，形状特殊，在检测线圈的配备和检测信号的监视等方面应予以特别的关注。

（2）电导率检查　由于轮毂采用铝合金制成，飞机制动过程产生的高温可能引起轮毂局部区域材料发生相变。发生相变部位的硬度和强度会大大降低，形成"软点"。由于"软点"部位的组织发生了变化，电导性能也随之改变，因此通过电导率检查，可以确定飞机轮毂是否因飞机减速过程中制动片与轮毂剧烈磨擦产生的热量而导致铝合金材料出现过热和过烧的情况。

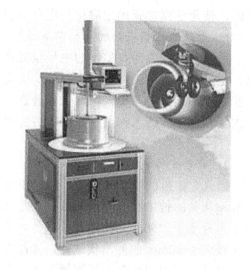

图2-13　轮毂自动检测装置

2.5.3　核设施检测

1. 常见缺陷的类型及损伤部位

热交换器在运行过程中，传热管受机械转动和电化学作用或液体、气体介质的作用，容易在支撑隔板、弯管、胀管区等产生磨损、腐蚀等缺陷。同时在振动和腐蚀的交互作用下，各种缺陷会不断扩展和加深，当交变应力超过材料残余部分的强度极限时会形成破坏性的裂纹，最终导致传热管发生爆裂或泄漏，因此需要在事故发生前定期对热交换器管道进行检查，及时更换出现腐蚀和磨损的管子，预防事故的发生。

2. 传热管涡流检测系统

传热管在役涡流检测系统主要由 4 个基本单元组成：

（1）涡流检测单元　包括涡流仪和检测线圈。由于热交换器传热管之间由钢板支撑，并且管板支撑部位是磨损和腐蚀等缺陷的易发生区，因此必须采用多频涡流仪实施检测；在热交换器的顶部，传热管呈倒立的"U"字形，要求内穿过式线圈具有良好的柔性，以顺利地通过该区域。

（2）机械传动单元　包括定位装置、检测线圈推进装置和旋转装置，其功能是按照控制系统传递的检测计划和指令准确地将检测线圈定位并均速地传送检测线圈。

（3）控制与记录单元　包括计算机、打印机、磁带机及各种控制软件。该单元在检测系统中起着指挥和控制作用，通过专用的控制、管理软件，实现了监视装置、定位装置、探头推进装置和探头旋转装置在微机管理下的自动运行。

（4）监视单元　主要指电视监测装置。一般将小型的 CCD 摄像头放入蒸气发生器外壳内部，对检测线圈的定位和传送情况实施在线监视。

2.5.4　铝合金电导率测量

对于厚度大于涡流透入深度，宽度大于检测线圈涡流场作用范围的非包铝板材及其制件，只要其电导率值稳定，便可在板材或零件表面直接测得正确的电导率值。当材料或零件不满足上述条件，或存在其他影响线圈与被检测对象之间达到正常耦合状态的因素时，便无法直接正确地测得其电导率值。

　　1．薄规格裸铝板材的电导率测试

　　采用工作频率为 60kHz 的电导仪对厚度小于涡流有效透入深度的非包铝板材进行测试，电导率测量的视在值与板材的实际电导率值出现较大差异时，可以采取叠加测量的办法。叠加测量时，可采取两张板叠加，亦可采取三张板叠加，原则上要求叠加后的厚度大于涡流有效透入深度，并要求各层必须贴紧，各层上、下位置互换后测量结果应一致。

　　2．铝合金棒材的电导率测试

　　铝合金棒材的电导率测量，通常不允许在棒材横端面直接进行，这是因为与铝合金电导率相关的技术标准给出的数据均是在平行于铝合金轧制方向的平面上获得的。对于曲率半径小于 250mm 的内凹状试件，不能在凹面上直接测得其真实电导率值；对于曲率半径大于 60mm 的外凸状试件，才能在凸面上直接测得其真实电导率值，否则需要加工平整的测试面或采取修正测量方法，具体的测试修正方法在 GB/T 12966—1991 中给出了详细的规定。

复 习 题

　　1．简述涡流检测的基本原理和特点。

　　2．简述金属导电性的物理本质。

　　3．简述铁磁性材料的磁化规律。

　　4．什么是电磁感应和法拉第电磁感应定律？

　　5．涡流是怎样产生的？什么是集肤效应和透入深度？

　　6．简述检测线圈的分类。

　　7．简述涡流检测仪的组成部分及工作原理，涡流检测仪有哪些类型？

　　8．什么是标准试样和对比试样，它们的作用是什么？

　　9．影响涡流检测的主要因素有哪些？

　　10．简述缺陷检测、电导率测量与材质鉴别、膜层厚度测量这三种涡流检测技术的要点。

第3章　液体渗透检测

3.1　概述

由于毛细管作用，涂覆在洁净、干燥零件表面上的荧光（或着色）渗透液会渗入到表面开口缺陷中；去除零件表面的多余渗透液，并施加薄层显像剂后，缺陷中的渗透液回渗到零件表面，并被显像剂吸附，形成放大的缺陷显示；在黑光（或白光）下观察显示，可确定零件缺陷的分布、形状、尺寸和性质等。

液体渗透检测（下称渗透检测）的基本步骤包括预处理、渗透、去除、干燥、显像、检验和后处理共七个步骤。

渗透检测主要用于检测各种非多孔性固体材料制件的表面开口缺陷，适用于原材料、在制零件、成品零件和在用零件的表面质量检验。

渗透检测的主要功能是检测零件的表面质量。渗透检测的优点是：缺陷显示直观；检测灵敏度高；可检测的材料与缺陷范围广；一次操作可检测多个零件，可检测多方位的缺陷；操作简单等。渗透检测的缺点是：只能检测零件的表面开口缺陷；一般只能检测非多孔性材料；对零件和环境有污染等。

3.2　物理基础

3.2.1　毛细管作用

如图 3-1 所示，将细管插入液体中时，由于表面张力和附着力的作用，管内的液体可能呈凹面而上升（当液体润湿管子时），也可能呈凸面而下降（当液体不润湿管子时），这种现象称为毛细管现象，或称毛细管作用。

润湿液体在毛细管中上升的高度，可用下列公式计算：

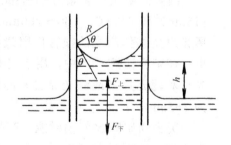

图3-1　毛细管作用

$$h = \frac{2\sigma\cos\theta}{r\rho g}$$

式中　h —— 液体在毛细管中上升的高度，单位是 m；

　　　σ —— 液体的表面张力系数，单位是 N/m；

　　　θ —— 液体对固体表面的接触角，单位是°；

　　　r —— 毛细管的内半径，单位是 m；

ρ —— 液体的密度，单位是 kg/m³；

g —— 重力加速度，单位是 m/s²。

在液体分子压强的作用下，液体表层产生一种使液体表面收缩的力，其方向总是与液面相切指向液面缩小的方向，这种力称为表面张力。

包含液体的气-液界面切线与液-固界面之间的夹角称为接触角（图 3-2），以字母 θ 表示。用接触角可定量描述润湿现象。通常，将液体对固体润湿性分为完全润湿（$\theta=0$）、润湿（$0<\theta<90°$）和不润湿（$\theta\geqslant90°$）三个级别。润湿现象是指固体表面的气体被液体取代，或固体表面的液体被另一种液体取代的现象。

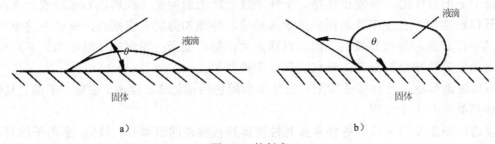

a)   b)

图3-2　接触角

a）液体润湿固体表面　b）液体不润湿固体表面

3.2.2　乳化现象

两种原来不相溶解、混和的液体（如油和水），在表面活性剂的作用下，能够混合在一起形成乳状液体的现象，称为乳化现象。

能够降低溶剂的界面张力，具有润湿、洗涤、乳化、增溶及消泡等作用的物质，称为表面活性剂。

3.2.3　黑光和荧光

国际照明组织将紫外辐射按波长范围分为 UV-A（315～400nm）、UV-B（280～315nm）和 UV-C（100～280nm）三部分。通常，将长波部分（UV-A）称为黑光。黑光对生物体产生的损害作用最小，但同样能使荧光物质或磷光物质产生光致发光现象。在荧光渗透检验中，用黑光来激发荧光染料，使其发出荧光。无损检测应用的黑光灯和滤光片（或滤光涂层）的作用是使其辐射波长范围为 320～390nm，峰值波长为 365nm。

荧光物质吸收外辐射能，产生光致发光现象，发出的可见光称为荧光。荧光与磷光不同，外辐射源停止后，荧光会立刻消失，而磷光却要经过一段时间，甚至很长的时间才消失。不同的荧光物质会发出不同颜色（波长）的光。荧光渗透液中采用的荧光染料，能发出黄绿色光，波长范围为 510～550nm。人的眼睛对这种颜色的光最敏感。

3.2.4　对比度和可见度

显示（在背景表面观察到的渗透液痕迹）与显示周围背景（本底）之间亮度和颜色

之差称为对比度。对比度可用两者之间反射光（或发射光）的相对量——对比率来表示。黑色染料显示与白色背景之间的对比率为 9:1；红色染料显示与白色背景之间的对比率为 6:1；发光的荧光染料显示与不发光的背景之间的对比率为 300:1，甚至更高。

　　显示被观察者肉眼看到的清晰程度称为可见度。它与显示的颜色、背景的颜色、显示的对比度、环境光的照度和观察者的视力等因素有关。

3.3　设备器材

3.3.1　检测设备

1. 便携渗透检测设备

　　便携的渗透检验设备是各种喷罐。常见的是一次性气雾剂喷罐，通常由渗透液喷罐、清洗/去除剂喷罐、显像剂喷罐及一些小工具组成套箱提供，使用很方便。也可采用容量较大，能重复填充，多次使用的喷罐，通入一定压力的压缩空气或二氧化碳，使内装的各种渗透材料雾化喷射。

2. 固定渗透检测设备

　　固定的渗透检测设备一般包括预处理、渗透、乳化、水洗、干燥、显像和检验等工位的装置。静电（或压力）喷涂装置既可单独作为渗透材料的施加装置，用于一个或多个工位，又可作为渗透材料的补充施加装置，附属于某些工位。设备可以是由多个工位组合的一体化小型装置，也可以是由多个独立的工位装置，按一定形状（线形或 L 形或 U 形）排列而成的中型、大型生产检验线。设备可以是手动的，也可以是半自动或全自动的装置。设备需要结构紧凑，布置合理，有利于操作和控制。

3. 辅助设备

　　（1）预/后处理设备　根据零件的材料、污染的类型、污染的程度选用合适的中性、弱碱性或碱性清洗剂，根据零件的尺寸和批量采用合适的零件清洗机或清洗生产线，对零件进行预处理及后处理。由于三氯乙烯对操作人员和环境有损害作用，曾经广泛用于预处理的三氯乙烯蒸气除油传统装置不应继续使用。

　　（2）废水处理设备　理想的废水处理设备是专门为处理渗透废水而设计，能连续处理渗透废水，其处理质量能使净化的水重复使用或能满足国家（或地方）有关的水排放标准，其处理能力能适应生产线产生的渗透废水量。目前，被采用的渗透废水处理方案有许多种，应用纳米过滤膜的反渗透技术设备，因其有效、紧凑，占地面积小而被广泛采用。

3.3.2　检测器材

1. 渗透液

　　渗透检测中，涂覆在零件表面上，能渗入表面开口缺陷中并再回渗到零件表面的染料溶液称为渗透液（或称为渗透液）。

　　按渗透液所含染料，将渗透液分为两大类别：荧光渗透液和着色渗透液；按渗透液的去除方法，将渗透液分为四种类型：水洗型（亦称自乳化型）渗透液、亲油性后乳化型渗透液、溶剂去除型渗透液和亲水性后乳化型渗透液；按渗透液的灵敏度等级，将荧光渗透液分为五个灵敏度等级：最低级（1/2级）、低级（1级）、中级（2级）、高级（3级）和超高级（4级）。着色渗透液不分灵敏度等级。

渗透液的主要组分是染料、溶剂、表面活性剂及互溶剂等辅助组分。水洗型渗透液中加入一定量的表面活性剂，作为乳化剂。后乳化型渗透液中加入少量的表面活性剂，作为润湿剂。荧光渗透液中的荧光染料是发光剂，需要发光强，色泽鲜艳。着色渗透液中的着色染料，需要颜色浓重，色泽鲜艳。荧光和着色染料都应无腐蚀性，易去除，在光和热的作用下稳定，对渗透液中的溶剂有足够的溶解度。渗透液中的溶剂具有溶解染料和产生渗透两种作用，是渗透液的主体。它应该具有渗透力强，挥发性小，毒性小，无腐蚀性，对染料溶解性好等特性，还要经济性好。

理想渗透液应该具有的综合性能包括：强的渗透性，高的荧光亮度或颜色强度，良好的去除性，足够的保留性，不易挥发，不易着火，无腐蚀性，无毒性，无不良气味，在光和热的作用下性能稳定等。显而易见，任何一种渗透液都不可能全面达到理想的程度，只能为了使其性能全面接近理想而采取折中方案，或者针对具体应用而采取突出某些性能的方案。

选择渗透液时，至少需要考虑以下几个方面的因素：

首先，满足零件的检测灵敏度要求，适应零件的材料、尺寸、表面状态、批量等检测条件，选择灵敏度等级相适应的渗透液。

其次，遵循有关规范中对材料和工艺的限制，例如，不允许用灵敏度较低的渗透液代替灵敏度较高的渗透液；航空、航天产品零件的成品检验，不宜采用着色渗透液；涡轮发动机等关键零件的维修检验必须采用高或超高灵敏度等级的荧光渗透液，最好采用亲水性后乳化型荧光渗透液；特殊材料制件应采用能与之兼容的专用渗透液等。

第三，重视环境保护，在满足工艺和灵敏度要求的条件下，应当选用易于生物降解的渗透材料。一般优先选用水基渗透液；水基渗透液不能满足时，应优先选用水洗型渗透液；两者都不能满足时，应优先选用亲水性后乳化型渗透液。

第四，适应检验场所的条件。例如，在无水无电的现场，应选着色渗透喷罐套箱。

第五，降低检验成本。在满足上述要求的条件，选择节省资金的渗透液。

2. 去除剂

渗透检测中，用来去除零件表面多余渗透液的溶剂称为去除剂。

很显然，对于水洗型渗透液，去除剂就是水；对于后乳化型（亲水性或亲油性）渗透液，去除剂则是乳化剂和水；而对于溶剂去除型渗透液，去除剂就是配套的某种溶剂。溶剂去除剂通常分为含卤溶剂去除剂、不含卤溶剂去除剂和特殊应用去除剂三类。

溶剂去除剂应具有的综合性能主要包括：对渗透液中的染料有足够的溶解性，对渗透液中的溶剂有很好的互溶性，对渗透液中的各种组分不产生化学反应，对渗透液的荧光亮度（或着色色度）不产生降低作用。

3. 乳化剂

能够起乳化作用的表面活性剂称为乳化剂。

渗透检测采用的乳化剂具有乳化和洗涤两种作用，是非离子型表面活性剂，分为亲水性乳化剂和亲油性乳化剂两种类型。其中，亲水性乳化剂也称为水包油型乳化剂，适用于亲水性后乳化型渗透液的去除，一般用水稀释后再使用，稀释的浓度取决于零件的大小、数量、表面粗糙度及施加方法等。亲油性乳化剂也称为油包水型乳化剂，适用于亲油性后乳化型渗透液的去除，一般不稀释，直接使用。

乳化剂应具有的综合性能包括：性能稳定，与渗透液兼容，良好的乳化性和洗涤性，较高的容水量，耐渗透液污染，高闪点，低挥发，无腐蚀，无毒，无不良气味等。

4. 显像剂

在渗透检验中，去除零件表面多余渗透液后，被施加到零件表面上，能够加速渗透液回渗、放大显示和增强对比度的材料称为显像剂。

显像剂分为干式与湿式两种形式，湿式显像剂分为水基和非水基两类，每类又分为两个型别。总之，一般按其形态、组分和应用将显像剂分为下列六种形式：

（1）干粉显像剂　干粉显像剂是一种轻质、松散、干燥的白色无机粉末（粒度 1～3μm），一般由氧化镁、碳酸镁、氧化锌、氧化钛等成分组成。干粉显像剂具有很好的吸水、吸油性和容易被干燥零件表面吸附的特性。最简单的干粉显像剂就是轻质氧化镁粉。

（2）水溶性湿显像剂　水溶性湿显像剂是将显像粉溶于水，制成的一种符合浓度要求的显像溶液。

（3）水悬浮性湿显像剂　水悬浮性湿显像剂是按一定的比例（一般为每升 30～100g），将不溶于水的显像粉加入水中调制均匀而成。

（4）荧光用非水湿显像剂　非水湿显像剂也称为溶剂悬浮性湿显像剂，或称为快干性湿显像剂。非水湿显像剂是按一定的比例，将显像粉加入到挥发性溶剂中，再加入一定量的限制剂（火棉胶、醋酸纤维素等）和稀释剂，调制均匀而成。

（5）着色用非水湿显像剂　用于着色渗透检验的非水湿显像剂，显像粉是白色颗粒，显像粉的含量相对偏高些，以便形成具有一定厚度，不透明的白色显像层，为红色的渗透液显示提供高对比度的背景。

（6）特殊应用显像剂　如塑料薄膜显像剂，由显像粉、透明清漆或胶状树脂分散体等材料调制而成，可剥下作为显示的永久性记录。

显像剂的综合性能主要包括：细微的粒度、强的吸湿性、强的粘附性、易去除性、无荧光性（用于荧光渗透检验）或无消色性（用于着色渗透检验）、无腐蚀性、无毒性、价格低廉等。显像剂的性能须按规定进行出厂检验、进厂复验和使用中的周期性检验。

就显像剂对渗透检测灵敏度的影响而言，灵敏度由高到低的排列顺序为：非水湿显像剂→塑料薄膜显像剂→水溶性湿显像剂→水悬浮性湿显像剂→干粉显像剂。同种显像剂施加方法不同，对灵敏度的影响也不同。一般讲，对于湿显像剂，喷涂法的灵敏度高于浸涂法；对于干粉显像剂，静电喷撒法的灵敏度高于雾化喷撒法，埋粉法灵敏度最低。

3.3.3　光学仪器

1. 黑光灯

在荧光渗透检验中，广泛应用的黑光源是高压汞蒸气弧光灯。这种黑光灯输出功率较高，灯的滤光片使输出波长范围为 320～400nm，峰值波长为 365nm。目前，一种带冷却风扇的高压汞蒸气弧光灯最为流行，它不仅黑光输出功率很高，黑光辐射照度远超出一般标准（距黑光灯滤光片 380mm 处的黑光辐射照度不低于 $1000\mu W/cm^2$）的要求，而且由于运行温度低，提高了使用的安全性和舒适性，延长了灯的使用寿命。

2. 黑光辐射照度计

用于测量黑光强度的现代黑光辐射照度计，其探头（传感器）的光敏组件的前面有滤光器，只适用于测量黑光（波长为 320～400nm，峰值波长为 365nm）。辐射照度计示值单位是 $\mu W/cm^2$，量程范围上限一般不低于 $3000\mu W/cm^2$。活动的探头给测量带来很大的方便，可将探头放置在暗区，读数器放置在明区使用。曾经流行过的探头无滤波器的硒光电组件黑光测量仪器已被淘汰。

3. 白光照度计

用于测量可见光强度的白光照度计，量程范围上限一般不低于 2500 lx。一种组合在一起的"黑白光两用照度计"被广泛采用。

4. 荧光亮度计

用于测量荧光渗透液亮度的荧光亮度计，测量的波长范围为 430～520nm，峰值波长为 500nm。

3.3.4 标准试块

渗透检验用的人工缺陷标准试块主要有三种：

1）铝合金淬火裂纹试块（A 型标准试块）：用于比较两种渗透液性能的优劣。

2）不锈钢镀铬试块（B 型标准试块）：一种组合式的"五点试块"被广泛使用，它的一半是不锈钢板的吹砂面，用于检查渗透系统的去除性；另一半是不锈钢板的镀铬面，上面有五个尺寸不同的星形缺陷，用于检查渗透检验操作的正确性和定性地检查渗透系统的灵敏度等级。另外一种是简单的"三点试块"，在不锈钢板的镀铬面上有三个尺寸不同的星形缺陷，一般仅用于检查着色渗透检验操作的正确性和渗透系统的有效性。

3）黄铜镀镍铬试块（C 型标准试块）：一般由四对共八块组成一套供应，四对试块的镀层厚度分别为 $10\mu m$、$20\mu m$、$30\mu m$ 和 $50\mu m$，开横向裂纹，裂纹宽度为深度（镀层厚度）的 1/20，用于定量地鉴别渗透液的性能和灵敏度等级。根据渗透液的灵敏度等级选用，镀层厚度由小到大，分别适用于灵敏度等级为超高、高、中、低与最低级的渗透系统。

由于渗入缺陷中的着色渗透液不可能完全清洗干净，着色染料会降低，甚至完全猝灭荧光染料的荧光性，同一试块或仅用于荧光渗透检验，或仅用于着色渗透检验，而不允许混合使用。使用后的标准试块，需按照使用说明书的规定进行清洗和保存。一般将试块彻底清洗之后，放到溶剂中（如丙酮与无水乙醇混合液中）浸泡一定时间，取出晾干保存。标准试块需要定期地进行校核，人工缺陷堵塞、灵敏度下降的试块应当修复或更换。

选择有代表性的带有自然缺陷的零件作为检验渗透系统的试块，更接近实际情况。但自然缺陷不利于清洗干净，极易堵塞；其更大的随机性而不便于比较。

3.4　检测技术

3.4.1　渗透检测的时机

　　合理地安排渗透检测工序，选择最有利的时机进行渗透检测，不仅是渗透检测有效性的重要保证，而且是简化预处理，降低生产成本的有效措施。渗透检测工序一般要安排在焊接、热处理、校形、磨削、机械加工等工序完成之后，因为这些工序可能使零件产生表面不连续性或使已有的缺陷扩展；渗透检测工序一般要安排在吹砂、喷丸、抛光、阳极化、涂层和电镀等工序进行之前，因为这些工序会掩盖零件表面的不连续性或降低检测灵敏度。铸件、焊接件和热处理件，渗透检测之前可以采用吹砂的方法去除表面氧化皮，但吹砂以后的关键零件，需要先进行浸蚀，然后再进行渗透检测；机械加工后的铝、镁、钛合金和奥氏体不锈钢关键零件，需要先进行酸浸蚀或碱浸蚀，然后再进行渗透检测；使用中的零件，需要先去除表面的积碳、氧化层和涂层（阳极化保护层可不去除），然后再进行渗透检测；制造过程中要进行浸蚀检验的零件，应当紧接浸蚀检验工序之后进行渗透检测。

3.4.2　检测工艺流程

　　由于渗透液去除方法的不同，荧光渗透检测和着色渗透检测都有水洗法（A 方法）、亲油性后乳化法（B 方法）、溶剂去除法（C 方法）和亲水性后乳化法（D 方法）四种工艺流程不同的检验方法。由于显像方法的不同，每种检测方法又有几种略有差异的工艺流程。各种检验方法的工艺流程如图 3-3。由流程图可以看出，只有渗透液去除方法与显像方法都选定之后，检测的工艺流程才能完全确定。

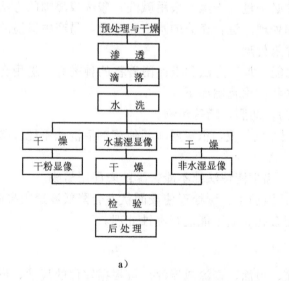
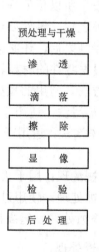

　　　　　　a)　　　　　　　　　　　　　　　　　b)

图 3-3　渗透检测工艺流程

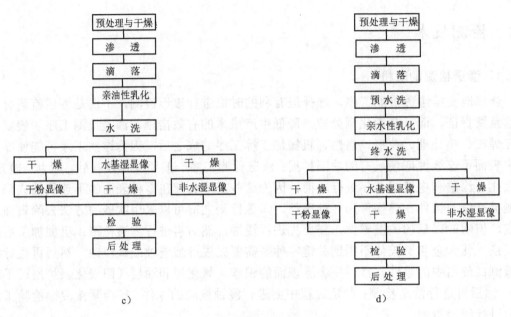

图3-3　渗透检测工艺流程（续）

a）水洗法工艺流程　b）溶剂去除工艺流程图　c）亲油性后乳化法工艺流程图　d）亲水性后乳化法工艺流程图

3.4.3　预处理

　　要进行渗透检测的零件表面必须清洁、干燥。零件表面上的污染和附着物，如油污、油脂、涂层、腐蚀产物、氧化物、金属污物、焊接剂、化学残留物等会妨碍渗透液进入零件缺陷内，影响染料性能，或产生不良背景。因此，渗透处理之前，零件的表面或局部表面（进行局部检验时）必须进行预处理。零件表面上和不连续性内的水与溶剂，也是一类污染，所以预处理后的零件必须进行干燥。采用碱洗、酸洗或浸蚀的方法对零件进行预处理之后，零件要进行中和处理，进行充分的水洗和干燥。易产生氢脆的零件，酸洗和酸浸蚀之后，还必须进行除氢处理。

　　需要根据零件的材料、预期功能、加工方法和表面附着物的种类等，选用合理有效的预处理方法。常用的预处理方法和适用范围如下：

　　1）溶剂清洗：适用于去除油污、油脂、蜡等污物。

　　2）化学清洗：适用于去除涂层、氧化皮、积炭层和其他溶剂清洗法不能去除的附着物。

　　3）机械清理：用于去除溶剂、化学清洗法都不能去除的表面附着物。

　　4）浸蚀处理：使用过的零件，因加工、预处理使表面状态会降低渗透效果的零件，均需进行浸蚀处理。但高精度的配合孔、面不能进行浸蚀处理。

3.4.4　渗透处理

　　施加渗透液的方法可以是浸涂、喷涂、刷涂或流涂。可根据零件的尺寸、形状、批量和检验要求、选用渗透液的类型、检验场所的条件等因素选择合适的方法施加渗透液。

渗透处理时，零件、渗透液和环境的温度都应在 15～50℃ 范围内。渗透时间一般不少于 10min。当温度在 5～15℃ 范围内时，渗透时间需延长到不少于 20min。渗透时间是指零件受检面被渗透液覆盖的时间，包括施加渗透液之后滴落的时间。采用浸涂方法施加渗透液时，零件浸没在渗透液中的时间一般不超过渗透时间的一半。渗透处理期间，零件受检表面应被渗透液完全覆盖，一直保持湿润状态。如果在空气中停留的时间太长，则应重新施加渗透液，避免渗透液干结在零件表面。

3.4.5 去除处理

渗透处理结束后，应根据渗透液的类型，采用相应的方法去除零件表面多余的渗透液。

1. 水洗法（A 法）

对于水洗型渗透液，渗透结束后，直接用水清洗即可去除零件表面多余的渗透液。

水温应在 10～40℃ 范围内。手工或自动喷洗时，水压不大于 0.27MPa，喷枪嘴与零件表面的间距不小于 300mm。喷洗采用气/水混合喷枪时，空气的压力应不大于 0.17MPa。压缩空气搅拌浸水洗时，浸洗槽中的水要始终保持良好的循环。水洗时间应当尽量缩短，以零件表面形成合适的背景为宜，避免过（量水）洗、过（量）去除。过洗、过去除的标志是零件的所有表面上完全没有残存的渗透液。过洗、过去除的零件，需要从预处理开始重新处理。为此，水洗工位需要安装有足够照度或辐射照度的白光或黑光灯，以便监视水洗过程。

2. 亲油性后乳化法（B 法）

对于亲油性后乳化型渗透液，渗透结束后，首先进行乳化，然后通过水洗去除零件表面渗透液与乳化剂的混合物。

亲油性乳化剂最好采用浸涂或流涂的方法施加，不宜采用喷涂或刷涂的方法施加。在施加乳化剂的过程中，不应翻动零件或搅动零件表面上的乳化剂，防止局部过乳化。荧光渗透检验的乳化时间一般不超过 3min。着色渗透检验的乳化时间一般不超过 30s。最好按材料生产厂家推荐的乳化时间，进行乳化处理。

零件乳化结束后，应立即浸入水中，或者采用喷水的方法停止乳化。然后采用空气搅拌浸洗或喷洗的方法进行水洗，去除零件表面的渗透液和乳化剂混合物。水洗时，水的压力、水的温度、空气压力及水洗方法与上节水洗法的要求一样。背景过量的零件应补充乳化、水洗。过（量）乳化、过去除的零件，需要从预处理开始重新处理。

3. 溶剂去除法（C 法）

对于溶剂去除型渗透液，渗透结束后，采用擦拭的方法，用配套的溶剂去除剂，去除零件表面多余的渗透液。首先用棉织品、纸等擦拭物擦去零件表面大部分多余的渗透液。然后用被去除剂润湿的擦拭物擦去残留的渗透液。使用的擦拭物不能被去除剂饱和浸透，更不允许采用浸涂、喷涂或刷涂方法施加溶剂去除剂，以防缺陷中的渗透液也被去除。最后将零件表面用清洁而干燥的擦拭物擦净，吸干，或者靠自然挥发晾干。如果发现零件的渗透液过去除，需要从预处理开始重新处理。

4．亲水性后乳化法（D法）

对于亲水性后乳化型渗透液，渗透结束后，首先进行预水洗，去除零件表面大部分多余渗透液。然后进行乳化。最后通过终水洗去除残留的渗透液和乳化剂混合物。

预水洗时，水的压力、水的温度、空气压力及水洗方法与上节水洗法的要求一样。

亲水性乳化剂可以采用浸涂、流涂或喷涂等方法施加。乳化时间应尽量短，以能充分乳化渗透液为宜，一般不超过 2min。亲水性乳化剂是以水溶液的形式使用，采用浸涂法施加时，乳化剂的含量一般不超过 35%（体积分数）；采用喷涂法施加时，乳化剂的含量一般不超过 5%（体积分数）。最好采用乳化剂生产厂家推荐的使用浓度值。

终水洗时，水的压力、水的温度、空气压力及水洗方法与上节水洗法的要求一样。背景过量的零件应补充乳化、水洗。过乳化、过去除的零件，需要从预处理开始重新处理。

3.4.6　干燥处理

施加干粉显像剂和非水湿显像剂之前，零件需要进行干燥；施加水溶性湿显像剂和水悬浮性湿显像剂之后，零件需要进行干燥；采用自显像工艺时，去除处理之后，目视检查之前，零件需要进行干燥。

有多种干燥零件的方法：用控温的热空气循环式干燥箱将零件烘干；用热风或冷风将零件直接吹干；在室温下将零件自然晾干等。溶剂去除法处理的零件，自然晾干较好，其他零件最好采用干燥箱烘干的方法进行干燥。

采用干燥箱烘干零件时，干燥箱温度应不超过 70℃。零件入箱前，应通过滴落、吸附或吹风的方法去除表面的积水或积液。干燥时，零件表面的温度不应超过 52℃。干燥时间不宜过长（特别是施加干粉显像剂和非水湿显像剂之前），工艺中规定的干燥时间应当是零件表面刚刚干燥所需的最短时间，它取决于设备，干燥温度，零件的形状、尺寸和摆放方式等因素，需要通过试验的方法来确定。

用压缩空气吹去零件表面的积水或积液时，用热风或冷风直接吹干零件时，空气都必须干燥、清洁，压力不大于 0.17MPa，出气口与零件表面的间距均应大于 300mm。

3.4.7　显像处理

1．干粉显像

可以采用喷粉箱喷粉、静电喷粉、手工撒粉或埋粉等方法将显像粉施加到干燥的零件表面上，使形成薄而均匀的显像粉涂层。过多的显像剂，可用压缩空气轻轻吹拂的方法去除，也可用轻抖、轻敲零件的方法去除。

干粉显像时间一般不少于 10min，不超过 240min。

干粉显像不适用于着色渗透检测，这是由于干粉显像剂不能形成有一定厚度、均匀而光滑的白色涂层，因而不能为红色的渗透液显示提供理想的对比背景。

干粉显像的优点是易于施加、无腐蚀性、不释放有害气体、易于去除。干粉显像的缺点是产生粉尘污染，需要除尘设备；对施加前零件的干燥的要求较严格，过度的干燥会降低显像效果。

2. 非水湿显像

非水湿显像剂宜采用喷涂的方法施加。施加之前，零件必须完全干燥。施加过程中，应不断地搅动罐（或桶）中的显像剂，以防止显像粉粒沉淀，使保持均匀悬浮。施加非水湿显像剂后，零件宜在室温下自然晾干。对于荧光渗透检测，显像剂应薄而均匀地覆盖零件的待检表面。显像剂过厚的零件，必须从预处理开始，按工艺规定重新处理。对于着色渗透检验，显像剂应在零件的待检表面上形成均匀、不透明的白色涂层，为显示提供适当的色彩对比背景。

非水湿显像剂的显像时间不少于 10min，不超过 60min（从显像剂干燥后开始计算）。

非水湿显像的优点是检测灵敏度高。非水湿显像的缺点是显像剂或有毒，或易燃，或两者兼有之，施加和去除也不方便。

3. 水溶性和水悬浮性湿显像

宜采用喷涂、流涂等施加方法，将水溶性和水悬浮性湿显像剂直接涂到清洗干净的零件表面上。由于显像剂是水基的，并含有润湿剂，如果采用浸涂施加方法，会产生再去除作用，而且可能污染显像剂。对于水悬浮性湿显像剂，施加过程中需不断地搅动罐（或桶）中的显像剂，防止沉淀。不允许搅动已施加到零件表面上的显像剂，防止显示模糊或消失。显像剂的浓度决定了干燥后的显像剂层的厚度，浓度要适当，水悬浮性湿显像剂不应成稠糊状。零件施加水溶性和水悬浮性湿显像剂后，需要按上述的干燥工艺要求，在干燥箱中烘干。

显像时间不少于 10min，不超过 120min（从显像剂干燥后开始计算）。

水溶性湿显像剂，不适用于着色渗透检测和水洗型荧光渗透检测。水悬浮性湿显像剂，则适用于荧光、着色两种渗透检测。

水溶性和水悬浮性湿显像的优点是无粉尘污染，不释放有毒或易燃气体，易发现零件表面的漏显像点，显像剂易于去除。水溶性和水悬浮性湿显像的缺点是由于干燥较慢，显像剂在零件表面的流动可能产生显像剂堆积的现象，影响检验灵敏度。

4. 特殊应用显像

可剥塑料膜一类的特殊应用显像方法与非水湿显像方法相似。

5. 自显像

自显像（或称不用显像剂显像）方法是指零件表面多余渗透液去除后，不施加显像剂，干燥并停顿一定时间，直接观察检验。自显像时间不低于 10min，不超过 120min（从零件表面干燥后开始计算）。很显然，自显像工艺的优点是可减少操作步骤，降低成本。自显像工艺的缺点是灵敏度低。一般认为，大多数高性能水洗型渗透液可采用自显像工艺，但采用自显像工艺时，渗透液的灵敏度会降低一个等级。因此，采用自显像工艺需要主管部门批准。使用过的零件进行渗透检测时，不允许采用自显像工艺，防止漏检了细微的疲劳裂纹。

3.4.8 检验

1. 观察

为了保证检测的可靠性，着色渗透检测时，零件待检表面上的白光照度应不低于

1000 lx。荧光渗透检测时，需要一个环境白光照度不大于 20 lx 的暗室或暗区；零件待检表面上的黑光辐照度应不低于 $1000\mu W/cm^2$（采用自显像工艺时，应不低于 $3000\mu W/cm^2$）；检验人员从明室进入暗室或暗区，经过一段暗适应时间（一般不少于 1min）之后，眼睛的分辨力才可恢复，才能开始工作。另外，在黑光下工作的人员应戴防紫外线眼镜，防止黑光直接入射或反射进眼睛，减小眼睛疲劳，保证眼睛的分辨力。

必须在规定的显像时间内，观察完所有显像的零件，未观察完的零件需要从预处理开始重新处理。过长的显像时间会使显示的边缘变得模糊，不清晰，漏检微小的缺陷。

2. 解释

解释就是确定渗透显示的类别和产生显示的原因。

通常将渗透检验的显示分为下列三类：

（1）虚假显示　由于检验人员的手、检验台、检验工具、显像剂被渗透液污染，操作中渗透液的飞溅，相邻零件显示的接触等原因，引起零件污染产生的渗透液显示。

（2）不相关显示　由零件外形结构（键槽、花键、装配缝隙等），允许的加工痕迹（压痕、压印、铆接印等），允许的表面划伤、刻痕、凹坑、毛刺、焊斑、氧化皮等引起的渗透液显示。

（3）相关显示　由零件表面上的裂纹、折叠、分层、冷隔、夹杂、气孔、针孔、疏松等引起的渗透液显示。

对于观察到的所有显示，均应给出解释。对有疑问，不能给出明确解释的显示，可用被溶剂（丙酮或乙醇）弄湿的毛笔、毛刷等拭去显示，使区域干燥，重新显像。非水湿显像时，显像的时间不少于 3min；其他显像时，显像时间与原来一样。如果"显示"不再出现，则原来的"显示"为假显示。对于任何一种原始显示，这种处理方法仅允许进行一两次。必要时，可从预处理开始，重新处理零件，然后进行观察和解释。有时需要借助于放大镜等工具进行观察，甚至需要借助于其他无损检测方法帮助解释。

3. 评定

对于无显示，或仅有假显示和非相关显示的零件应准予验收。对于有相关显示的零件，应借助于显示比较尺等工具，对显示的尺寸和分布进行测量、统计，按验收标准进行评定，得出合格或不合格结论。

4. 记录、报告与标志

解释和评定之后，可以采用文字描述、示意图、塑料膜显像及照相等方法记录全部检验的结果。检验记录要归档保存，以供追溯查阅。同时向委托单位提供包括评定结论等内容的检验报告。

符合验收标准被接受的零件，都要制作标志，可以采用压印、蚀刻、涂色或其他方法制作标志。在一般情况下，采用的规范、零件的图样或其他设计文件中已规定了标志符号和标志部位。

3.4.9　后处理

渗透检测后，零件应进行清理，去除对后续工序和零件使用有影响的残留物。对于多数显像剂和渗透液残留物，采用压缩空气吹拂或水洗的方法即可去除。水洗过的零件应立即进行干燥，以防腐蚀。那些需要重复进行渗透检验的零件，使用环境特殊的零件，应当用溶剂进行彻底清洗。

3.5　实际应用

在金属原材料生产中，铝、镁合金和非铁磁性不锈钢制成的产品，特别是那些薄板、箔及异形截面的产品，需要应用渗透检测来检查其表面的完好性。用这类合金的棒、板材料通过锻造或机械加工制成的零件需要进行渗透检测。在这类工业生产中，渗透检测有时作为目视检查的补充方法。

在轻合金铸造中，一般采用中、低或最低灵敏度，水洗型荧光渗透方法，检验各种铸造零件的表面质量。

在切削刀具生产中，应用渗透检测方法，对硬质合金刀具进行检验，包括对刀片、焊缝和支撑材料的检验，检查热处理、钎焊及磨削中出现的问题。

在电力和燃气工业中，应用渗透检测方法，检查冷凝器镍铜管、蒸汽发生器镍铜管、板上的焊缝、高架杆上的滑动接头等。

在船舶工业中，无论是新建造商用船、军用舰、潜水艇，还是维修各种船舰，渗透检测方法都被广泛地应用。如奥氏体钢管道焊接接头，镍铜合金及不锈钢等非铁磁性材料的复合层板，螺旋桨的轮体和叶片，不锈钢压力容器蒸汽罐的接头与管嘴，泵壳与涡轮铸件，非铁磁性材料的反应堆管道系统焊接接头等。

在坦克、装甲车辆、小型战术导弹、火器及仪器的制造与维修中，广泛应用了渗透检测方法，用于检验各种非铁磁性材料的零、部件。例如铝制发动机活塞与壳体，铝制自动变速齿轮箱，铝制轮、盘、连杆、摇臂壳体、排气管及热交换器等。

在核电站的整个建造和运行中，从小的阀门到最大的压力容器和系统都要用到渗透检测，用于检测承压系统和容器部件中的裂纹、分层及焊接缺陷等。检验的零件包括锻件、铸件、紧固件和管件。检验的焊缝包括容器焊缝、管道焊缝、管嘴对接焊缝、管座角焊缝等。用于核工业渗透检测的材料，必须严格控制其中硫、钠、氟、氯等有害元素的含量。

航空航天是渗透检验应用最广泛的工业领域，在飞机制造、飞机维修、导弹和其他飞行器制造中，应用渗透检测方法，检查铝合金、镁合金、钛合金、铜合金、奥氏体不锈钢、耐热合金等非铁磁性材料制造的各种铸件、锻件、机加件和焊接件。除此之外，还需要一些特殊的检验材料，用于特殊的检测对象，例如，使用与液氧兼容的水基自显像型荧光渗透液，检查液氧储箱等与液氧相关的装置。使用其他与液氧兼容或易于清洗的，专用的渗透材料，检查与液氧相关的设备。

复　习　题

1．简述渗透检测的基本原理、分类、应用范围和主要优缺点。

2．写出渗透检测的基本步骤。

3．解释：毛细管作用、表面张力、接触角、乳化现象、黑光和荧光、对比度和可见度。

4．按渗透液的去除方法将渗透液分为哪几种类型？

5．理想的渗透液应具备哪些综合性能？

6．选择渗透液时，主要考虑哪些因素？

7．解释：黑光灯、黑光辐射照度计、白光照度计。

8．描述渗透检测所用的标准试块，说明它们的用途以及使用中要注意的问题。

9．关于渗透检测的时机，应当如何考虑？

10．写出水洗法（A 法）荧光渗透检测，干粉显像时的工艺流程。

11．写出亲水性后乳化法（D 法）荧光渗透检测，干粉显像时的工艺流程。

12．简述干粉显像的优点和缺点。

13．解释：虚假显示、不相关显示、相关显示。

第4章 磁粉检测

4.1 概述

　　铁磁性材料工件被磁化后，由于不连续性的存在，使工件表面和近表面的磁力线发生局部畸变而产生漏磁场，吸附施加在工件表面的磁粉，在合适的光照下形成目视可见的磁痕，从而显示出不连续性的位置、大小、形状和严重程度，如图4-1所示。

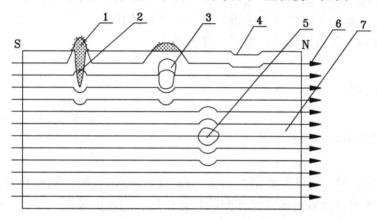

图4-1　不连续性处漏磁场分布

1—漏磁场　2—裂纹　3—近表面气孔　4—划伤

5—内部气孔　6—磁力线　7—工件

　　铁磁性材料工件被磁化后，在不连续性处或磁路截面变化处，磁力线离开和进入工件表面形成的磁场称为漏磁场。磁粉检测是利用铁磁性粉末——磁粉，作为磁场的传感器，即利用漏磁场吸附磁粉形成的磁痕（磁粉聚集形成的图象）来显示不连续性的位置、大小、形状和严重程度，所以磁粉检测基础是不连续性处漏磁场与磁粉的磁相互作用。

　　磁粉检测适用于检测铁磁性材料，但不适用于检测非磁性材料；适用于检测工件表面和近表面尺寸很小，间隙极窄（如长 0.1mm、宽为微米级的裂纹）和目视难以看出的微小缺陷（裂纹、白点、发纹、折叠、疏松、冷隔、气孔和夹杂等），但不适用于检测工件表面浅而宽的划伤、针孔状缺陷、埋藏较深的内部缺陷和延伸方向与磁力线方向夹角小于 20°的缺陷。可用于未加工的原材料和加工的半成品、成品件及在役与使用过的工件，包括钢坯、管材、棒材、板材、型材和锻钢件、铸钢件及焊接件的检测。

　　磁粉检测最基本的六个操作步骤是：预处理；磁化工件；施加磁粉或磁悬液；磁痕分析和评定；退磁；后处理。

磁粉检测具有下列优点：

1）能直观地显示出缺陷的位置、大小、形状和严重程度，并可大致确定缺陷的性质。

2）具有很高的检测灵敏度，能检测出微米级宽度的缺陷。

3）能检测出铁磁性材料工件表面和近表面缺陷。

4）综合使用多种磁化方法，检测几乎不受工件大小和几何形状的影响，能检测出工件各方向的缺陷。

5）检查缺陷的重复性好。

6）单个工件检测速度快，工艺简单，成本低，污染轻。

7）磁粉探伤—橡胶铸型法，可间断检测小孔内壁早期疲劳裂纹的产生和扩展速率。

磁粉检测的局限性如下：

1）只能检测铁磁性材料。

2）只能检测工件表面和近表面缺陷。

3）受工件几何形状影响（如键槽）会产生非相关显示。

4）通电法和触头法磁化时，易产生打火烧伤。

4.2 物理基础

4.2.1 磁粉检测中的相关物理量

1. 磁场

磁体与磁体之间及磁体与铁磁性物体之间，即便是不直接接触也有磁力吸引作用，这是由于磁体周围存在着磁场，磁体间的相互作用是通过磁场来实现的。磁场是磁体或通电导体周围具有磁力作用的空间。磁场存在于磁体或通电导体的内部和周围，导体表面的磁场最大。

2. 磁力线

为了形象地描述磁场的大小、方向和分布情况，可以在磁场范围内，借助小磁针描述条形磁铁的磁场分布，画出许多条假想的连续曲线，称为磁力线。

磁力线具有以下特性：

1）磁力线是具有方向性的闭合曲线。在磁体内，磁力线是由 S 极到 N 极，在磁体外，磁力线是由 N 极出发，穿过空气进入 S 极的闭合曲线。

2）磁力线互不相交。

3）磁力线可描述磁场的大小和方向。

4）磁力线沿磁阻最小路径通过。

3. 磁场强度

表征磁场大小和方向的物理量称为磁场强度。磁场强度用符号 H 来表示，在 SI 单位制中，磁场强度的单位是安〔培〕/米（A/m），在 CGS 单位制中，磁场强度的单位是奥〔斯特〕（Oe），其换算关系为：

$$1A/m = 4\pi \times 10^{-3}Oe \approx 0.0125Oe$$

$$1 \text{Oe} = \frac{10^3}{4\pi} \text{A/m} \approx 80 \text{A/m}$$

4. 磁感应强度

将原来不具有磁性的铁磁性材料放入外加磁场内，便得到磁化，它除了原来的外加磁场外，在磁化状态下铁磁性材料自身还产生一个感应磁场，这两个磁场叠加起来的总磁场，称为磁感应强度，用符号 B 表示。磁感应强度和磁场强度一样，具有大小和方向，可以用磁感应线表示。通常把铁磁性材料中的磁力线称为磁感应线。在 SI 单位制中，磁感应强度的单位是特〔斯拉〕（T），在 CGS 单位制中，磁感应强度的单位是高〔斯〕（GS），其换算关系为：

$$1 \text{T} = 10^4 \text{G}_\text{S}$$
$$1 \text{G}_\text{S} = 10^{-4} \text{T}$$

5. 磁导率

磁感应强度 B 与磁场强度 H 的比值称为磁导率，或称为绝对磁导率，用符号 μ 表示。磁导率表示材料被磁化的难易程度，它反映了材料的导磁能力。在 SI 单位制中磁导率的单位是亨〔利〕/米（H/m）。磁导率 μ 不是常数，而是随磁场大小不同而改变的的变量，有最大值和最小值。

某物质磁导率与真空磁导率的比称为该物质的相对磁导率，用符号 μ_r 表示。真空的磁导率 $\mu_\text{o} = 4\pi \times 10^{-7} \text{H/m}$。

4.2.2 电流的磁场

当电流流过圆柱导体时，产生的磁场是以导体中心轴线为圆心的同心圆，在半径相等的同心圆上，磁场强度相等。

通电圆柱导体表面的磁场强度可由安培环路定律 $\oint \vec{H} \mathrm{d}l = \sum l$ 推导，若采用 SI 单位制，因圆周对称，所以沿圆周积分得：$H \times 2\pi R = I$

$$H = \frac{I}{2\pi R}$$

式中　　H ——磁场强度，单位是 A/m；

　　　　I ——电流强度，单位是 A；

　　　　R ——圆柱导体半径，单位是 m；

在线圈中通以电流时，在线圈内产生的磁场是与线圈轴平行的纵向磁场。其方向可用线圈右手定则确定：用右手握住线圈，使四指指向电流方向，与四指垂直的拇指所指方向就是线圈内部的磁场方向。

4.2.3 磁介质

能影响磁场的物质称为磁介质。各种宏观物质对磁场都有不同程度的影响，因此一般都是磁介质。

磁介质分为顺磁性材料（顺磁质）、抗磁性材料（抗磁质）和铁磁性材料（铁磁质），抗磁性材料又叫逆磁性材料。

顺磁性材料 —— 相对磁导率 μ_r 略大于 1。能被磁体轻微吸引。

抗磁性材料 —— 相对磁导率 μ_r 略小于 1。能被磁体轻微排斥。

铁磁性材料 —— 相对磁导率 μ_r 远远大于 1。铁磁性材料如铁、镍、钴及其合金，能被磁体强烈吸引。

4.2.4 铁磁性材料

铁磁性材料具有以下特性：

1）高导磁性 —— 能在外加磁场中强烈地磁化，产生非常强的附加磁场，它的磁导率很高，相对磁导率可达数百、数千以上。

2）磁饱和性 —— 铁磁性材料由于磁化所产生的附加磁场，不会随外加磁场增加而无限地增加，当外加磁场达到一定程度后，全部磁畴的方向都与外加磁场的方向一致，磁感应强度 B 不再增加，呈现磁饱和。

3）磁滞性 —— 当外加磁场的方向发生变化时，磁感应强度的变化滞后于磁场强度的变化。当磁场强度减小到零时，铁磁性材料在磁化时所获得的磁性并不完全消失，而保留了剩磁。

4.2.5 退磁场

将直径相同、长度不同的几根圆钢棒，放在同一线圈中用相同的磁场强度分别磁化，将标准试片贴在圆钢棒中部表面，或用特斯拉计测量圆钢棒中部表面的磁场强度，会发现长径比大的圆钢棒比长径比小的圆钢棒上磁痕显示清晰，磁场强度也大。出现这种现象的原因是：圆钢棒在外加磁场中磁化时，在它的端头产了磁极，这些磁极形成的磁场方向与外加磁场方向相反，因而削弱了外加磁场对圆钢棒的磁化作用。所以把铁磁性材料磁化时，由工件端头磁极所产生的磁场称为退磁场，也叫反磁场。它对外加磁场有削弱作用。

4.2.6 漏磁场

漏磁场的大小，与检测缺陷的灵敏度关系很大。影响漏磁场大小主要有以下因素：外加磁场强度的影响；缺陷位置、延伸方向和深宽比的影响；工件表面覆盖层对磁痕显示的影响；以及工件材料及状态的影响。

4.3 设备器材

4.3.1 磁粉检测设备

设备按重量和可移动性分为固定式、移动式和携带式三种；按设备的组合方式分为一体型和分立型两种。

固定式探伤机的体积和重量大，额定周向磁化电流一般为 1000 ～10000A。能进行通电法、中心导体法、感应电流法、线圈法、磁轭法整体磁化或复合磁化等，带有照明装置，退磁装置和磁悬液搅拌、喷洒装置，有夹持工件的磁化夹头和放置工件的工作台及格栅，适用于对中小工件的探伤。

移动式探伤仪额定周向磁化电流一般为 500～8000A。主体是磁化电源，可提供交流和单相半波整流电的磁化电流。附件有触头、夹钳、开合和闭合式磁化线圈及软电缆等，能进行触头法、夹钳通电法和线圈法磁化。这类设备一般装有滚轮可推动。

携带式探伤仪具有体积小、重量轻和携带方便的特点，额定周向磁化电流一般为 500～2000A。适用于现场、高空和野外探伤。常用的仪器有带触头的小型磁粉探伤仪，电磁轭，交叉磁轭或永久磁铁等。

4.3.2 测量仪器

磁粉检测中涉及到磁场强度、剩磁大小、白光照度、黑光辐照度和通电时间等的测量，因而还应有一些测量设备，如毫特斯拉计（高斯计）、袖珍式磁强计、照度计、黑光辐射计、通电时间测量器和快速断电试验器等。

4.3.3 磁粉与磁悬液

1. 磁粉

磁粉是显示缺陷的重要手段，磁粉质量的优劣和选择是否恰当，将直接影响磁粉检测结果，所以，检测人员对作为磁场传感器的磁粉应进行全面了解和正确使用。

磁粉的种类很多，按磁痕观察，磁粉分为荧光磁粉和非荧光磁粉；按施加方式，磁粉分为湿法用磁粉和干法用磁粉。

2. 载液

磁粉检测常用油基载液和水载液，磁粉检测用油基载液是具有高闪点、低粘度、无荧光和无臭味的煤油。

磁粉检测水载液是在水中添加润湿剂、防锈剂，必要时还要添加消泡剂，保证水载液具有合适的润湿性、分散性、防锈性、消泡性和稳定性。

3. 磁悬液

磁粉和载液按一定比例混和而成的悬浮液体称为磁悬液。

每升磁悬液中所含磁粉的重量（g/L）或每 100mL 磁悬液沉淀出磁粉的体积（mL/100mL）称为磁悬液浓度。前者称为磁悬液配制浓度，后者称为磁悬液沉淀浓度。

4.3.4 标准试片与标准试块

1. 标准试片

用于检验磁粉检测设备、磁粉和磁悬液的综合性能（系统灵敏度）和用于检测被检工件表面的磁场方向，有效磁化区和大致的有效磁场强度。试片类型、名称和图形如表4-1 所示。

2. 标准试块

标准试块主要用于检验磁粉检测设备、磁粉和磁悬液的综合性能（系统灵敏度），也用于考察磁粉检测的试验条件和操作方法是否恰当，还可用于检验各种磁化电流不同大小时产生的磁场在标准试块上大致的渗入深度。

标准试块不适用于确定被检工件的磁化规范，也不能用于考察被检工件表面的磁场方向和有效磁化区。

表 4-1　标准试片类型、规格和图形

类型	规格：缺陷槽深 / 试片厚度 /（μm）		图形和尺寸/mm
A₁ 型	$A_1-7/50$		
	$A_1-15/50$		
	$A_1-30/50$		A₁型图
	$A_1-15/100$		
	$A_1-30/100$		
	$A_1-60/100$		
C 型	$C-8/50$		C型图
	$C-15/50$		
D 型	$D-7/50$		D型图
	$D-15/50$		
M₁ 型	$\phi12mm$	$7/50$	M₁型图
	$\phi9mm$	$15/50$	
	$\phi6mm$	$30/50$	

注：C 型标准试片可剪成 5 个小试片分别使用。

（1）B 型标准试块　国家标准样品 B 型试块的形状和尺寸如图 4-2 所示。材料为经退火处理的 9CrWMn 钢锻件，其硬度为 90～95HRB。

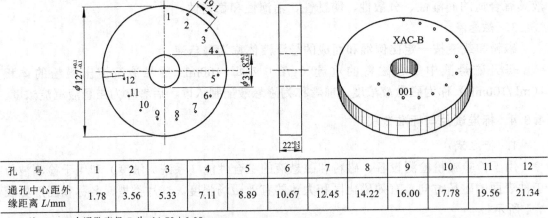

孔　号	1	2	3	4	5	6	7	8	9	10	11	12
通孔中心距外缘距离 L/mm	1.78	3.56	5.33	7.11	8.89	10.67	12.45	14.22	16.00	17.78	19.56	21.34

注　1. 12 个通孔直径 D 为 $\phi1.78\pm0.08mm$。

　　2. 通孔中心距外缘距离 L 的尺寸公差为 $\pm0.08mm$。

　　3. 孔的垂直度尺寸公差为 $\pm0.05mm$。

图4-2　B 型标准试块

（2）E 型标准试块　国家标准样品 E 型试块的形状和尺寸如图 4-3 所示。材料为经退火处理的 10 号锻钢件。

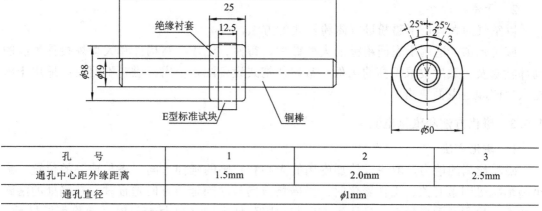

孔　　号	1	2	3
通孔中心距外缘距离	1.5mm	2.0mm	2.5mm
通孔直径		ϕ1mm	

注：1. 3 个通孔直径为 $\phi 1.0^{+0.08}_{-0.05}$ mm。

2. 通孔中心距外缘距离公差为 ±0.05mm。

3. 通孔的垂直度为 ±0.05mm。

图4-3　E 型标准试块

4.4　检测技术

磁粉检测的检验方法，一般根据磁粉检测所用的载液或载体不同，分为湿法和干法检验；根据磁化工件和施加磁粉、磁悬液的时机不同，分为连续法和剩磁法检验。

4.4.1　连续法和剩磁法

1．连续法

在外加磁场磁化的同时，将磁粉或磁悬液施加到工件上进行磁粉检测的方法。

应用范围：所有铁磁性材料和工件的磁粉检测；工件形状复杂不易得到所需剩磁时；表面覆盖层较厚的工件；使用剩磁法检验而设备功率达不到时。

2．剩磁法

在停止磁化后，将磁悬液施加到工件上进行磁粉检测的方法。

应用范围：凡经过热处理（淬火、回火、渗碳、渗氮及局部正火等）的高碳钢和合金结构钢，矫顽力在 1000A/m，剩磁在 0.8T 以上者，才可进行剩磁法检验；用于因工件几何形状限制连续法难以检验的部位，如螺纹根部和筒形件内表面；用于评价连续法检验出的磁痕显示属于表面还是近表面缺陷显示。

4.4.2　湿法和干法

1．湿法

将磁粉悬浮在载液中进行磁粉检测的方法。

应用范围：适用于锅炉压力容器焊缝、宇航工件及灵敏度要求高的工件；适用于大批量工件的检查，常与固定式设备配合使用，磁悬液可回收；适用于检测表面微小缺陷，如疲劳裂纹、磨削裂纹、焊接裂纹和发纹等。

2. 干法

以空气为载体用干磁粉进行磁粉检测的方法。

应用范围：适用于表面粗糙的大型锻件、铸件、毛坯、结构件和大型焊接件焊缝的局部检查及灵敏度要求不高的工件；常与便携式设备配合使用，磁粉不回收；适用于检测大缺陷和近表面缺陷。

4.4.3 磁化方法和磁化电流

1. 磁化方法

磁粉检测的能力，取决于施加磁场的大小和缺陷的延伸方向，还与缺陷的位置、大小和形状等因素有关。工件磁化时，当磁场方向与缺陷延伸方向垂直时，缺陷处的漏磁场最大，检测灵敏度最高。当磁场方向与缺陷延伸方向夹角为45°时，缺陷可以显示，但灵敏度降低。当磁场方向与缺陷延伸方向平行时，不产生磁痕显示，发现不了缺陷。由于工件中缺陷有各种取向，难以预知，故应根据工件的几何形状，采用不同的方法直接、间接或通过感应电流对工件进行周向、纵向或多向磁化，以便在工件上建立不同方向的磁场，发现所有方向的缺陷，于是发展了各种不同的磁化方法。各种磁化方法的特点与应用范围见表4-2。

表4-2　各种磁化方法的特点与应用范围

磁化方法	特点	应用范围	示意图（G—电源，H—磁场，F—缺陷）
通电法	将零件夹于探伤机的两接触板之间，电流从零件上通过，形成周向磁场。用于检查与电流方向平行的不连续性。	适用于实心或空心零件如铸件、锻件、机加工件、焊接件、轴类、钢坯和钢管	
中心导体法	将导体穿入空心零件的孔中，并置于孔的中心，电流从导体上通过，形成周向磁场。用于检查空心零件内、外表面与电流方向平行的和端头径向的不连续性	适用于各种有孔的零件，如轴承圈、空心圆柱、齿轮、螺母、管件和阀体	
偏置中心导体法	导体穿入空心零件的孔中，并贴近内壁放置，电流从导体上通过，形成周向磁场，用于局部检验空心零件内、外表面与电流方向平行和端头径向不连续性	适用于中心导体法检验时设备功率达不到的大型环和管件	

（续）

磁化方法	特点	应用范围	示意图（G—电源，H—磁场，F—缺陷）
触头法	用支杆触头接触零件表面，通电磁化，形成周向磁场。用于发现与两触头连线平行的不连续性	适用于焊接件及大型铸件、锻件和板材的局部检验	
环形件绕电缆法	用软电缆穿绕环形件，通电磁化，形成周向磁场。用于检验与电流方向平行的不连续性	适用于大型环形零件	
感应电流法	由于磁通变化在工件上产生的感应电流对零件进行磁化，用于发现与感应电流方向平行的不连续性	适用于直径与壁厚之比大于 5 的薄壁环形件、齿轮和不允许产生电弧及烧伤的零件	
线圈法	零件放在通电线圈中，或用软电缆绕在零件上磁化形成纵向磁场。用于发现零件的横向不连续性	适用于纵长零件，如曲轴、轴管、棒材、铸件和焊接件。	
磁轭法	用固定式电磁轭两磁极夹住零件进行整体磁化，或用便携式电磁轭两磁极接触零件表面进行局部磁化。用于发现与两磁极连线垂直的不连续性	整体磁化适用于零件横截面小于磁极横截面的纵长零件。局部磁化适用于对大型零部件的检验	
多向磁化法	同时在零件上施加两个或两个以上不同方向磁场，其合成磁场的方向在零件上不断地变化着，一次磁化可发现零件上不同方向的不连续性	适用于管材、棒材、板材、焊接件及大型铸件与锻件	

2. 磁化电流

为了在工件上产生磁场而采用的电流称为磁化电流。磁粉检测采用的磁化电流有交流电、整流电（包括单相半波整流电、单相全波整流电、三相半波整流电和三相全波整流电）、直流电和冲击电流七种，特点如下：

1）用交流电磁化湿法检验，对工件表面微小缺陷检测灵敏度高；

2）交流电的渗入深度，不如整流电和直流电；

3）交流电用于剩磁法检验时，应加装断电相位控制器；

4）交流电磁化连续法检验主要与有效值电流有关,而剩磁检验主要与峰值电流有关；

5）整流电流中包含的交流分量越大，检测近表面较深缺陷的能力越小；

6）单相半波整流电磁化干法检验，对工件近表面缺陷检测灵敏度高；

7）三相全波整流电可检测工件近表面较深的缺陷；

8）直流电可检测工件近表面最深的缺陷；

9）冲击电流只能用于剩磁法检验和专用设备。

4.4.4 退磁

退磁就是将工件内的剩磁减小到不影响使用程度的工序。

退磁是将工件置于交变磁场中，产生磁滞回线，当交变磁场的幅值逐渐递减时，磁滞回线的轨迹也越来越小，当磁场强度降为零时，使工件中残留的剩磁 B_r 接近于零。

剩磁测量可采用剩磁测量仪，也可采用 XCJ 型或 JCZ 型袖珍式磁强计测量。一般要求剩磁不大于 0.3mT（240A/m）。

4.4.5 磁痕分析

磁粉检测是利用磁粉聚集形成的磁痕来显示工件上的不连续性和缺陷的。通常把磁粉检测时磁粉聚集形成的图像称为磁痕，磁痕的宽度为不连续性和缺陷宽度的数倍，即磁痕对缺陷的宽度具有放大作用，所以磁粉检测能将目视不可见的缺陷显示出来，具有很高的检测灵敏度。

能够形成磁痕显示的原因很多，由缺陷产生的漏磁场形成的磁痕显示称为相关显示，由工件截面突变和材料磁导率差异产生的漏磁场形成的磁痕显示称为非相关显示；不是由漏磁场形成的磁痕显示称为伪显示。伪显示、相关显示与非相关显示的区别是：相关显示与非相关显示是由漏磁场吸附磁粉形成的，而伪显示不是由漏磁场吸附磁粉形成的；只有相关显示是我们要检测的，而非相关显示和伪显示都不是我们要检测的。因此，磁粉检测人员应具有丰富的实践经验，并能结合工件的材料、形状和加工工艺，熟练掌握各种磁痕显示的特征、产生原因及鉴别方法，必要时用其他无损检测方法进行验证，做到去伪存真是至关重要的，所以磁痕分析的意义很大。

伪显示是由于工件表面粗糙滞留磁粉，工件表面有油污粘附磁粉或由于工件表面有氧化皮等原因形成的。

非相关显示是由于工件截面突变、磁极和电极附近、磁写、和磁导率差异等原因形成的。

相关显示是由于缺陷产生漏磁场形成的。缺陷是由于各种工艺产生的。

4.4.6 磁粉检测的质量控制

为了保证磁粉检测的质量，即保证磁粉检测的灵敏度、分辨率和可靠性三个质量判据，必须对影响检测结果的诸因素逐个地加以控制，即必须从人、机、料、法、测、环六个方面进行全面的控制。

1）人员资格的控制　如检测人员要经过培训，通过资格鉴定与认证。

2）设备的质量控制　包括电流表精度校验、设备内部短路检查、电流载荷校验，快速断电校验，通电时间校验，电磁轭提升力校验等。

3）材料的质量控制　包括磁悬液浓度和污染测定及水断试验。

4）检测工艺文件与检测操作控制　包括综合性能试验和技术文件齐全、正确，工艺方法正确。

5）检测环境的控制　包括可见光照度、紫外辐照度、环境光照度的测试。

4.5　实际应用

〔例 1〕凸轮磁粉检测

凸轮是受力的精密铸件，如图 4-4 所示。材料为 ZG35CrMnSi，凸轮在毛坯件和热处理以及机加工后三次检测，工件表面要喷砂清理，磁粉检测可作如下考虑：

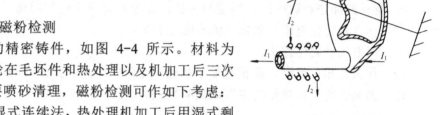

图4-4　凸轮

1）毛坯件用湿式连续法，热处理机加工后用湿式剩磁法。

2）轮子部位应采用中心导体法磁化，经常发现的缺陷是铸造裂纹和夹杂物等。

3）对杆部进行通电法磁化，再用线圈法进行纵向磁化，在杆的根部经常发现纵向和横向裂纹。

〔例 2〕起重天车吊钩磁粉检测

材质 30CrMnSiNi2A，如图 4-5 所示，尺寸：$\phi 80mm \times 500mm$，表面喷漆，热处理：$\sigma_b=1666MPa$。

检验规程：

1）预处理：清除掉吊钩表面的油漆、铁锈和污物，露出金属光泽。

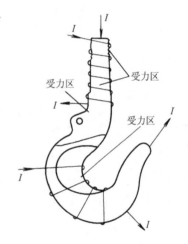

2）磁化：用触头法在吊钩两端头磁化，检验纵向缺陷。后用绕电缆法磁化检验吊钩半圆处和螺纹根部横向缺陷，这是最关键的。

3）施加磁悬液：用喷洒法施加荧光磁悬液。检验螺纹根部缺陷宜用低浓度磁悬液，多喷洒几次。

图4-5　起重天车吊钩

4）检验：检验螺纹根部缺陷用湿剩磁法，检验吊钩半圆形受力部位用湿连续法。观察磁痕应在暗区进行，紫外辐照度应不小于 $1000\mu W/cm^2$，暗区环境光应不大于 20 lx，必要时用 5～10 倍放大镜观察细小缺陷磁痕。

5）退磁：用绕电缆法自动衰减退磁，退磁后吊钩上剩磁应不大于 0.3mT。

6）后处理：清除掉吊钩上的磁粉。

复　习　题

1. 磁粉检测的原理是什么？

2．简述磁粉检测的适用范围？

3．磁粉检测的优点和局限性有哪些？

4．解释：磁场、磁力线、磁场强度、磁感应强度、磁导率、磁介质、退磁场、漏磁场。

5．磁力线有哪些特性？

6．说明通电圆柱导体产生的磁场和通电线圈产生的磁场。

7．影响漏磁场大小的因素有哪些？

8．说明标准试片和标准试块的用途。

9．解释连续法和剩磁法、湿法和干法，并分别说明它们的用途。

10．什么是磁化电流？磁化电流有哪七种？

11．列出八种磁化方法。

12．什么是相关显示、非相关显示和伪显示？它们间的共同点与不同点是什么？

13．影响磁粉检测质量的主要因素有哪些？

第 5 章　射线照相检测

5.1　概述

从 1895 年伦琴发现了 X 射线后，X 射线很快开始了医疗应用，约从 1930 年射线照相检测技术广泛应用于工业检验，至今已发展成完整的射线检测技术。20 世纪 90 年代以后，射线检测技术进入新的发展阶段，基本特点是数字射线检测技术。

目前，射线检测技术可划分为四部分：射线照相检测技术；射线实时成像检测技术；层析射线检测技术；辐射测量技术。

射线检测技术在工业与科学研究等方面的主要应用类型包括：

1）缺陷检验：铸造、焊接等各种工艺缺陷检验；

2）测量：厚度在线实时测量，结构与尺寸测定，密度测量等；

3）检查：机场、车站、海关安全检查；

4）动态研究：弹道、爆炸、核技术、铸造工艺等动态过程。

射线检测技术不仅可用于金属材料（黑色金属和有色金属）检验，也可用于非金属材料和复合材料的检验，特别是它还可以用于放射性材料的检验。检验技术对被检工件或试件的表面和结构没有特殊要求，所以它可以应用于各种产品的检验，应用于各种缺陷的检验。在工业中，应用最广泛的方面是铸件和焊接件的检验。其对于体积性缺陷敏感，检验面状缺陷时则必须考虑射线束的方向，当射线束与缺陷平面的夹角较大时，容易发生漏检，特别是对于开裂较小的裂纹性缺陷。目前，射线检测技术广泛地应用于机械、兵器、造船、电子、核工业、航空、航天等各工业领域，在某些问题中（例如，电子元器件的装配质量、复杂的金属与非金属结构质量等），它是目前唯一可行的检测技术。直到现在，射线照相检验技术仍是工业中采用的最主要的射线检测技术。但近年来，随着射线检测技术的发展，射线实时成像检验技术已在一些重要方面发挥着越来越大的作用。

射线检测技术与其他常规无损检测技术比较，具有的主要特点是：

1）检测技术对被检验工件的材料、形状、表面状态无特殊要求；

2）检测结果显示直观；

3）检测技术和检测工作质量可以自我监测。

在应用中，射线检测技术需要考虑的主要问题是辐射防护问题。必须严格注意防止发生辐射事故。

5.2　物理基础

5.2.1　射线分类

射线按其特点分为两类：电磁辐射和粒子辐射。

电磁辐射的量子是光量子，通过光量子和物质相互作用。在与物质相互作用过程中，光量子的能量转移给物质原子的电子或原子核。X射线、γ射线是电磁辐射。低能区的电磁辐射，与物质的相互作用主要有光电效应、康普顿效应、电子对效应和瑞利散射。在与物质原子的一次碰撞中，损失其大部分能量或全部能量。在穿过物质时，其强度按指数规律减弱。

α粒子（氦原子核）、电子、中子和质子等都是粒子辐射。不同粒子具有不同的特性，不同粒子辐射与物质的相互作用与粒子的特性密切相关。例如，带电粒子与物质的相互作用主要有与核外电子发生非弹性碰撞、与原子核发生非弹性碰撞、与原子核发生弹性碰撞和与核外电子发生弹性碰撞。这些作用都是带电粒子与库仑场的作用，它们引起电离、激发、散射和各种形式的辐射损失。中子不带电，几乎不与原子的壳层电子作用，主要是与原子核作用，作用形式是散射和吸收。不同的粒子与物质作用的机制和特点可以完全不同，必须结合粒子讨论粒子与物质的相互作用。

显然，电磁辐射和粒子辐射具有明显的不同。

本章仅介绍电磁辐射，也就是以后所称的射线仅是X射线、γ射线。

5.2.2　X射线与γ射线的主要性质

X射线、γ射线与光本质相同，都是电磁波，但X射线、γ射线的光量子的能量远大于可见光，所以在性质上它们又存在明显的不同。X射线、γ射线的主要性质可以归纳为下列几个方面：

1）在真空中以光速沿直线传播，不受电场或磁场的影响。

2）与可见光不同，X射线对人的眼睛是不可见的，并且它能够穿透可见光不能穿透的物体（即对可见光是不透明的物体）。波长短的X射线称为硬X射线，其光量子的能量大，穿透物体的能力强；波长较长的X射线称为软X射线，其穿透物体的能力较弱。

3）当X射线射入物体时，将与物质发生复杂的物理作用和化学作用，如，使物质原子发生电离、使某些物质发出荧光、使某些物质产生光化学反应等。

4）具有辐射生物效应，能够杀伤生物细胞，损害生物组织，危及生物器官的正常功能。

5.2.3　光量子与物质的相互作用

当X射线、γ射线射入物体后，将与物质发生复杂的相互作用。这些作用从本质上说是光量子与物质原子的相互作用，包括光量子与原子、原子核、原子的电子及自由电子的相互作用。主要的作用是：光电效应、康普顿效应、电子对效应和瑞利散射。

1. 光电效应

入射光量子与原子的轨道电子相互作用，把全部能量传递给这个轨道电子，获得能量的电子克服原子核的束缚成为自由电子，这种作用过程称为光电效应。在光电效应中，入射光量子消失了，释放的自由电子称为光电子。

由于光电效应中在原子的电子轨道上将产生空位，这些空位将被外层轨道电子填充，所以将产生跃迁辐射，发射特征X射线。这种辐射通常称为荧光辐射。伴随发射特征X射线（荧光辐射）是光电效应的重要特征。

2. 康普顿效应

康普顿效应也称为康普顿散射。康普顿效应主要是入射光量子与原子外层轨道电子发生的碰撞过程。碰撞之后，一部分能量传递给电子，使电子从轨道飞出，这种电子称为反冲电子，同时，入射光量子的能量减少，成为散射光量子，并偏离了入射光量子的传播方向。

3. 电子对效应

高能量的光量子与物质的原子核发生相互作用时，光量子可以转化为一对正、负电子，这就是电子对效应。在电子对效应中，入射光量子消失，产生的正、负电子对在不同方向飞出，其方向与入射光量子的能量相关。

电子对效应只能发生在入射光量子的能量不小于 1.02MeV 时，这是因为电子的静止质量相当于 0.51MeV 能量，一对电子的静止质量相当于 1.02MeV 的能量，从能量守恒定律，显然，只有入射光量子的能量不小于 1.02MeV 时才可能转化为一对正、负电子，多余的能量将转换为电子的动能。

4. 瑞利散射

瑞利散射是入射光量子与原子内层轨道电子碰撞的散射过程。在这个过程中，一个束缚电子吸收入射光量子后跃迁到高能级，随即又释放一个能量约等于入射光量子能量的散射光量子，光量子能量的损失可以不计。

5.2.4 射线衰减规律

在 X 射线或 γ 射线与物质的相互作用中，入射光量子的能量一部分转移到能量或方向改变了的光量子那里，一部分转移到与之相互作用的电子或产生的电子那里，转移到电子的能量主要损失在物体之中。前面的过程称为散射，后面的过程称为吸收。也就是说，入射到物体的射线，一部分能量被吸收、一部分能量被散射。这样，导致从物体透射的射线强度低于入射射线强度，这称为射线强度发生了衰减。

在讨论射线衰减规律时必须建立的概念是单色射线、连续谱射线、窄束射线和宽束射线。

单色射线是指波长（能量）单一的射线，连续谱射线是含有连续的一段波长的射线。

当射线穿过一定厚度的物体后，透射射线中将包括下列的射线：

1）一次射线：从射线源沿直线穿过物体透射的射线；

2）散射线：相互作用中产生的能量或方向不同于一次射线的射线，也常称为二次射线；

3）电子：相互作用中产生的电子，如光电子、反冲电子等。

在讨论射线衰减规律时，如果只考虑一次射线，则称为窄束射线，如果同时考虑散射线，则称为宽束射线。简单地说，宽束射线和窄束射线就是是否考虑散射线。

射线穿透物体时其强度的衰减与吸收体（射线入射的物体）的性质、厚度及射线光量子的能量相关。对单色窄束射线，实验表明，在厚度非常小的均匀媒质中，射线穿过物体时的衰减程度以指数规律相关于所穿透的物体厚度。按照图 5-1 所示的符号，射线

衰减的基本规律可以写为

$$I = I_{o} e^{-\mu T} \tag{5-1}$$

式中　I_o —— 入射射线强度；

　　　I —— 透射射线强度；

　　　T —— 吸收体厚度；

　　　μ —— 线衰减系数，单位常采用 cm^{-1}。

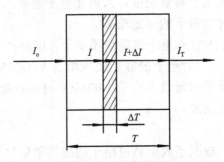

图5-1　射线穿透物体时的衰减

由（5-1）式可见，随着厚度的增加透射射线强度将迅速减弱。当然，衰减的程度也相关于射线本身的能量，这体现在公式中的线衰减系数。

线衰减系数表示的是入射光量子在物体中穿行单位距离时（例如，1cm），平均发生各种相互作用的可能性。在实际应用中，常引入半值层厚度（半厚度）描述吸收体对一定能量射线的衰减。半值层厚度是指使射线的强度减弱为入射射线强度值的 1/2 的物体厚度，也常记为 $T_{1/2}$，容易得到

$$T_{1/2} = \frac{0.693}{\mu} \tag{5-2}$$

可见，同一吸收体对不同能量的射线，其半值层厚度值不同；不同吸收体对同一能量射线，其半值层厚度值也不同。利用这个关系对 I、μ、T 常可作简单计算。

在实际射线探伤中经常遇到的是宽束、连续谱射线情况，这时一般是，对连续谱引入一个等效波长，对应等效波长引入等效线衰减系数，采用这个等效波长对连续谱射线的衰减规律进行近似的分析。对宽束引入散射比 n，即散射线强度与一次透射线强度之比，则宽束连续谱射线的衰减规律为

$$I = I_{o}\left(1+n\right)e^{-\mu T}$$

式中　μ —— 等效衰减系数。

5.2.5　影像质量的基本因素

射线照片上影像质量的因素，可由透照金属阶梯边界处得到的影像导出，图 5-2 给出了透照金属阶梯边界的影像。图中，影像黑度最大值与背景黑度之差 ΔD 称为影像的

对比度,影像边界扩展的宽度值 U 即称为影像的不清晰度,影像黑度起伏的随机(标准)差 σ_D 是影像的颗粒度。即影像质量的基本因素是对比度、不清晰度、颗粒度。

影像的对比度决定了在射线透照方向上可识别的细节尺寸,影像的不清晰度决定了在垂直于射线透照方向上可识别的细节尺寸,影像的颗粒度决定了影像可显示的细节最小尺寸。

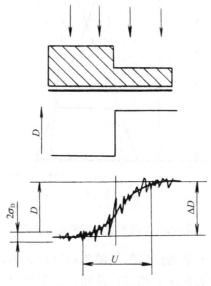

图5-2　金属阶梯影像的黑度分布

在射线照相检测中,影像的对比度定义为射线照片上两个区域的黑度差,常记为 ΔD。即,如果两个区域的黑度分别为:D_1、D_2,则它们的对比度为

$$\Delta D = D_1 - D_2$$

射线照片上影像的对比度常指影像的黑度与背景的黑度之差。

从物体厚度的一个小的增加量 ΔT 产生的黑度变化 ΔD,即可得到射线照相对比度的基本公式:

$$\Delta D = -\frac{0.434\mu G\Delta T}{1+n} \qquad (5-3)$$

这就是一个小的厚度增量(也就是小的厚度差)ΔT,在宽束、单色射线情况下产生的对比度的公式。它是射线照相检测的基本公式。对实际工件中的缺陷,严格地说,应考虑缺陷对射线的衰减特性。式中的 G 为胶片特性曲线的梯度。

从此式中可以看到,某个细节(缺陷)影像的射线照相对比度取决于一系列因素,主要是细节本身的性质和尺寸、射线照相技术因素、被透照物体本身的性质和尺寸。为了得到较高的射线照相对比度,主要应选用质量优良的胶片、选用较低能量射线、降低散射比等。

对工业射线照相,产生不清晰度的原因最主要的是几何不清晰度和胶片固有不清晰度。几何不清晰度一般记为 U_g,胶片固有不清晰度一般记为 U_i。

几何不清晰度产生于射线源总是具有一定的尺寸,这样,当透照一定厚度的物体时,所成的像总要有一定的半影区,即边界扩展区,图5-3画出了几何不清晰度的形成。

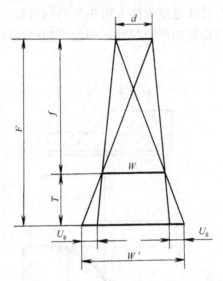

图5-3　几何不清晰度形成示意图

　　从图中可以看到,几何不清晰度与射线源焦点尺寸大小、射线源至胶片的距离、工件本身的厚度（缺陷与胶片的距离）相关,从相似三角形容易得到几何不清晰度的计算公式

$$U_g = \frac{dT}{F-T} \qquad\qquad (5-4)$$

式中　　d —— 射线源焦点尺寸（图中标为ϕ）;

　　　　F —— 焦距,即射线源至胶片的距离;

　　　　T ——工件射线源侧表面与胶片的距离,通常取为工件本身的厚度。

　　胶片固有不清晰度是由于入射到胶片的射线,在乳剂层中激发出的二次电子的散射产生的。因此胶片固有不清晰度取决于射线的能量,因此,随着射线能量增大胶片的固有不清晰度也增大。

　　由几何不清晰度和胶片固有不清晰度产生的不清晰度共同构成射线照相总的不清晰度,总的不清晰度记为 U。总的不清晰度与几何不清晰度和胶片固有不清晰度的关系,目前比较广泛采用的关系式是

$$U^2 = U_g^2 + U_i^2 \qquad\qquad (5-5)$$

5.2.6　射线照相检测技术的基本原理与灵敏度

　　按照射线的衰减规律,当射线穿过物体时,物体将对射线产生吸收作用。由于不同的物质对射线的吸收作用不同,因此,在底片上将形成不同黑度的图像,从而可从得到的图像对物体的状况作出判断。图 5-4 是射线照相检测基本原理示意图,所得到的图像

黑度分布将遵守对比度公式。

　　射线照相检测缺陷的能力,决定于射线照片影像质量的三个因素:对比度、不清晰度、颗粒度,在日常的射线照相检验工作中并不直接测量射线照片影像的对比度、不清晰度、颗粒度,广泛采用射线照相灵敏度这个概念描述射线照片记录、显示缺陷的能力,它在一定程度上综合评定了影像质量三个基本因素对影像质量的影响结果。

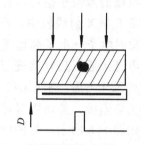

图5-4　射线照相检验原理示意图

　　目前,测定射线照片的射线照相灵敏度采用像质计。

　　表示射线照相灵敏度的方法有两种,一种称为相对灵敏度,另一种称为绝对灵敏度。相对灵敏度以百分比表示,即以射线照片上可识别的像质计的最小细节的尺寸与被透照工件的厚度之比的百分数表示。绝对灵敏度则以射线照片上可识别的像质计的最小细节尺寸表示。用像质计测定的射线照相灵敏度也称为细节灵敏度,即它表示某种特定形状的细节在使用的射线照相技术下可被发现的程度,它不完全等同于同样尺寸的自然缺陷可被发现的程度。

5.3　设备器材

5.3.1　X 射线机

　　工业射线照相检测中使用的低能 X 射线机主要由四部分组成:射线发生器(X 射线管)、控制系统、高压发生器、冷却系统。按照 X 射线机的结构特点,X 射线机常分为三种:携带式 X 射线机、移动式 X 射线机、固定式 X 射线机。

　　X 射线机的核心部分是 X 射线管,X 射线管的基本结构如图 5-5 所示。

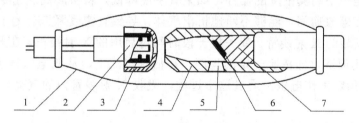

图5-5　X 射线管结构示意图

1—玻璃管壳　2—聚焦杯　3—阴极灯丝　4—阳极罩　5—窗口　6—阳极靶　7—阳极体

　　阴极由灯丝和一定形状的金属电极——聚焦杯构成。阳极主要由阳极体、阳极靶和阳极罩构成。阳极靶采用钨制做,阳极靶紧密镶嵌在阳极体上。阳极靶直接承受高速电子的撞击,电子绝大部分能量在它上面转换为热,阳极靶必须耐高温。此外,阳极靶应具有高原子序数,才能具有较高的 X 射线转换效率。阳极罩在朝向阴极方向有一小孔,阴极发射的电子从这个小孔进入,撞击阳极靶;阳极罩的侧面也有一个小孔,常用原子序数很低的薄铍板覆盖，称为窗口，阳极靶产生的 X 射线从此窗口辐射出来。

在工业 X 射线机中，产生 X 射线的基本过程是：

发射电子→电子高速飞向阳极→撞击阳极靶→产生 X 射线

即，电源接通以后灯丝变压器使 X 射线管灯丝加热、发射电子，电子聚集在灯丝附近；接通高压开关后，高压加在 X 射线管的阳极与阴极之间，在这个高压作用下电子被加速，高速飞向阳极，撞击阳极靶，产生 X 射线。从 X 射线管辐射的连续谱 X 射线的谱分布特点如图 5-6 所示，从图中可见，对一定的管电压，存在一最短波长和最强波长。最短波长 λ_{min}(cm) 与管电压的关系为

$$\lambda_{min} = \frac{12.4}{kV} \times 10^{-8} \qquad (5-6)$$

对于工业射线照相检测技术，X 射线机的主要性能指标是：焦点尺寸、辐射强度（穿透力）、工作负载特性、尺寸、重量等。

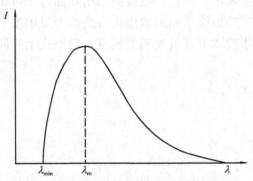

图5-6　连续谱 X 射线的谱分布特点

X 射线机在日常使用中应严格遵守 X 射线机的使用说明，认真进行各项维护工作，其中应特别注意的是：X 射线管的老化训练、充分预热与冷却、遵守 X 射线机的工作方式等。

X 射线管是一个高真空度的器件，如果真空度降低，将引起高压击穿，损坏 X 射线管。X 射线管在停放期间，能够不断地析出气体，导致真空度降低。为了保证 X 射线管的真空度，新安装的 X 射线管，或关机一段时间再启用的 X 射线机，在开机后都应进行 X 射线管的老化训练，即按照一定的程序，在低管电流下、从低电压逐步升压，直到达到 X 射线机的额定工作电压。通过这个过程，吸收 X 射线管内的气体，提高 X 射线管的真空度。

5.3.2　常用γ射线源的主要特性

工业应用的γ射线源一般都是人工放射性同位素，它们在放射性衰变过程中产生γ射线。

原子核由于放出某种粒子而转变为新核的变化，称为原子核的衰变（蜕变）。原子核自发地放射出射线转变为另一种原子核的现象，称为放射性衰变。

放射性衰变的主要方式是α衰变、β衰变和γ衰变（γ跃迁）。α衰变是指原子核放出α粒子的衰变过程，β衰变是指原子核放出β粒子的衰变过程。放射性元素的核，经过α

衰变或β衰变后可变成处于激发态的核，γ衰变是处于激发态的核返回正常态的过程，这时将辐射γ射线。这个过程也常称为γ跃迁。当一种放射性元素发生连续衰变时，有的过程是α衰变，有的过程是β衰变，在这些衰变过程中常伴随γ衰变，并辐射γ射线。此外，还存在其他的衰变方式。

各种放射性物质其原子核都在不停地发生衰变，放射性物质的量随着时间不断减少。实验表明，每个原子核发生衰变的可能性是相同的，但不是同时发生衰变，而是有先有后。在很短的时间间隔内，衰变的原子数与存在的原子数成正比。即放射性原子核的减少服从指数衰减规律衰变常数，简单地说，它描述放射性元素衰变的快慢。其值越大，放射性元素衰变越快。不同的放射性元素其衰变常数不同，即各种放射性元素有自己固有的衰变速率。

$$N = N_o e^{-\lambda t}$$

式中　N_o —— 开始时刻（$t=0$）放射性物质未发生衰变的原子核的数量；

　　　N —— t 时刻放射性物质尚未发生衰变的原子核的数量；

　　　t —— 经过的衰变时间；

　　　λ —— 衰变常数。

经常采用半衰期描述放射性衰变的快慢，半衰期表示放射性原子核数目因衰变减少至原来数目一半时所需的时间，通常采用符号 $T_{1/2}$ 表示半衰期。按照半衰期的定义可以得到

$$T_{1/2} = \ln 2/\lambda = 0.693/\lambda$$

放射性元素衰变的速率是由原子核本身决定的，与原子所处的物理状态或化学状态无关，外界条件（如温度、压力等）也不能改变它的衰变速率。

工业射线检测中，现在常用的γ射线源是：^{60}Co、^{192}Ir、^{75}Se、^{170}Tm。从应用来说，应考虑的γ射线源的主要特性是：γ射线的能量、放射性同位素的半衰期、放射性活度（或比活度）、源尺寸。

放射性活度是γ射线源在单位时间内发生的衰变数，它的法定计量单位是贝可（勒尔），符号是 B_q，$1B_q$ 表示在 1s 的时间内有一个原子核发生衰变。放射性活度的专用单位是居里，居里的符号是 Ci，1Ci 表示在 1s 的时间内有 3.7×10^{10} 个原子发生衰变。

放射性比活度定义为单位质量放射源的放射性活度，单位是：贝可/克（B_q/g）。比活度不仅表示放射源的放射性活度，而且表示了放射源的纯度。表 5-1 是常用γ射线源的主要特性。

表 5-1　常用γ射线源的特性

γ射线源	^{60}Co	^{192}Ir	^{75}Se	^{170}Tm
主要能量/MeV	1.17，1.33	0.30，0.31，0.47，0.60	0.13，0.26	0.052，0.084
半衰期	5.3 a	74d	120 d	128 d
等效能量	1.25MeV	400keV	217keV	84keV
适宜厚度（钢）/mm	40～200	20～100	10～40	≤5

注：a——年；d——天。

5.3.3　工业射线胶片

工业射线胶片由：片基、粘结剂、乳剂层、保护层构成，片基一般为透明塑料，乳

剂层是卤化银感光物质极细颗粒均匀分布的明胶层，粘结剂将乳剂层粘结在片基上，保护层是一层极薄的明胶层。核心部分是乳剂层，它决定了胶片的感光性能。

射线胶片与普通胶片除了感光乳剂成分有所不同外，其他的主要不同是：乳剂层厚度远大于普通胶片的乳剂层厚度，多是双面涂布乳剂层，这主要是为了能更多地吸收射线的能量。

在描述胶片感光特性之前，首先需要建立黑度（光学密度）和曝光量概念。

胶片经过曝光和暗室处理后称为底片，对射线照相则常称为射线照片。底片上各处的金属银密度不同，所以各处透光的程度也不同。底片的黑度即是底片的不透明程度，它表示了金属银使底片变黑的程度，所以光学密度通常简单地称为黑度。

黑度（光学密度）D 定义为入射光强度 L_0 与透射光强度 L 之比的常用对数之值，即

$$D = \lg(L_0/L) \tag{5-7}$$

例如，底片黑度为 2，则 L_0/L 应为 100 等。

曝光量是在曝光期间胶片所接收的光能量，即，光（射线）强度为 I，曝光时间为 t，曝光量为 H，则曝光量可以用下式定义

$$H = It$$

在射线照相中通常所说的曝光量，与这里的定义不完全相同，例如，对 X 射线采用管电流与曝光时间的乘积，而对 γ 射线则常采用源的放射性活度与曝光时间的积。

胶片的特性曲线是表示底片的黑度（光学密度）与曝光量的常用对数之间关系的曲线，图 5-7 是射线胶片特性曲线的典型样式。曲线的纵坐标表示底片的黑度，横坐标表示曝光量的常用对数。特性曲线集中地显示了胶片的主要感光特性。

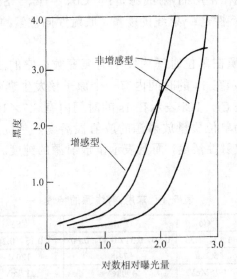

图5-7 工业射线胶片的特性曲线

胶片的主要感光特性是：感光度、梯度、灰雾度和宽容度等。它们对胶片的曝光和最后形成的影像质量具有重要影响。

感光度也称为感光速度，它表示胶片感光的快慢，也即对光（射线）的敏感程度。胶片得到同样的黑度所需的曝光量少的感光度高，或说感光速度快。

梯度是胶片特性曲线上任一点的切线的斜率。特性曲线上不同点的梯度不同。对正常曝光部分，曲线近似直线，通常认为各点的梯度相同。梯度一般记为 G 。

宽容度定义为特性曲线上直线部分对应的曝光量对数之差，在这个范围内，由于黑度与曝光量对数近似成正比关系，因此在射线照相检测中不同厚度或厚度差将以相应的不同黑度记录在射线照片上。

灰雾度常记为 D_0，它表示胶片即使不经曝光在显影后也能得到的黑度。

影响胶片感光特性的一个重要方面是胶片的粒度，即感光乳剂中卤化银颗粒的平均尺寸。工业射线胶片卤化银微粒尺寸一般为 $0.3\sim1.0\mu m$ 左右。不同类型胶片的重要区别之一就是卤化银微粒尺寸不同，粒度大的胶片感光度高。

在工业射线照相检测中使用的胶片主要有二种类型：非增感型胶片和增感型胶片。增感型胶片适于与荧光增感屏一起使用，非增感型胶片适于与金属增感屏一起使用或不用增感屏直接使用。增感型胶片得到的影像质量较差，按照近年来射线照相技术发展的情况，在射线照相检测中一般不使用增感型胶片。

按照感光特性，常把射线胶片分为四类：T1、T2、T3、T4。T1 是微粒胶片，感光速度最慢、梯度值最高。T2 是细粒胶片，感光速度较慢、梯度值很高。T3 是中粒胶片，感光速度中等、梯度值较高。T4 是粗粒胶片，感光速度最快、梯度值也较高。在射线照相中应按照检测技术的要求选用胶片。在工业射线照相检验中主要采用 T2 类和 T3 类胶片，检测要求较高时采用 T2 类胶片，一般要求时采用 T3 类胶片或 T2 类胶片。有特殊要求时采用 T1 类胶片。一般不允许采用 T4 类胶片。

5.3.4　像质计

测定射线照片的射线照相灵敏度，目前采用像质计（像质指示器，透度计）。最广泛使用的像质计主要是三种：丝型像质计、阶梯孔型像质计、平板孔型像质计，此外还有槽型像质计等。丝型像质计结构简单、易于制做，其形式、规格已逐步统一，已被世界各国广泛采用。阶梯孔型像质计主要在欧洲地区应用，平板孔型像质计主要在美国使用，其他国家很少采用。

丝型像质计的基本样式如图 5-8 所示,它采用与被透照工件材料相同或相近的材料制作的金属丝，按照直径大小的顺序、以规定的间距平行排列、封装在对射线吸收系数很低的透明材料中，并配备一定的标志符号、说明字母和数字。关于丝的直径，现在各个国家一般都采用公比为 $\sqrt[10]{10}$ （近似为 1.25）的等比数列决定的一个优选数列，并对丝径给以编号。丝型像质计主要应用在金属材料检验。我国有关标准的规定如表 5-2 所示。

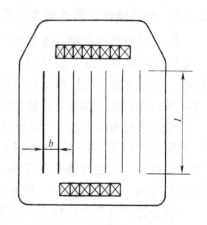

图5-8　丝型像质计的基本样式

表 5-2　我国有关标准关于丝型像质计的规定

丝号	1	2	3	4	5	6	7	8
丝径/mm	3.20	2.50	2.00	1.60	1.25	1.00	0.80	0.63
偏差/mm	± 0.03				± 0.02			

丝号	9	10	11	12	13	14	15	16	17	18	19
丝径/mm	0.50	0.40	0.32	0.25	0.20	0.16	0.125	0.100	0.080	0.063	0.050
偏差/mm	± 0.01						± 0.005		± 0.003		

常用的丝型像质计是将上述 1～16 号丝分成三组：1～7、6～12、10～16，每个像质计包含其中一组丝，适用于不同的厚度。

5.4　检测技术

5.4.1　射线照相检测工艺的基本过程

常规射线照相检测工艺主要包括下列这些过程：

（1）准备　准备可以包括多方面的内容，主要是理解被检工件的技术文件，确定射线照相检测依据的标准，进而作好技术准备，主要是编制射线透照技术卡（或称为工艺卡），规定射线透照的具体技术；

（2）透照　按照工艺（技术）卡的规定完成射线照相，简称为透照，也常称为曝光；

（3）暗室处理　对已曝光的胶片在暗室进行显影、定影等处理，使胶片成为射线照片，得到被透照物体的射线照相影像，射线照片通常称为底片；

（4）评片　观察射线照片，识别、记录射线照片给出的信息，按照有关技术文件或标准对被检验的工件的质量进行评定；

（5）报告与文件归档　依据评片结果签发检验结论报告，整理有关技术资料，完成文件归档工作。

5.4.2　射线照相检测的基本透照布置

射线照相的基本透照布置如图 5-9 所示。图中，ϕ 是射线源的焦点；T 是工件厚度；F 是射线源焦点至胶片的距离，一般称为焦距；f 是射线源焦点至工件源侧表面的距离；L 是一次透照区，当其满足规定的要求时，则称为有效透照区；θ 是射线中心束与透照区边区射线束构成的角度，常称为照射角。实际的透照布置还必然包括控制散射线的措施。

考虑透照布置的基本原则是：应使透照厚度尽可能小，从而使射线照相能更有效地对缺陷进行检验。当然，同时也必须有适当的工作效率。图 5-10 是具体透照布置的示意图。在具体进行透照布置时主要应考虑的是：射线源、工件、胶片的相对位置；射线中心束的方向；有效透照区。散射线控制。

中心射线束在一般情况下应指向有效透照区的中心，这主要是为了使整个有效透照区的透照厚度变化较小，使射线的照射角较小，以提高整个透照范围内缺陷的可检验性。有效透照区，即一次透照的有效透照范围，在有效透照区内射线照片上形成的影像必须满足下面要求的区域，黑度处于规定的黑度范围，射线照相灵敏度符合规定的要求。

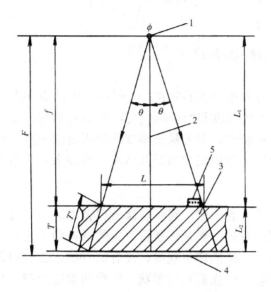

图5-9　射线照相的基本透照布置

1—射线源　2—中心束　3—工件　4—胶片　5—像质计

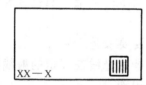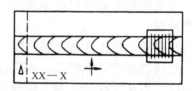

图5-10　具体透照布置示意图（左为铸件，右为焊接件）

5.4.3　透照参数

　　射线照相检测的基本透照参数是：射线能量、焦距、曝光量。它们对射线照片的质量具有重要影响。采用较低能量的射线、较大的焦距、较大的曝光量可以得到更好质量的射线照片。

　　射线能量是指透照时所采用的射线的能量，对于 X 射线以 X 射线管所施加的高压，即管电压表示，一般称它为透照电压。对于γ射线是γ射线源辐射的主要γ射线的能量或这些主要能量的平均（等效）能量。推荐的选取射线能量的原则是，在保证射线具有一定穿透能力条件下选用较低的能量。

　　焦距，即射线源与胶片之间的距离。焦距直接影响射线照相的几何不清晰度值，进而可影响总的不清晰度值和小细节的射线照相对比度。

　　选取焦距时必须考虑两点：必须满足射线照相对几何不清晰度的规定，必须给出一定大小的均匀透照区。前者限定了可采用的焦距最小值，后者是有效透照区所要求的焦距。焦距最小值 F_{min} 可按下式计算

$$F_{\min} = T\left(1 + \frac{d}{U_g}\right) \qquad (5\text{-}8)$$

式中　d —— 焦点尺寸；

　　　U_g —— 限定的几何不清晰度值；

　　　T —— 工件厚度。

实际使用的焦距与有效透照区的关系，一般都大于最小焦距。

曝光量直接影响底片的黑度和影像颗粒度，进而将影响影像对比度和小细节的可识别性。在实际射线照相检验中，曝光量是难以严格规定的参数。所以，现在多是在限定透照电压和焦距的情况下，规定底片的最低黑度，间接限定必须的曝光量。

5.4.4　缺陷识别

正确地识别射线照片上的影像，判断影像所代表的缺陷性质，需要丰富的实践经验和一定的理论基础。理论基础主要是应掌握一定的材料和工艺方面的知识，从而掌握主要的缺陷类型、缺陷形态、缺陷产生规律，没有这方面适当的知识很难正确识别缺陷影像。在上述基础上，可以从影像的几何形状、影像的黑度分布、影像的位置几个方面对射线照片上的影像进行分析、判断。

所要评定的射线照片必须是合格的射线照片，即只有符合质量要求的射线照片才能作为评定工件质量的依据，才能作为识别缺陷的依据。射线照片的质量要求是：黑度应处于规定的范围；射线照相灵敏度应达到规定的要求；标记系应符合有关的规定；表观质量应满足规定的要求。

为了保证缺陷的识别，对评片条件提出的主要要求是：

（1）评片室　照明亮度应适当的低，应保证杂散光线在评定的射线照片的表面上不产生较强的反射光线，以免干扰对小细节影像的识别。

（2）观片灯　光源亮度应可调整、并能达到与射线照片黑度相适应的值，标准一般规定的值为透过底片的亮度应不小于 30 cd/m^2、接近 100 cd/m^2。

（3）暗适应时间　为了能充分地识别射线照片上的细节影像，评片者在进入评片室开始观察射线照片之前必须经历一定的暗适应时间，提高视觉的感受灵敏度。对暗适应过程所应经历的时间，射线照相标准中的主要规定是：从日光下转入评片暗适应时间不能少于 5min；从室内光线下转入评片暗适应时间不能少于 30 s。

5.4.5　典型工件射线照相检测技术

1. 铸件射线照相检测技术

铸件射线照相检测技术需要处理的主要问题是工件本身截面厚度不均匀的情况。这种工件常称为变截面工件，变截面工件可以分段或分部位转化为厚度均匀的工件——平板工件进行透照，当厚度的变化范围限制在适当的范围之内时，则可采用双（多）胶片技术、适当提高透照电压（X 射线）、补偿方法等一次对不同厚度截面同时进行透照。

双胶片技术是在同一暗盒中放置两张感光度不同或相同的胶片同时透照。适当提高透照电压技术其依据是，不同透照电压的曝光曲线其厚度宽容度不同。采用较高的透照电压透照，就可以覆盖更大的厚度差范围。应注意的是，这会导致降低射线照相对比度。补偿是采用与被透照工件对射线吸收性质相同或相近的材料，制成的补偿块、补偿粉、补偿液等，对工件的不同厚度部分进行填补，对截面厚度变化多或异形工件采用补偿技术进行透照是比较有效的方法。

2．环焊缝透照技术

环焊缝，即管件、筒件、容器等的圆周焊缝，按照工件直径、壁厚大小的不同和结构的特点，可以采用不同的透照方法进行透照。概括起来环焊缝的透照布置可分为：

（1）源在外单壁透照方法（单壁单影）　射线源置于焊缝的中心线上，中心射线束垂直指向被透照焊缝。在这种透照布置中，胶片暗盒背面必须放置铅板，屏蔽来自工件内壁其他部分的散射线。

（2）源在外双壁透照方法（双壁单影）　射线源应偏离焊缝中心线一段距离，以保证源侧焊缝的影像不与透照焊缝的影像重叠，并具有适当的间距。一般偏移的距离应控制在源侧焊缝的影像刚刚移出被透照焊缝热影响区影像的边缘。中心射线束方向一般应指向焊缝中心。

（3）源在内单壁透照方法（周向透照、偏心透照）　即射线源放置在管件、筒件、容器等工件内部对环焊缝进行透照的方法，按照射线源放置的位置可分为两种情况：

1）周向透照——射线源放置在环焊缝的中心；

2）偏心透照——射线源不放置在环焊缝的中心。

周向透照布置时，显然，透照厚度在一周焊缝上都是相同的，因此可以一次对整圈焊缝完成透照。只要可能，对环焊缝应尽量采用这种透照布置。

3．小直径管对接焊缝透照技术

现行标准中通常定义管外径不大于 100mm 的管为小直径管。对小直径管对接焊缝，其透照布置主要是椭圆成像透照布置和垂直透照布置。

椭圆成像透照是一种源在外双壁透照的方式，但这时射线穿过焊缝后在胶片上将形成整个环焊缝的影像，所得到的影像为椭圆形状。采用椭圆成像透照布置时小直径管焊缝应满足下面的条件：

管外径 $D \leq 100$mm；管壁厚 $T \leq 8$mm；焊缝宽度 $b \leq D/4$ 。

椭圆成像透照布置的基本要求是：射线源布置在偏离焊缝中心面适当距离的位置；中心射线束一般应指向环焊缝的中心轴线。椭圆影像（二侧焊缝影像）的间距常称为（椭圆影像）开口宽度，一般规定其值应近似等于焊缝自身的宽度。

椭圆成像透照次数的基本规定为：

1）$T/D \leq 0.12$，相隔 90° 进行 2 次透照 。

2）$T/D > 0.12$，相隔 60° 或 120° 进行 3 次透照 。

当小直径管对接焊缝不满足椭圆成像透照的条件或椭圆成像透照困难时，采用垂直透照布置，这时一般规定间隔 60° 或 120° 透照三次。

5.4.6　辐射防护

人们很早就认识到电离辐射对人体的危害作用，并注意到安全防护问题。

描述辐射的物理量主要是：照射量、吸收剂量和剂量当量。

辐射作用于物体时由于电离作用，将造成生物体的细胞、组织、器官等的损伤，引起病理反应，这称为辐射生物效应。辐射生物效应可以表现在受照者本身，也可以出现在受照者的后代。表现在受照者本身的称为躯体效应，出现在受照者后代时称为遗传效应。躯体效应按照显现的时间早晚又分为近期效应和远期效应。

从辐射防护的观点，全部辐射生物效应可以分为二类：随机效应、非随机效应。

辐射生物效应对生物体可以造成损伤。辐射损伤过程主要有两种：急性损伤、慢性损伤。

辐射损伤与许多因素相关，主要是：辐射性质、剂量、剂量率、照射方式、照射部位和范围等。

对工业射线照相检验，主要应注意的是对外照射的防护，主要是从照射时间、照射距离、屏蔽三方面控制人员所受到的照射剂量。即减少受到照射的时间以减少接受的照射剂量，增大操作距离降低受到的照射剂量，采用适当的屏蔽物体减少受到的照射剂量。

5.5 实际应用

射线检测技术在工业与科学研究等方面的主要应用类型包括：探伤、测量、检查、动态研究。应用的主要技术是：射线照相检测技术、射线实时成像检测技术、层析射线检测技术，它们广泛地应用于工业的各个领域。

在工业中应用的射线照相检测技术主要是：常规 X 射线和γ射线照相检测技术、热中子射线照相检测技术、CR 技术。它们主要用于铸造和焊接件工艺缺陷检验、复合材料构件缺陷检验、结构与尺寸测定、密度测量等。热中子射线照相检测技术是常规 X 射线和γ射线照相检测技术的补充，它主要应用于下面几个方面：高密度材料检测（如铅、铋、铀等）检验、高密度材料中的低原子序数物质检测、放射性材料检测。

在工业中应用的射线实时成像检验技术主要是由图像增强器射线实时成像检验系统、成像板射线实时成像检验系统、线阵列射线实时成像检验系统构成的射线实时成像检验技术。它们主要也是用于铸造和焊接件工艺缺陷检验、复合材料构件缺陷检验、结构与尺寸测定、密度测量等。一个特殊的应用方面是安全检查和海关的物品通关检查。

在工业中应用的层析射线检测技术主要是：CT 技术、康普顿散射成像检测技术、微焦点射线实时成像检测技术。CT 技术主要的应用可分为四个方面，即缺陷检测、尺寸测量、结构和密度分布检查、反馈工程技术。缺陷检测主要用于检验小型、复杂、精密的铸件和锻件和大型固体火箭发动机。尺寸测量如精密铸造的飞机发动机叶片的尺寸测量等。结构和密度分布检查可用于检验与评价复合材料和复合结构，评价某些复合件的制造过程，也用于一系列情况下样件的评价。反馈工程技术是利用 CT 技术获得的结构、密度信息，完成复杂产品的复制和新产品的设计开发辅助设计。康普顿散射成像检验技术的主要特点是：单侧几何布置、一次多层层析功能，它主要适于低原子序数物质、近表面区较小厚度范围内缺陷的检验。已应用于一些问题的检验和研究，例如飞机蒙皮的粘结和腐蚀检验。在固体火箭发动机结构的分层检验中，粉末冶金产品的在线密度测量等。微焦点射线实时成像检验技术，作为层析检验技术时，主要应用于印制电路板焊点质量的层析检验。

<h1 style="text-align:center">复　习　题</h1>

1．试述 X 射线和γ射线的主要性质。

2．试述放射性衰变规律。

3．简述光量子与物质相互作用的主要过程。

4．写出单色窄束射线的衰减规律公式，并说明各符号的意义。

5．影响射线照相影像质量的基本因素有哪些？对它们作简要说明。

6．简述射线照相灵敏度概念。

7．试述 X 射线管的基本构造。

8．试比较工业探伤常用γ射线源的主要特性。

9．简述在 X 射线机中 X 射线产生的基本过程与所需的条件。

10．简述胶片的主要感光特性。

11．像质计有哪些主要类型？说明丝型像质计的基本结构。

12．试述确定射线照相透照布置应如何考虑。

13．简述射线照相中选取透照参数的基本原则。

14．试述在射线照相中散射线的产生和散射线防护的方法。

15．画出环焊缝进行射线照相检验可采用的各种透照布置。

16．小直径管对接焊缝采用椭圆成像透照的条件主要有哪些？射线照片质量包括哪些方面？

17．辐射防护的基本原则是哪些？

第6章 超声检测

6.1 概述

超声检测方法利用进入被检材料的超声波（＞20000Hz）对材料表面与内部缺陷进行检测。利用超声波进行材料厚度的测量也是常规超声检测的一个重要方面。此外，作为超声检测技术的特殊应用，超声波还用于材料内部组织和特性的表征。

利用超声波对材料中的宏观缺陷进行探测，依据的是超声波在材料中传播时的一些特性，如：声波在通过材料时能量会有损失，在遇到两种介质的分界面时，会发生反射等等，常用的频率为 0.5～25MHz。

以脉冲反射技术为例，由声源产生的脉冲波被引入被检测的试件中后，若材料是均质的，则声波沿一定的方向，以恒定的速度向前传播。随着距离的增加，声波的强度由于扩散和材料内部的散射和吸收而逐渐减小。当遇到两侧声阻抗有差异的界面时，则部分声能被反射。这种界面可能是材料中某种缺陷（不连续），如裂纹、分层、孔洞等，也可能是试件的外表面与空气或水的界面。反射的程度取决于界面两侧声阻抗差异的大小，在金属与气体的界面上几乎全部反射。通过探测和分析反射脉冲信号的幅度、位置等信息，可以确定缺陷的存在，评估其大小、位置。通过测量入射声波和接收声波之间声传播的时间可以得知反射点距入射点的距离。

通常用以发现缺陷并对缺陷进行评估的主要信息为：来自材料内部各种不连续的反射信号的存在及其幅度；入射信号与接受信号之间的声传播时间；声波通过材料以后能量的衰减。

与其他无损检测方法相比，超声检测方法的主要优点有。

1）适用于金属、非金属、复合材料等多种材料制件的无损评价。

2）穿透能力强，可对较大厚度范围的试件内部缺陷进行检测，可进行整个试件体积的扫查。如对金属材料，既可检测厚度 1～2mm 的薄壁管材和板材，也可检测几米长的钢锻件。

3）灵敏度高，可检测材料内部尺寸很小的缺陷。

4）可较准确地测定缺陷的深度位置，这在许多情况下是十分需要的。

5）对大多数超声技术的应用来说，仅需从一侧接近试件。

6）设备轻便，对人体及环境无害，可作现场检测。

超声检测的主要局限性是：

1）由于纵波脉冲反射法存在的盲区，以及缺陷取向对检测灵敏度的影响，对位于表面和非常近表面的延伸方向平行于表面的缺陷常常难于检测。

74

2）试件形状的复杂性，如小尺寸、不规则形状、粗糙表面、小曲率半径等，对超声检测的可实施性有较大影响。

3）材料的某些内部结构，如晶粒度、相组成、非均匀性、非致密性等，会使小缺陷的检测灵敏度和信噪比变差。

4）对材料及制件中的缺陷作定性、定量表征，需要检验者较丰富的经验，且常常是不准确的。

5）以常用的压电换能器为声源时，为使超声波有效地进入试件一般需要有耦合剂。

6.2 物理基础

6.2.1 超声波的一般特性

1. 超声波

超声波是频率大于 20kHz 的机械波，是机械振动在介质中的传播。产生机械波的首要条件是要有一个做机械振动的波源，也就是说，要提供一个力使质点在其平衡位置附近作往复运动；第二个条件就是，要有能传播振动的介质。

描述振动的两个重要物理量是周期（T）和频率（f）。振动量完成一次围绕平衡位置往复运动的过程所需要的时间称为周期，常用单位为秒（s）。而单位时间内振动的次数（周期数）则称为频率，常用单位为赫兹（Hz），1Hz=1 次/s。显然，存在如下的关系：

$$T = \frac{1}{f} \tag{6-1}$$

在通常的超声检测系统中，用电脉冲激励超声探头的压电晶片，使其产生机械振动，这种振动在与其接触的介质中传播，形成超声波。

2. 超声波的波型

根据波动中质点振动方向与波的传播方向的关系，可将波动分为多种波型，在超声检测中主要应用的波型有纵波、横波、表面波（瑞利波）和兰姆波。

纵波是质点振动方向平行于波的传播方向的一种波型（见图 6-1）。如果考虑材料在某一瞬间的状态，沿声传播方向质点密集区和疏松区交替存在。纵波是超声检测中应用最普遍的一种波型，也是唯一在液体、气体和固体中均可传播的波型。由于纵波的发射与接收较容易实现，在应用其他波型时，常采用纵波声源经波型转换后得到所需的波型。

横波是质点振动方向垂直于波的传播方向的一种波型（见图 6-2）。由于横波的传播需要介质中存在剪切应力，而气体和液体中横波不能在气体和液体中传播。横波速度通常约为纵波声速的一半，因此，相同频率时横波波长约为纵波波长的一半。实际检测中常采用横波的原因主要是，通过波型转换，很容易在材料中得到一个传播方向与表面有一定倾角的单一波型，以对不平行于表面的缺陷进行检测。

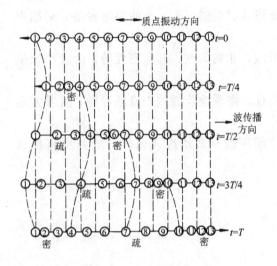

图6-1　纵波示意图

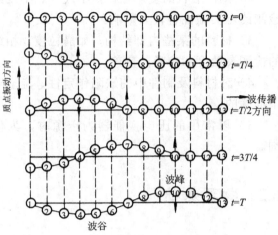

图6-2　横波示意图

　　表面波（瑞利波）是沿材料表面传播的一种波型，其中质点沿椭圆轨迹运动，椭圆运动是纵向振动（平行于传播方向）和横向振动（垂直于传播方向）的合成。与横波一样，瑞利波也不能在液体和气体中传播。通常认为瑞利波的穿透深度约为一个波长，因此，它只能用来检测表面和近表面缺陷。瑞利波可以沿圆滑曲面传播而没有反射，对表面裂纹具有很高的灵敏度。钢中瑞利波的声速约为横波声速的0.9倍。

　　兰姆波是一种在薄板中传播的波型，当频率、板厚与波的入射角成一定关系时才能产生。与表面波不同，兰姆波传播时整个板厚内的质点均产生振动，振动模式是纵向振动与横向振动的合成。兰姆波的声速较为复杂，除与材料特性有关以外，其相速度和群速度均与频率、板厚和振动模式有关。

　　3. 几个重要的物理量

　　（1）波长与声速　在相邻周期，相位相同的点之间的距离（即波经历一个完整周期所传播的距离）称为波长，波长常用希腊字母λ表示，如图6-3所示。单位时间内波所传播的距离称为声速，常用字母C表示，单位为米/秒（m/s）。波长λ与速度C、频率f、周期T之间的关系为：

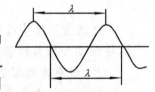

图6-3　波长示意图

$$\lambda = \frac{C}{f} = CT \qquad (6-2)$$

　　超声波的传播速度依赖于传声介质自身的密度、弹性模量等性质，还与超声波的波型有关。不同材料声速值有较大的差异，典型的有，水中声速为1500m/s，空气中声速为330m/s，钢中纵波声速约5800m/s，有机玻璃中纵波声速约2700m/s。除兰姆波等特殊情况以外，通常声速与超声波的频率无关。因此，在给定的材料中，频率越高，波长越短。

　　（2）声压、声强与声阻抗　在有声波传播的介质中，某一点在某一瞬间所具有的压强与没有声波存在时该点的静压强之差称为声压，用P表示。超声检测仪荧光屏上脉冲的高度与声压成正比，因此，通常读出的信号幅度的比等于声压比。

在垂直于声波传播方向上，单位面积上单位时间内所通过的声能量称为声强，用符号 I 表示。声强与声压的平方成正比。

另一个重要的参数是声阻抗（以字母 Z 表示），它是材料本身的一个声学特性，决定着超声波在通过不同介质的界面时能量的分配。声阻抗通常以下式表示：

$$Z = \rho C \tag{6-3}$$

式中　ρ —— 材料密度；

　　　C —— 声速。

6.2.2　超声波入射到界面上的行为

1. 超声波垂直入射到界面上的反射与透射

当超声波垂直入射到两种介质的界面时，一部分能量透过界面进入第二种介质，成为透射波，波的传播方向不变；另一部分能量则被界面反射回来，沿与入射波相反的方向传播，成为反射波。声波的这一性质是超声检测缺陷的物理基础。通常将反射声压与入射声压的比值称为声压反射率 r，它与两种介质声阻抗的差异直接相关，其表达式为：

$$r = \frac{Z_2 - Z_1}{Z_2 + Z_1} \tag{6-4}$$

Z_2、Z_1 分别为第二种介质和第一种介质的声阻抗。

声能反射率为声压反射率的平方。反射声能与透射声能之和等于入射声能。因此，界面两侧的介质声阻抗差越大，反射声能越大，透射声能越小。

进行超声检测时，必须考虑声压反射率的影响，如接触法和水浸法中将声波引入工件时，耦合剂与工件界面上的声能损失；缺陷与材料之间的声阻抗差异是否足够引起强的反射波，以便检出缺陷等。

2. 超声波倾斜入射到界面上的反射、折射与波型转换

当超声波以相对于界面入射点法线一定的角度（入射角），倾斜入射到两种不同介质的界面时，在界面上会产生反射、折射和波型转换现象（如图 6-4 所示）。

其中反射声束回到入射波一侧的介质中，在法线的另一侧，与法线成一定的夹角（反射角）。当两种介质声速不同时，透射部分的声波会发生传播方向的改变，称为折射。折射声束与界面入射点的法线之间的夹角称为折射角。反射波和折射波均可因波型转换而产生与入射波不同的波型。因此，在反射波与折射波中均可能同时存在两种波型，但若其中一种介质是液体或气体，则该介质中只能产生纵波。不论是反射波还是折射波，也不论入射波是纵波还是横波，反射角、折射角与入射角之间的关系服从斯奈尔定律：

$$\frac{\sin \alpha}{C_1} = \frac{\sin \alpha'}{C_1'} = \frac{\sin \beta}{C_2} \tag{6-5}$$

式中　α —— 入射角；

　　　α' —— 反射角；

β —— 折射角；

C_1 —— 入射波型在介质 1 中的声速；

C_1' —— 反射波型在介质 1 中的声速；

C_2 —— 折射波型在介质 2 中的声速。

显然，当反射波型与入射波型相同时，反射角等于入射角。

当第二种介质中的声速比第一种介质中的大时，折射角大于入射角。此时，存在一个临界入射角度，在这个角度下，折射角等于 90°。大于这一角度时，第二种介质中没有折射波，全部能量反射到第一种介质中，称为全反射。以有机玻璃与钢的界面为例，纵波入射角为 27.6° 时，纵波折射角为 90°，折射波中仅有横波，此时称为第一临界角；纵波入射角在增大至 57.8° 时，横波折射角为 90°，折射波不再存在，这一入射角度称为第二临界角。第一临界角常被用于在第二种介质中产生纯横波。

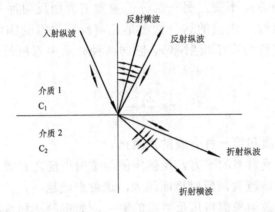

图6-4 超声波倾斜入射到界面上的行为示意图（以纵波入射为例，$C_2 > C_1$）

6.2.3 超声波的声场

超声检测时的声源通常是有限尺寸的探头晶片，晶片发射的声波形成一个沿有限范围向一定方向传播的超声束。随着声波在介质中逐渐向远处传播，由于衍射的作用，声束范围逐渐扩大，称为声束扩散。这种扩散导致声场中声强（或声压）随距声源距离的增大逐渐减弱。

对于圆形晶片非聚焦探头，描述声场的两个主要参数是近场长度和扩散角。近场长度是指声传播方向上距探头的某一个距离，小于这一距离的范围称为近场区，声束扩散不明显，但由于干涉的作用声压与距离的关系较复杂；大于近场长度的声场称为远场区，声束以一定的角度扩散，声压随距离的增大单调下降。近场长度定义为声轴上最后一个声压极大值点距声源的距离，以字母 N 表示。N 的大小与波长 λ 和晶片直径 D 有关：

$$N = \frac{D^2}{4\lambda} \tag{6-6}$$

另一个重要参数声束扩散角则与波长成正比，与晶片直径成反比。

在远场区，由于声压以一定规律单调下降，可以将超声反射波的幅度与反射体的尺寸相关联。当声束直径大于缺陷尺寸时，超声反射回波的幅度与缺陷的面积成正比，因此，可采用反射脉冲的幅度来评价缺陷尺寸。由于实际缺陷可有多种影响超声反射的因素，超声检测对缺陷尺寸的评定是通过与标准人工缺陷对比反射幅度的方式进行的。常用的表示方法为缺陷的平底孔当量。当缺陷反射幅度与某一尺寸的圆形平底孔反射相等时，称该平底孔的尺寸为缺陷的平底孔当量。为了能够用反射波幅度进行缺陷当量评定，只要可能，应尽量使用远场区进行缺陷的评定。

6.2.4 超声波在传播过程中的衰减

超声波在通过材料传播时能量随距离的增大逐渐减小，称为衰减。引起衰减的原因主要有三个方面，一是声束的扩散；二是材料中的晶粒或其他微小颗粒对声波的散射；三是介质的粘滞性使质点摩擦导致的声能损失，称为吸收。

散射衰减与超声波的波长、被检金属的晶粒度、组织不均匀性等有关。散射通常随频率的增高和晶粒度的增大而增大。

6.3 设备器材

一个超声检测系统必须具有的组件为：超声检测仪（其中包括脉冲发射源、接收信号的放大装置、信号的显示装置等）、探头（电声转换器）和对比试块。

6.3.1 超声检测仪

超声检测仪是专门用于超声检测的一种电子仪器，它的作用是产生电脉冲并施加于探头使其发射超声波，同时接收来自于探头的电信号，经放大处理后显示在荧光屏上。

超声检测仪器按照其指示的参量可以分为三类，第一类指示声的穿透能量，称为穿透式检测仪；第二类指示频率可变的超声连续波在试件中形成共振的情况，用于共振法测厚；第三类是，指示反射声波的幅度和传播时间，称为脉冲反射式检测仪。前两种仪器现在已很少使用了，目前应用最广泛的是脉冲反射式检测仪。

脉冲反射式检测仪的信号显示方式可分为 A、B、C 三种类型，又称为 A 扫描、B 扫描、C 扫描。

A 型显示是将超声信号的幅度与传播时间的关系以直角坐标的形式显示出来（图6-5）。横轴为时间，纵轴为信号幅度。如果超声波在均质材料中传播，声速是恒定的，则传播时间可转变为传播距离。因此，从 A 型显示中可以得到反射面距声入射面的距离（纵波垂直入射检验时缺陷的深度），以及回波幅度的大小（用来判断缺陷的当量尺寸）。A 型显示具有检波与非检波两种形式，非检波是脉冲信号的原始形式，可用于分析信号特征，检波形式则较为清晰简单，便于判断信号的存在及读出信号幅度。

B 型显示是试件的一个二维截面图，将探头在试件表面沿一条线扫查的位置作为一个轴的坐标，另一个轴的坐标是声传播的时间（距离）。每个位置上用不同的亮度（或颜色）显示出回波信号的幅度。将上下表面回波也包含在显示范围以内，可以从图中看出缺陷在该截面的位置、取向与深度。

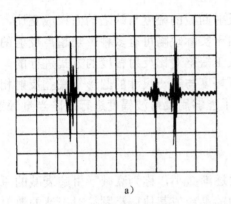
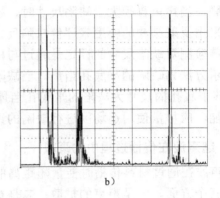

图6-5 A型显示示意图

a）射频波形（未检波） b）视频波形（检波后）

C型显示是试件的一个平面投影图，探头在试件表面作二维扫查，显示屏的二维坐标对应探头的扫查位置。将某一深度范围的信号幅度用电子门选出，用亮度或颜色代表信号的幅度大小，显示在对应的探头位置上，则可得到某一深度缺陷的二维形状与分布。若以各点的亮度代表回波传播时间，则又可得到缺陷深度分布，称为TOF图。

B型和C型显示是在A型显示的基础上进行的，目前，B型和C型显示多采用计算机，将信号经A/D转换后，显示在计算机屏幕上，图像与数据可存储并可进一步用软件对缺陷进行分析评价。

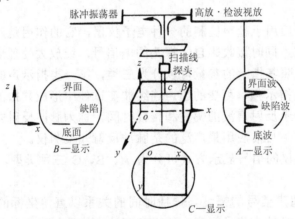

图6-6 A型、B型、C型显示

1. A型脉冲反射式超声检测仪

图6-7为普通A型脉冲反射式超声检测仪的基本电路框图。可见，一台A型脉冲反射式超声检测仪主要组成部分是发射电路，接收电路，时基电路（又称扫描电路）、同步电路以及显示器，此外必不可少的还有电源。

仪器的工作原理概括起来是这样的：首先由同步电路以给定的频率（仪器的脉冲重复频率）产生周期性同步脉冲信号，这信号一方面触发发射电路产生激励电脉冲加到探头上产生脉冲超声波，另一方面控制时基电路产生锯齿波加到示波管X轴偏转板上使光点从左到右随时间移动。超声波通过耦合剂射入试件，反射回波由已停止激振的原探头

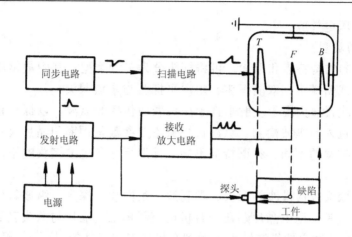

图6-7　A型脉冲反射式超声检测仪的基本电路框图

接收（单探头工作方式）或由另一探头（双探头工作方式）接收，转换成相应的电脉冲，经放大电路放大加到示波管的 Y 轴偏转板上，此时，光点不仅沿 X 轴按时间线性移动，而且受 Y 轴偏转电压的影响在垂直方向运动，从而产生幅度随时间变化的波形。根据反射回波在时间基线上的位置可确定反射面与超声入射面的距离，根据回波幅度可确定回波声压大小。

　　由图 6-5 可以看出，由于超声脉冲自身有一定宽度，在深度方向上分辨两个相邻信号的能力有一个最小限度（最小距离），称为分辨力。在超声波进入面附近，由于发射脉冲非常强，宽度较大，加上发射脉冲进入接受电路放大器后产生的阻塞，使得距入射面一段深度范围内的缺陷信号不能显现，这段距离称为盲区。

　　2. 数字式超声检测仪

　　近年来，数字式仪器发展很快，有逐步替代模拟式仪器的趋势。所谓数字式超声检测仪主要是指发射、接收电路的参数控制和接收信号的处理、显示均采用数字化（方式）的仪器。从电路上看，数字式仪器的发射电路和接收放大电路的前半部分与模拟式仪器相同，但信号经放大到一定程度后，则由模数转换器将其变为数字信号，由微处理器进行处理后，在点阵式显示器上显示出来。数字式仪器不采用传统的示波管显示，因此，不需要时基电路，其发射电路和模数转换的同步控制可由微处理器进行。

6.3.2　探头

　　1. 换能器

　　超声波探头是用来产生与接收超声波的器件，是组成超声检测系统的最重要的部分之一，探头的性能直接影响到发射的超声波的特性，影响到超声波的检测能力。探头中的关键部件是换能器，最常用的是压电换能器，又称为压电晶片，是一个具有压电特性的单晶或多晶体薄片或薄膜。常用材料为石英单晶、锆钛酸铅陶瓷等。

　　压电换能器将电脉冲转换为超声脉冲，再将超声脉冲转换为电脉冲，也就是实现了电能和声能的相互转换。压电换能器进行电声能量转换的原理是利用某些晶体在机械变形时会产生电压的特性，以及相反地，在交变电压作用下会产生机械伸缩的特性，称为压电效应和逆压电效应。

2. 探头的类型

根据探头的结构特点和用途，可将探头分为多种类型，其中最常用的是接触式纵波直探头、接触式斜探头、双晶探头、水浸平探头与聚焦探头。

接触式纵波直探头用于发射垂直于探头表面传播的纵波，以探头直接接触工件表面的方式进行垂直入射纵波检测。纵波直探头主要参数是频率和晶片尺寸，按晶片类型不同、接触面保护膜的不同、频谱特征不同、外形尺寸和电缆接头的不同等等，可分为不同的系列。

接触式斜探头包括横波斜探头、瑞利波（表面波）探头、纵波斜探头、兰姆波探头等。其共同特点是，压电晶片贴在一有机玻璃斜楔上，晶片与探头表面（声束射出面）成一定倾角。晶片发出的纵波倾斜入射到有机玻璃与工件的界面上，经折射与波型转换，在工件中产生传播方向与表面呈预定角度的一定波型的声波。根据斯奈尔定律，对给定材料，斜楔角度的大小决定着产生的波型与角度；对同一探头，被检材料的声速不同，也会产生不同的结果。斜探头的主要参数是频率、晶片尺寸和声入射角（横波斜探头有时以钢中折射角表示）。

双晶探头是在同一个探头内采用两个晶片一发一收的方式进行工作的探头。这种方式发射电脉冲不再进入接收电路，避免了盲区问题，可以用于检测近表面缺陷和进行薄板测厚。除频率和晶片尺寸以外，双晶探头的一个重要参数是两个晶片声束汇聚区的范围，它决定着可检测的深度范围。探头设计时通过改变两个晶片的夹角，可以改变这一范围。

水浸平探头相当于可在水中使用的纵波直探头，用于水浸法检测。当改变探头倾角使声束从水中倾斜入射至工件表面时，也可通过折射在工件中产生横波。在水浸平探头前加上声透镜则可产生聚焦声束，成为聚焦探头。聚焦使声束在某一深度范围内直径变窄，声强增高，可提高局部区域的检测灵敏度与信噪比，以及横向分辨力。在 C 扫描检测中采用聚焦探头可以提高图像的分辨率。声透镜可为球面镜或柱面镜，形成点聚焦或线聚焦声束。

3. 探头的连接与耦合

探头与检测仪间的连接需采用高频同轴电缆，电缆的长度、种类的变化会引起探头与检测仪间阻抗匹配情况的改变，从而影响检测灵敏度，因此，应选用专用电缆，且在检测过程中不可任意更换，如果更换，应考虑重新进行仪器状态调整。

探头与工件间的声耦合需采用耦合剂，目的是以液体置于探头与工件之间代替空气间隙，增大声能的透过率，使声波更好地传入工件。接触法中常用耦合剂有机油、甘油、水玻璃等。水浸法中水就是耦合剂，有时也采用油进行液浸法检测，但对高频声波衰减较大。

6.3.3 水浸自动检测系统

传统的接触法手工扫查超声检测具有简便灵活成本低等优点，但其检测过程受人为因素影响较大，为了提高检测可靠性，对一定批量生产的具有一定形状规格的材料和零件，越来越多地采用自动扫查、自动记录的超声检测系统。为了能使探头相对于工件作快速的扫查，非接触的水浸或喷水检测方式具有很大的优势。因此，大多数自动检测系统均采用水浸法检测。由于超声检测要求扫查到整个工件表面，且在扫查过程中需保持探头相对于入射面的角度和距离不变，因此，需针对不同形状、规格的工件设计专用的机械扫查装置。

一个超声自动检测系统通常由超声检测仪与探头、机械扫查器、扫查电路控制、显示与记录装置等构成，随着计算机技术的发展，目前的检测系统中，检测仪器设置、扫查过程的控制和结果的记录与分析统一由计算机软件协调进行。常见的扫查系统类型有针对平面件的简单三轴扫查系统，针对盘轴件的带有转盘的系统，针对大型复合材料件的穿透法喷水检测系统，还有专用于管、棒材的旋转行进的系统等。不同的系统在机械装置、扫查方式和记录方式上可有很大的不同。

6.3.4 标准试块与对比试块

与一般的测量过程一样，为了保证检测结果的准确性与可重复性、可比性，必须用一个具有已知固定特性的试样（试块）对检测系统进行校准。超声检测用试块通常分为两种类型，即标准试块（校准试块）和对比试块（参考试块）。

标准试块是具有规定的材质、表面状态、几何形状与尺寸，可用以评定和校准超声检测设备的试块。标准试块通常由权威机构讨论通过，其特性与制作要求有专门的标准规定。如图 6-8 所示的国际焊接学会 IIW 试块（ISO2400—1972（E）），图 6-9 所示的美国 ASTM 铝合金标准试块。利用这两套试块，可以进行超声检测仪时基线性与垂直线性的测定，斜探头入射点、钢中折射角的测定，探头距离幅度特性和声束特性的测定，仪器探测范围的调整，检测灵敏度的调整等等。

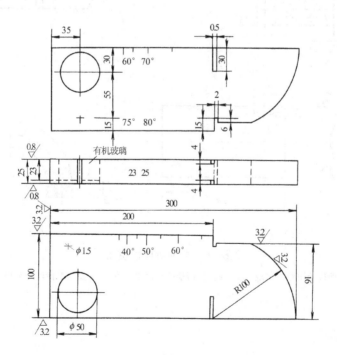

图6-8 IIW 试块

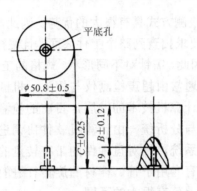

图6-9　ASTM 铝合金标准试块

对比试块是以特定方法检测特定试件时所用的试块，它与受检件或材料声学特性相似，含有意义明确的参考反射体（平底孔、槽等），用以调节超声检测设备的状态，保证扫查灵敏度足以发现所要求尺寸与取向的缺陷，以及将所检出的缺陷反射信号与已知反射体所产生的信号相比较。图 6-10 为一些典型的对比试块图。

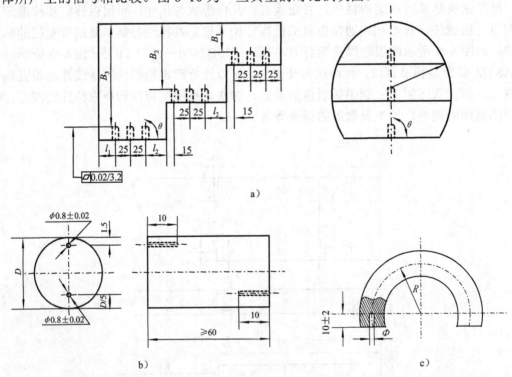

图6-10　典型对比试块图

a）纵波柱面检验用对比试块　b）横波柱面检验用对比试块　c）圆筒形横波检验用对比试块

6.4　检测技术

超声检测技术有多种分类的方法。按原理分类，可分为脉冲反射法、穿透法、共振法；按波型分类，可分为纵波检测、横波检测、瑞利波检测、兰姆波检测；按耦合方式分类，又可分为接触法、液浸法等。

为了完成一项检测任务，首先需根据检测对象的形状、尺寸、材质以及需检测的缺陷特征，选择适当的检测技术，也就是确定波型、入射方向、用于显现缺陷的超声特征量（幅度、时间、衰减）以及耦合方式、显示方式等，以便最大可能地实现检测的目的。之后，需选择适当的仪器、探头、耦合剂，设计适当形式的对比试块，确定正确的操作步骤与方法（包括试件准备、仪器调整、扫查方式、缺陷信号的评定方法、记录方法）。需编制检测规程或检测工艺卡，将上述内容以文件形式固定下来，以指导操作者正确地完成检测过程，得到可靠的检测结果。

6.4.1 脉冲反射法与穿透法

脉冲反射法是由超声波探头发射脉冲波到试件内部，通过观察来自内部缺陷或试件底面的反射波的情况来对试件进行检测的方法。图6-11显示了接触法单探头直射声束脉冲反射法的基本原理。当试件中不存在缺陷时（图6-11a），显示波形中仅有发射脉冲T和底面回波B两个信号。而当试件中存在有缺陷时，在发射脉冲与底面回波之间将出现来自缺陷的回波F（图6-11b）。通过观察F的高度可对缺陷的大小进行评估，通过观察回波F距发射脉冲的距离，可得到缺陷的埋藏深度。当材质条件较好且选用探头适当时，脉冲回波法可观察到非常小的缺陷回波，达到很高的检测灵敏度。但是，脉冲反射法不可避免的一个问题是存在盲区。

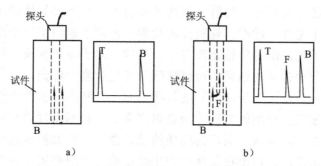

图6-11 接触法单探头直射声束脉冲反射法

a）无缺陷 b）有缺陷

穿透法通常采用两个探头，分别放置在试件两侧，一个将脉冲波发射到试件中，另一个接收穿透试件后的脉冲信号，依据脉冲波穿透试件后能量的变化来判断内部缺陷的情况（见图6-12）。当材料均匀完好时，穿透波幅度高且稳定；当材料中存在一定尺寸的缺陷或存在材质的剧烈变化时，由于缺陷遮挡了一部分穿透声能，或材质引起声能衰减，可使穿透波幅度明显下降甚至消失。很明显，这种方法无法得知缺陷深度的信息，对于缺陷尺寸的判断也是十分粗略的。

脉冲反射法具有检测灵敏度高，可对缺陷精确定位，操作方便，只需单面接近试件，适用于各种形状等优点，在近表面分辨力和灵敏度满足要求的情况下，脉冲反射法是最好的选择。穿透法的优势在于不存在盲区问题，缺陷的取向对穿透衰减影响不大，同时，仅在试件中通过一次，比反射法减少一半的材质衰减。因此，穿透法适用于薄板类，要求检测缺陷尺寸较大的试件，以及衰减较大的材料，如复合材料薄板及蜂窝结构。

除了接触法单探头直射声束法以外，脉冲反射法还可与斜射声束法、双探头法、液浸法等相结合，是最常用、最基本的超声检测技术。

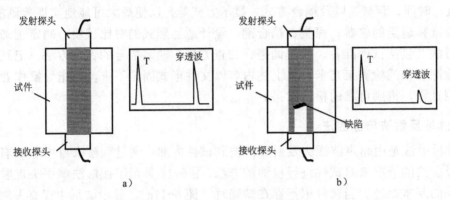

图6-12　接触法直射声束穿透法

a）无缺陷　b）有缺陷

6.4.2　直射声束法与斜射声束法

使声束轴线垂直于检测面进入试件进行检测的方法，称为直射声束法。直射声束法可以是单晶直探头脉冲反射法、双晶探头脉冲反射法和穿透法。通常所谓纵波检验，即是指直射声束纵波脉冲反射法。直射声束法的耦合方式可为接触法或水浸法。直射声束脉冲反射法主要用于铸件、锻件、轧制件的检验，适用于检测平行于检测面的缺陷。由于波型和传播方向不变，缺陷定位比较方便、准确。对于单直探头检验，由于声场接近于按简化模型进行理论推导的结果，可对缺陷尺寸进行当量评定。

使声束以一定入射角（大于0°）进入检测面，并利用在试件中沿与检测面成一定角度的方向传播的波进行检测的方法称为斜射声束法。根据角度选择的不同，试件中产生的波型可同时有纵波与横波，也可为纯横波或表面波。横波检测通常使入射角在第一临界角和第二临界角之间，以便在工件中产生纯横波。斜射声束法主要用于管材、焊缝的检测，其他试件检测时，常作为一种有效的辅助手段，以发现与检测面成较大倾角的缺陷。

6.4.3　接触法与液浸法

接触法检测是将探头与试件表面直接接触进行检测的方法，通常在探头与检测面之间涂有一层很薄的耦合剂，以改善探头与检测面之间声波的传导。

液浸法是将探头和试件全部或部分浸于液体中，以液体作为耦合剂，声波通过液体进入试件进行检测的方法。液浸法最常用的耦合剂为水，此时，又称为水浸法。虽然液体中只有纵波能够传播，但随着声束在试件表面入射角的不同，试件中同样可以产生纵波、横波、表面波、兰姆波等波型，从而实现不同波型的检测。

接触法与液浸法各有特点，可以认为，接触法作为最基本的检测方法，能够满足绝大多数产品的要求，且操作简便，成本低，便于灵活机动地适应各种场合与目的；而液浸法检测人为因素少，检测可靠性高，对粗糙表面适应性好，对于固定产品、要求高分辨力、高灵敏度、高可靠性的检测对象，以及表面未经机加工的试件，采用液浸法检测较为有利。对于穿透法检验，液浸法（局部喷水法）可以提供很大的方便。

6.4.4 厚度测量

超声测厚是超声波检测技术之一，由于该技术可从单面检测材料的厚度，可解决一些空腔结构的壁厚测量问题，以及非等厚结构远离边缘部位的厚度测量问题。采用脉冲反射技术进行超声测厚的工作原理是利用厚度与声速及超声波在试件中的传播时间的关系：

$$h = \frac{1}{2}C\Delta t \tag{6-7}$$

式中　h —— 试件厚度；

　C —— 材料中的声速；

　Δt —— 垂直入射时超声波在试件中往返一次的传播时间。

当材料中声速已知，则只需测出 Δt 即可算出厚度。

6.4.5 仪器和探头的选择

一般市场出售的 A 型脉冲反射超声检测仪，基本功能均已具备，一些基本性能（垂直线性、水平线性等），也能满足通常超声检测的要求。但不同仪器在发射功率、增益范围、频带范围、重复频率范围等方面仍存在着一些差异，同时，各制造商也为不同使用目的开发了各种型号仪器，如专用于外场的便携式小型仪器，专用于非金属材料的低频仪器等。对于给定的任务，在选择超声检测仪时，主要考虑的是该任务的特殊要求，选择相应指标满足要求的仪器。

当确定了所采用的检测技术以后，探头参数的选择是非常重要的，因为探头参数的差异直接影响到超声场的特性，对检测能力影响很大。探头的基本参数主要包括频率、晶片尺寸、斜射探头的角度、聚焦探头的焦距等，其中频率与晶片尺寸是每个探头最主要的两个参数。

超声波的频率在很大程度上决定了超声波对缺陷的探测能力。频率高时，波长短、声束窄、扩张角小、能量集中，因而发现小缺陷的能力强，横向分辨力好，缺陷定位准确；频率较高时，脉冲的宽度较小，因而近表面分辨力较好。但高频通常在材料中衰减较大。一般来说，对于小缺陷的检测，近表面缺陷或薄件的检测，可以选择较高频率；对于大厚度试件，高衰减材料，应选择较低频率。在灵敏度满足要求的情况下，选择宽带探头可提高分辨力和信噪比。

探头晶片尺寸对检测的影响主要通过其对声场特性的影响体现出来。晶片尺寸大时，近场长度大，指向角小。对于缺陷的定位和定量，声束窄较为有利，应选择较大晶片以获得小的指向角。但对于较小厚度试件的检测，使用的声场范围为近场区，则小尺寸晶片声束窄，有利于缺陷定位。

6.4.6 检测仪器的调整

为实施一项超声检测，先要进行检测仪器的调整，对于 A 型显示来说，主要是对仪器进行时基线调整和检测灵敏度调整，以保证在确定的检测范围内发现规定尺寸的缺陷，并对缺陷的位置和大小进行定量评定。

1. 时基线的调整

时基线调整的目的,一方面是使水平扫描线显示的范围足以包含需检测的深度范围,另一方面,要使时基线刻度与在材料中声传播的距离成一定比例,以便准确地读出缺陷波的深度位置。

调节的基本方法是利用试块或工件上已知声程(深度)的两个反射信号,通过调节仪器上的扫描范围和延迟,使两个信号的前沿分别位于相应的水平刻度值处。注意不能利用始波作为声程为 0 的信号,因为需排除一些声波进入工件前在保护膜、耦合剂、斜楔等中经过的时间。通常将水平刻度值与实际声程的比例,称为时基线调整比例。斜探头横波检测时,可将时基线调节为与声程、水平距离或垂直距离中的任一个成比例。

2. 检测灵敏度的调整

检测灵敏度的调整,要使仪器设置足够大的增益,以保证规定的信号在屏幕上有足够的高度,以便于发现所需检测的缺陷。

灵敏度调节的方法有利用试块中人工反射体进行的,称试块法,利用仪器的增益调节,将试块中规定深度的人工反射体的反射波高调节到显示屏上一定的高度。另一种方法是底波计算法,根据需检测的人工缺陷(通常为平底孔)与大平底反射波高的理论差值(有确定的简化计算公式),先将底面回波调整到规定的屏幕高度,再按上述计算的差值提高仪器增益。底波计算法应用的前提是,缺陷距探头晶片的距离大于 3 倍近场长度。

6.4.7 扫查

将一个探头放到工件上,其所产生的声束范围是它可以检测到的部分。扫查就是移动探头使声束覆盖到工件上需检测的所有体积的过程。因此,扫查的方式,包括探头移动方式、扫查速度、扫查间距等就是为保证扫查的完整而作出的具体规定。其中扫查速度的上限与探头的有效声束宽度和重复频率有关,在目视观察时应能保证缺陷回波被有把握地看清,在自动记录时,则要保证记录装置能有明确的纪录。扫查的间距通常根据探头的最小声束宽度,保证两次扫查之间有一定比例的覆盖。

6.4.8 检测结果的评定

1. 缺陷位置的评定

纵波直探头检测时,发现缺陷后,首先找到缺陷波为最大幅度的位置,则缺陷通常位于探头的正下方,根据缺陷波在预先调定的A型显示水平基线上的位置读数,按时基线调整比例简单计算,即可得到缺陷的埋藏深度。在确定平面位置时,须考虑探头声束是否有偏离,是否存在近场区的影响等,这些因素可能使得信号幅度最大时,缺陷不在探头正下方。

斜探头横波检测时,缺陷位置的确定如图6-13所示。当找到缺陷波幅度最大的位置时,根据已知的折射角数值,无论仪器时基线读出的是声程(x)、深度(d)还是水平距离(l),均可通过简单的几何关系算出其他位置数据。在计算缺陷深度时,需注意二次波检测的情况。

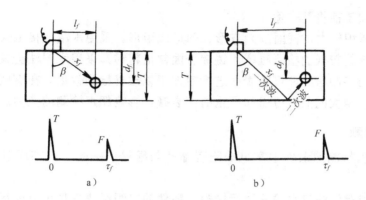

图6-13 横波检测缺陷位置的确定

a) 一次波 b) 二次波

2. 缺陷尺寸的评定

缺陷尺寸的评定方法按缺陷尺寸相对于声束截面尺寸的大小，分为两种情况。缺陷小于声束截面时用当量尺寸评定法，缺陷大于声束截面时用缺陷指示长度测定法。

当量法是将缺陷的回波幅度与人工缺陷的回波幅度进行比较的方法，确定的尺寸为当量尺寸，典型表述为：缺陷当量平底孔尺寸为$\phi 2mm$，或缺陷尺寸为$\phi 2mm$平底孔当量。评定的方法有试块对比法和当量计算法。

试块对比法将缺陷波幅度直接与对比试块中同声程的人工缺陷回波幅度相比较，两者相等时以该人工缺陷尺寸作为缺陷当量。两者不等时，可以大于或小于该平底孔的分贝数表示缺陷大小。

当量计算法的依据是圆形平面反射体反射回波声压与反射体直径、距晶片距离的理论关系，以及大平底反射与距离之间的理论关系。根据已知距离的大平底反射波和确定深度的缺陷反射波幅度差的分贝数，即可计算出缺陷波的当量尺寸。计算法应用的前提是缺陷位于3倍近场长度以外。

缺陷指示长度的测定，是通过移动探头向缺陷两端，同时观察缺陷波幅度的变化，以缺陷波幅度降到某一值时的两端位置之间的距离作为所测长度的方法进行的。根据缺陷幅度从最高峰值降落量的不同，有 6dB 测长法、20dB 测长法；还有一种绝对灵敏度测长法，是在仪器调定的灵敏度下，将幅度降到规定的值。

6.5 实际应用

用超声方法检测的主要对象有铸锭、管材、板材、棒材、锻件、铸件、复合材料、焊接件、胶接结构及其他特殊产品。本节简要介绍超声检测各主要对象时的特殊问题与应用的检测技术。

6.5.1 铸锭检测

超声检测方法应用于铸锭的主要目的是确定缩孔、裂纹、疏松或大夹杂物的位置，以便在进一步加工前将其去除。

铸锭通常体积较大，截面多为方形、圆形或矩形。采用水浸或接触式脉冲反射法进行检验，通常选择较低的检测频率。铸锭表面常很粗糙，采用水浸法会减少表面引起的声能损失，采用接触法时，可将表面进行粗加工以改善检测效果。在有些金属材料（如镍基合金）中，粗大的晶粒可引起严重的声衰减，影响超声检测的能力。

6.5.2　锻件检测

超声波可以检测的锻件中常见缺陷有缩孔与缩松、夹杂、内部或表面裂纹、折叠等。

锻件可采用接触法或水浸法进行检验。锻件的组织经热变形可以变得很细，因此，锻件上有时可以应用较高的频率（如 10MHz 以上）。由于锻件外形可以是很复杂的，有时为了发现不同取向的缺陷在同一个锻件上需同时采用纵波和横波。图 6-14 为典型轴类锻件检测方法的示意图。

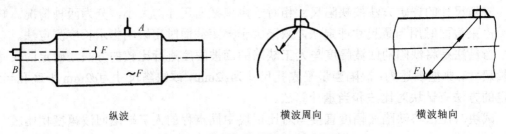

纵波　　　　　　　　　　横波周向　　　　　　横波轴向

图6-14　轴类锻件检测方法示意图

锻件常用于使用安全要求较高的关键部件，因此，通常需要对表面和外形进行加工，以保证锻件具有光滑的声入射面满足高灵敏度检测的需要，同时使得其外形尽可能为超声波覆盖整个锻件区域提供方便的入射面。为了得到最好的检测效果，纵波脉冲法检验时应尽可能使超声束入射方向与锻造形成的主要金属流线方向相垂直。

6.5.3　铸件检测

铸件的典型缺陷有缩孔、疏松、气孔、夹杂、裂纹、冷隔等。铸造组织的不致密性与不均匀性，以及铸件的粗糙表面，使得超声波能量衰减很大，粗晶的散射又产生杂乱回波，使缺陷的辨别与评定产生困难。

因此，铸件超声检测的特点是常采用低频声波以减轻衰减和散射，相应的可检缺陷尺寸也较大。接触法时采用较粘稠的耦合剂，或采用液浸法检测以减少粗糙表面的影响。超声波对铸件缺陷的检测通常比锻件检测灵敏度要求低，常常是作为工艺控制的一个步骤，有时是作为射线检测的补充，确定缺陷的深度位置以便进行修补。

铸件检测常用的方法有：对大厚度试件常采用纵波反射法，有时也用横波法；对厚度较小的试件采用底面多次回波法，通过观察多次回波的次数检测材料中的声衰减情况，这种方法可以发现反射较弱但会引起底波衰减的疏松缺陷。

超声波检测铸件的另一个应用是测量铸造结构的壁厚，因为对复杂形状的铸件往往难以采用机械方法测量厚度，超声测厚对铸件的质量控制和工艺控制是非常重要的。

6.5.4 管材检测

管材可由轧制、挤压、拉拔等多种工艺制成。形成的主要缺陷为沿管材纵向延伸的裂纹、沟槽、折叠等。管材检测最常用的是横波周向检测。对于大直径和大厚度的管材，可采用斜楔磨成圆弧面的接触法斜探头；对于薄壁小直径管，则通常采用水浸法自动检测装置，探头的放置和声传播的情况如图 6-15 所示。为了检测横向缺陷，有时也采用声束沿管材轴向传播的横波进行检验。管材超声检测用的标准样管的人工缺陷通常为在内壁和外壁上沿纵向或横向延伸的表面刻槽。检测时将刻槽的反射波高作为报警门槛。对于管材周向横波检测，以一般金属声速计算，为使管材中纯横波的声束轴线到达内壁，壁厚与外径之比不得大于 0.2。

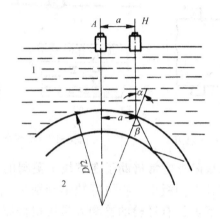

图6-15　管材周向水浸检测示意图

6.5.5 板材与棒材的检测

板材通常由铸锭或棒材经多次轧制而成。需超声检测的缺陷有分层、裂纹、折叠、夹杂等。中厚板板材的检测（6mm 以上）常采用纵波垂直入射或横波斜入射脉冲反射法进行。纵波适于检测平行于板材表面的分层等缺陷，横波则对与表面成一定角度的缺陷较为灵敏。板材检测盲区问题比较突出，常采用双晶探头或水浸检测以改善近表面分辨力。薄板（6mm 以下）可采用兰姆波检测。

棒材通常由铸锭经锻造、挤压、或轧制工艺制成。典型缺陷为锭、坯中的缺陷在轧制过程中延展形成的中心缩孔和夹杂物，以及热应力产生的裂纹，轧制产生的表面折叠等。常用的超声检测技术包括对内部缺陷的圆周面垂直入射纵波脉冲反射法、对表面和近表面缺陷的沿棒材周向和轴向的斜入射横波脉冲反射法，以及用于表面缺陷检测的周向和轴向的表面波法等。棒材直径较小时，为减少盲区，并改善圆弧面造成的声束发散，常采用双探头或水浸聚焦探头。水浸自动检测系统常用于棒材检测，通常有一个使棒材旋转或探头绕棒材轴线旋转的机构，以及使探头或棒材沿轴向前进的机构。

6.5.6 焊接件检测

常见的焊缝缺陷有热裂纹、冷裂纹、气孔、夹渣、未焊透、未熔合等。

焊缝超声检测最常用的技术是横波接触法 A 扫描检测技术，由于焊缝表面通常有余高和焊接波纹，检测时通常将探头置于焊缝两侧的母板上进行扫查，为了检测到焊缝内不同位置和取向的缺陷，有时同时采用一次波和二次波甚至多次波进行检测。图 6-16 是检测焊缝中纵向缺陷时常用的声束入射方式，对薄板焊缝常采用一种角度单面双侧一次波和二次波检测，厚焊缝则多采用两种角度双面双侧一次波检测。图 6-17 为焊缝检测的其他扫查方式，其中 a、b 用于横向缺陷的检测，c、d 则用于焊缝中间垂直于表面的缺陷检测，这类缺陷单探头斜角横波检测不够灵敏。

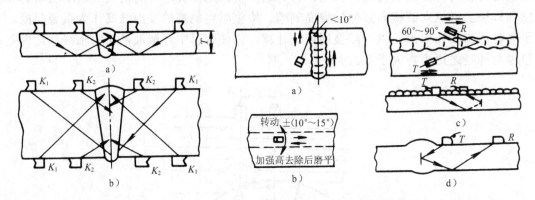

图6-16　纵向缺陷常用的声束入射方式　　　　图6-17　焊缝检测的其他扫查方式

　　焊缝检测灵敏度调整和缺陷评定常借助于在试块上测得的横孔距离幅度曲线，有时为操作方便直接将曲线画在仪器面板上。在进行缺陷判别时，须注意区分由焊缝上的余高及表面沟槽等引起的干扰回波。有经验的检测人员可根据波型变化及缺陷位置估判缺陷的性质。

6.5.7　复合材料检测

　　复合材料是非均质的材料，通常是由不同材料的薄层粘接在一起或由一些材料嵌入另一基体材料构成。目前用于结构制造的典型复合材料是碳纤维增强树脂基复合材料，其中碳纤维以不同取向编织成网状，树脂将多层纤维粘接为一体并固化定型。复合材料的非均质性引起超声特性的不均匀，给检测带来一定的影响。复合材料的另一特点是直接固化成结构所需形状，检测时外形轮廓常为三维曲面。复合材料的常见缺陷有分层、孔洞、孔隙、缺胶等。分层类平面型缺陷在使用过程中会扩展，对复合材料的强度和寿命影响很大。

　　复合材料超声检测常用垂直入射的反射法或喷水穿透法，平面或曲面薄板多用 C 扫描显示和记录缺陷，对分层类缺陷这些检测方法非常有效。复合材料检测用的对比试块必须采用与被检件相同的材料和工艺制作，常在不同的层数间嵌入不同尺寸的非金属薄膜作为人工缺陷。

复　习　题

1. 与其他无损检测方法相比，超声检测方法有哪些优点，有哪些局限性？

2．声波是什么性质的波？产生超声波的两个必要条件是什么？

3．超声波的波长、频率与声速的相互关系是怎样的？

4．纵波、横波、表面波、兰姆波的质点振动方向与传播方向各有什么关系？

5．超声波垂直入射到两种介质的界面时，反射波能量与入射波能量的比率与哪些参数有关？

6．入射角、折射角、反射角是如何定义的？斯奈尔定律的数学表达式是怎样的？

7．什么是第一临界角和第二临界角？产生全反射需要什么条件？

8．圆形晶片非聚焦探头描述声场的两个主要参数是什么?它们与晶片尺寸和波长各有什么关系？

9．什么是缺陷的平底孔当量？

10．引起超声波在材料中衰减的原因主要有哪些？

11．什么是 A 扫描、B 扫描和 C 扫描？三种显示方式中各能够得到哪些信息？

12．A 型脉冲反射式超声检测仪有哪些主要组成部分?它的工作原理是怎样的？

13．超声检测的盲区指的是什么？

14．数字式超声检测仪有哪些优势？

15．探头中压电晶片的作用是什么？

16．超声检测中通常用何种方式产生横波和表面波？

17．双晶探头和聚焦探头通常用于何种目的？

18．超声检测使用耦合剂的目的是什么？试列举几种常用耦合剂。

19．标准试块和对比试块有什么区别？各自的用途是什么？

20．脉冲反射法和穿透法的原理是什么？各有哪些优缺点？

21．人们选择纵波与横波、直射声束与斜射声束进行检测的主要目的是什么？

22．接触法与液浸法各有什么特点？

23．超声测厚的原理是什么？

24．超声检测频率对检测能力有哪些影响？应如何选择？

25．时基线和检测灵敏度调整的目的是什么？有哪些调整方法？

26．纵波检测和横波检测缺陷的平面位置和深度如何确定？

27．当量尺寸评定法和缺陷指示长度测定法各用于什么情况？

28．用计算法评定缺陷当量的前提条件是什么？

29．铸锭超声检测的主要目的是什么？

30．超声波可以检测锻件中的哪些缺陷？锻件检测时声束入射方向应如何选择？

31．铸件检测常用的超声检测技术有哪些？底面多次回波法可用于什么检测目的？

32．管材检测最常用的超声检测技术是什么？用于检测哪类缺陷？

33．棒材检测常用的超声检测技术有哪些？

34．焊缝超声检测最常用的技术是什么？单面双侧法和双面双侧法各用于什么情况？

35．复合材料检测常用哪些超声检测技术？

第7章 无损检测质量控制

7.1 质量、质量管理与质量控制

1. 质量

GJB 9001A—2001《质量管理体系要求》将"质量"定义为"一组固有特性满足要求的程度"。术语"质量"可使用形容词如差、好或优秀来修饰;"固有的"(其反义是"赋予的")则是指在某事或某物中本来就有的,尤其是那种永久的特性。

质量所研究的对象是实体,实体可以是产品,也可以是活动或过程,组织、体系和人,以及以上各项的任何组合。这样就扩展了质量的领域及其内涵,体现了现代化质量观和广义质量的概念。

"特性"是指实体所特有的性质,它反映了实体满足需要的能力。特性可分为物理特性(如力学性能);功能特性(如飞行高度);感官特性(如视觉);行为特性(如礼貌);时间特性(如准时性)以及人体功效的特性(如人身安全)等。固有特性是指随着产品的形成过程而产生的产品的永久特性,如雷达的工作频率等;赋予特性是产品形成后因不同需要而对产品所赋予的特性,如产品的价格。

"要求"指"明示的,通常隐含的或必须履行的需求或期望"。"明示的"是指在标准、规范、图样、技术要求和其他文件中已经作出规定的。"隐含的"是指组织、顾客和其他相关方的惯例或一般做法,所考虑的需要或期望是不言而喻的,如武器装备使用的安全性。"必须履行的"是指法律、法规及强制性标准的要求等。

质量特性要由"过程"或"活动"来保证。质量特性是在设计、研制、生产制造、销售服务或服务前、服务中、服务后的全过程中实现并得到保证的。

2. 质量管理

GJB 9001A—2001《质量管理体系要求》将"质量管理"定义为"在质量方面指挥和控制组织的协调的活动"。在质量方面的指挥和控制活动,通常包括制定质量方针和质量目标以及质量策划、质量控制、质量保证和质量改进。

质量管理是全部管理工作的一个重要组成部分,是在质量方面的指挥和控制活动。质量管理是一项协调活动,它是通过建立、运作和保持一个有效的质量管理体系来实施的。质量管理必须由最高管理者领导并对质量管理负责,各级管理者应承担相应的质量管理职责。

这里的"组织"是指"职责、权限和相互关系得到安排的一组人员及设施",如公司、集团、商行、企事业单位、研究机构、慈善机构、代理商、社团或上述组织的部分或组合。组织可以是公有的或私有的。

GJB 9001A—2001《质量管理体系要求》突出了当前通行的以下八项质量管理原则：

（1）以顾客为关注焦点　组织依存于顾客。因此，组织应当理解顾客当前和未来的需求，满足顾客要求并争取超越顾客期望。

（2）领导作用　领导者确立组织统一的宗旨及方向。他们应当创造并保持使员工能充分参与实现组织目标的内部环境。

（3）全员参与　各级人员都是组织之本，只有他们的充分参与，才能使他们的才干为组织带来收益。

（4）过程方法　将活动和相关的资源作为过程进行管理，可以更高效地得到期望的结果。

（5）管理的系统方法　将相互关联的过程作为系统加以识别、理解和管理，有助于组织提高实现目标的有效性和效率。

（6）持续改进　持续改进总体业绩应当是组织的永恒目标。

（7）基于事实的决策方法　有效决策是建立在数据和信息分析的基础上。

（8）与供方互利的关系　组织和供方是相互依存的，互利的关系可增强双方创造价值的能力。

3．质量控制

GJB 9001A—2001《质量管理体系要求》将"质量控制"定义为"质量管理的一部分，致力于满足质量要求"。

质量控制指为了达到质量要求所采取的作业技术和活动，但不是组织所有的作业技术和活动。这些作业技术和活动贯穿了实体的全过程，即存在于整个质量环中，包括营销和市场调研、产品设计和开发、过程策划和开发、采购、生产或服务提供、验证、包装和贮存、销售和分发、安装和投入运行、技术支持和服务、售后、使用寿命结束时的处置或再生利用等。服务类别产品是把质量环分为市场开发、服务设计、服务提供、服务业绩分析和改进四个阶段。对这些环节和阶段中有关质量的作业技术和活动都要进行控制。

7.2　无损检测在全过程质量控制中的作用

设计人员所设计的产品应满足用户需求并且是可检的；材料与生产工艺人员必须研究、选择最适合的材料和最佳工艺制造出产品；无损检测人员必须将设计对无损检测的要求转化为可实施的技术文件，并加以实施；破坏试验与失效分析人员与其他人员协同工作，以确定构件的薄弱点和需要重新设计的部位。对一设计优良、质量受控的可靠产品来说，无损检测与破坏性检测起着同样重要的作用。

1．设计阶段

质量首先是由设计质量决定的。可靠性和可维修性实质上是设计质量的延伸。靠设计确定产品的性能、可靠性和可维修性的水平，靠设计选择产品的结构形式，靠设计制定检查、试验的方法和验收标准，是设计决定着产品的固有质量。

正是基于这种情况，20 世纪 80 年代，美国就发布了军用标准 MIL—I—6780E《飞机、导弹材料和零件无损检测要求》，与 MIL—STD—1530《飞机结构完整性大纲 飞机要求》和 MIL—A—8344《飞机损伤容限要求》配合使用。在该标准中明确提出设计单位应考虑无损检测的实际能力，以保证结构设计要求与无损检测的灵敏度、分辨率和可靠性相一致。更要求设计单位成立无损检测技术要求审查部，对零件图样和有关文件上标注的零件类别、允许缺陷（不连续性）类型和尺寸、关键部位、无损检测方法和规范、验收标准、使用修理中需用无损检测的项目、原位无损检测的项目及原位无损检测可达性是否满足要求等进行审查，审查后应在零件图样和有关文件上会签。20 世纪 80 年代，我国制定了类似的国家军用标准 GJB 1681《军用飞机材料与零件无损检测大纲要求》，与 GJB 775.1《军用飞机结构完整性大纲 飞机要求》和 GJB 776《军用飞机结构损伤容限要求》配套使用。无损检测在设计阶段的重要性可见一斑。

2. 研制、生产阶段

无损检测在研制阶段一个重要作用是鉴定制造工艺对产品质量要求的适应程度，用于改进制造工艺。

无损检测在研制、生产阶段主要作用是用于剔除不合格的原材料、坯料、工序不合格品，鉴定产品对验收标准的符合性，判断产品合格与否。

没有无损检测的参与，设计人员对产品质量的要求是难以控制的；反之无损检测信息的反馈也对设计质量的改进与提高起着重要作用。当然，随着产品质量高标准要求的检测需求，也促进了无损检测技术的发展。

3. 使用阶段

在使用阶段，无损检测的主要作用是监测产品结构和状态的变化，确保产品运行的安全性与可靠性。

7.3 无损检测质量控制相关知识

1. 计量仪器校准与仪器标定

仪器校准是将一台仪器与一已知参比物进行比较，或根据已知参比物对仪器进行调节，得到或消除被比较项目准确度的变化或偏离的操作；参比物的值通常可溯源至国家计量研究院。

无损检测仪器设备的计量校准大体上可分成两类：一类是通用的常规的长、热、力、电等专业的溯源校准，应按原有计量溯源渠道进行，如仪器设备上的通用仪表；另一类为特殊的专用的计量标准器具、物质，如超声检测用铝合金标准参考试块等，宜由无损检测校准实验室进行归口管理。

无损检测仪器设备的周期检定和计量校准溯源工作，应由各单位计量主管部门统一归口管理，建立标准和溯源体系，合理确立校验周期，并监管实施。对于定期的和使用前的仪器设备综合检定工作，可与使用单位结合进行。

仪器标定是用适当的标准样品调整无损检测设备，以获得或建立所需的和可重复的检测灵敏度的操作。标定通常在检验前做，也可在对检验或仪器灵敏度存有疑虑的任何时刻进行。

2. 标准样品

校准时使用的参比物是与技术标准所规定的技术要求相对应的实际参照对比物，在我国定义为标准样品。标准样品与相应文字性技术标准配套使用。

无损检测标准样品有两类：一类是标准试样，另一类是对比试样。

标准试样是按相关标准规定的技术条件加工制作，并经被认可的技术机构认证的，用于评价检测系统性能的试样。它可用于校准无损检测仪器的性能，以保证检测结果的准确和稳定；也用于检查检测用品（材料）的性能，以判断其质量是否满足检测方法的要求。例如：超声检测用铝合金标准参考试块、射线照相检测用光学密度片、涡流电导率标准试块、渗透检测用黄铜镀镍铬试块（即 C 型标准试块）、以及覆盖层厚度试片等。

对比试样是针对被检测对象和检测要求，按照相关标准规定的技术条件加工制作的，并经相关部门确认，用于被检对象质量符合性评价的试样。它可用于调整检测灵敏度，以判断被检测工件是否存在缺陷，评估检出缺陷的尺寸、位置和性质，或评定产品质量是否合格等。例如：各种超声检测用对比试块、射线检测用像质计等。

3. 法典、标准、规范和规程

法典：国家立法机关颁布的决定、指示、命令等总称法令；由立法机关制定或认可、由国家政权保证执行的行为规则是法律；法律、法令等法律文件的总称是法规；将同一性质或同一种类的法规加以整理成为某种系统的法律是法典。

标准：各国对标准的定义不尽相同，我国的定义是："标准是对重复性事物和概念所作的规定，它以科学、技术和实践经验的综合成果为基础，经有关方面协商一致，由主管机构批准，以特定形式发布，作为共同遵守的准则和依据。"可见，标准是一种特定的文件，在一定的范围和一定的时期被采用，以指导人们的实践，产生良好的社会效益和经济效益。我国的标准分国家标准、国家军用标准、行业标准和企业标准。

规范：对阐述产品必须遵守的要求所做的一系列统一规定，并规定是否符合这些要求所采用的必要检验程序、规则和方法，以确定产品的实用性。规范是标准的特定形式。例如：产品规范、材料规范等。

规程：是对工艺、操作、检定等具体技术要求的实施程序所作的统一规定。

4. 无损检测规程与无损检测工艺卡

无损检测规程：GJB 9712—2002 将无损检测规程定义为"详细叙述某一无损检测方法对某一产品如何进行检测的程序性文件。"无损检测规程由相关方法的Ⅲ级人员根据给定的标准、法规或规范进行编写，其主要用途是指导Ⅱ级人员编写无损检测工艺卡。无损检测规程一般应包括：范围；引用文件；人员资格要求；仪器设备和材料要求；校验和验证要求；制件检测前的准备要求；检测顺序要求；结果解释与评价要求；标记（标识）、报告和其他文件要求；对无损检测工艺卡的要求；检测后处理要求等。

无损检测工艺卡：叙述某一无损检测方法的一种技术对一个具体零件或一组类似零件实施检测所应遵循的准确步骤的作业文件。无损检测工艺卡由相关方法至少取得Ⅱ级资格的人员根据无损检测规程或相关标准编制，其主要用途是为Ⅰ级和Ⅱ级人员提供充分的指导，以使他们能够实施无损检测技术，并可以给出一致性的、可重复性的检测与评定结果。无损检测工艺卡的内容一般应包括：检测零件识别；委托者；要求检测的部位；零件/装置示意图；仪器设备和材料；仪器设备调整；检测方案细节；验收标准；清洁/零件准备及要求；其他特殊事项；编制者姓名、资格级别和日期等。

国家军用标准和军工行业标准中，一般都要求针对一种无损检测方法适用的一种或一类具体零件，制定一份实施某一无损检测技术的可执行文件。其名称虽不尽相同（如：磁粉检测的"磁粉检验工艺图表"、渗透检测的"检验工艺规程"、射线照相检测的"射线照相检验图表"、超声检测的"检验规程（或检验图表）"等），但内容、要求和形式与无损检测工艺卡基本吻合。

*7.4　无损检测作业的质量控制

要检测产品以确保产品质量，首先要保证无损检测作业质量，这就必须对无损检测进行全面性的全员性的全过程的质量控制。实际案例表明，无损检测出现的许多问题，并不是因为检测技术，而是源于质量管理不到位，甚至是出现的质量管理问题要远多于技术问题。因而，加强无损检测作业的质量控制是非常必要的。无损检测作业应控制的要素主要有：检测人员、检测仪器设备、检测用品（材料）、检测标准与文件、检测操作、检测环境。即通常所说的"人、机、料、法、测、环"六大要素。

　1. 检测人员

在"人、机、料、法、测、环"六大要素中，人是决定工作质量诸要素中的首要因素。

特别是对无损检测应用的正确性和有效性，在很大程度上取决于检测执行人的能力或是对检测负有责任的人的能力。对能力的确认是通过人员资格鉴定与认证来保证的。资格鉴定是指对正确执行无损检测任务的人员所需知识、技能、培训和实践经历所作的验证；认证则是对某人能胜任某工业部门某一级别无损检测方法的资格作出书面证明的程序。

国家军用标准 GJB 9712—2002 根据能力水平将无损检测人员分为Ⅰ级、Ⅱ级和Ⅲ级共三个级别（参见第三篇）。对能力要求的要点是：

Ⅰ级人员应能在Ⅱ级或Ⅲ级人员的指导下进行检测，将检测结果按标准分类并报告结果，但不能签发检测报告。

Ⅱ级人员应能独立执行检测，并签发检测报告，还能编写但不能审核和批准无损检测工艺卡。

Ⅲ级人员应能组织并实施无损检测的全部技术工作。应既能执行检测，也能签发检测报告，并对检测结果进行综合评价；确定用于特定检测任务所适用的检测方法、检测技术和无损检测规程；既能编写、也能审核和批准无损检测规程和无损检测工艺卡。

应当指出的是，认证机构通过发给证书和胸卡仅为持证人的资格作证，但并未给予任何操作权；证书持有人必须经雇主或用人单位授权才能进行操作。雇主或用人单位向认证机构推荐报考人，根据持证人对特定任务的适应性进行操作授权，并对所有授权的检测工作和检测结果的真实性负全部责任。要切切实实地做到100%的人员持证上岗。

检测人员要素的主要控制点有：

1）无损检测人员必须按国防科学技术工业委员会颁布的 GJB 9712《无损检测人员的资格鉴定与认证》的有关规定取得相应的技术资格证书。（参见本书第三篇）

2）在技术资格证书有效期内，无损检测人员只能从事与其技术资格证书的方法和级别相适应的技术工作。否则，其所做的无损检测应视为无效检测，其所签发的无损检测报告应视为无效报告。

3）无损检测人员应加强学习，努力提高能力与素质，执行有关标准、规范、规程与工艺卡，强化质量意识，遵守职业道德，认真搞好无损检测工作。

4）无损检测实行质量责任制，各部门和各级无损检测人员应对本单位与本人所承担的检测工作负责。

5）重要无损检测工序应实行双岗制。

6）无损检测评定与报告实行审核制，必须是在审核者对相关项目经认真审核无误后，方能签字。严禁不经审核即签字，严禁代他人签字。

7）不论各单位的无损检测体制如何，无损检测人员必须坚持"独立性"的工作原则，其所做的检测与评定不得受有关部门和个人的违反有关规定的干扰。

8）无损检测人员应坚持原则，不得搞"人情评定"，不得发虚假报告。

9）无损检测的人员资格与检测，应接受有关部门及驻厂军代表的监督。

10）有条件的单位，应建立无损检测监督检查制度，由无损检测人员定期检查无损检测工艺、检测质量及工艺纪律等。

11）在适当时期，无损检测主管部门应建立无损检测审核机构及审核制度，监督审核有关部门的无损检测人员、无损检测工艺、无损检测文件及无损检测的质量管理等。

2. 检测仪器设备

无损检测仪器设备的可靠性对确保无损检测的质量特别重要，必须严加控制。检测仪器设备要素的主要控制点有：

1）对所使用的仪器设备应进行性能测试，其结果应能满足该产品技术条件与有关标准及使用的要求，以确保检测结果的可靠性、可比性和可再现性。例如，对于超声检测仪，就应当测试其电子学性能、评定探头特性、评价超声检测系统综合性能。

2）无损检测仪器设备及其上面的仪表，应按规定定期进行检定，并应有检定标识，在检定有效期内使用。其检定工作应纳入计量部门归口管理。

3）在无损检测开始前，仪器设备（系统）应按有关规定进行相应的校准（标定），以确保检测的可靠性。

4）无损检测重要图表（如 X 射线曝光曲线）应定期或适时进行修订，以与仪器设备及用品（材料）相关性能的变化相适应。

5）无损检测主要仪器设备应编制专项操作规程及技安规程。

6）无损检测仪器设备应定专人保养。

7）具有电脑控制的仪器设备，应严格按计算机专项规定进行管理。严禁随意插入无关软盘，严防病毒侵入。

8）复杂贵重仪器设备借用时，仪器设备保管单位应派人随仪器设备参加操作。

9）新研制的仪器设备，需经大量试验与验证，并经评审通过后，方能用于检测。

10）无损检测应尽量采用先进的现代化的仪器设备，不断提高检测能力。

11）无损检测宜采用规范化设计与制造的专用检测工装，并定期或适时进行检定，以确保检测工装的功能能满足无损检测的要求。

3．检测用品（材料）

对于检测用品（材料），在无损检测，特别是高要求的无损检测中，其性能的优劣十分重要，必须予以保证。检测用品（材料）要素的主要控制点有：

1）无损检测用品（材料）应满足该产品技术条件与有关标准及使用的要求。

2）对无损检测用品（材料），宜由无损检测相关单位制定合格产品目录（QPL）和优选产品目录（PPL），做到定点供应。各单位可在合格产品目录和优选产品目录中选点定货，亦可通过直接对供应厂商进行质保体系考核建立本单位的合格供应厂商目录。

3）重要无损检测用品（材料）入厂时应进行入厂复验，并应按有关规定定期或适时进行复验。

4）无损检测用品（材料）应在有效期内使用。对过期的无损检测用品（材料），有的可按有关规定（如 GJB 1187A 对过期胶片处理的规定），通过测试与试用符合有关规定的，经办理有关手续可延期使用。

5）无损检测专用计量标准器具、物质（如超声检测用铝合金标准参考试块）应适时进行校准，其工作应由相关部门归口进行管理。

6）在选用无损检测用品（材料）时，应考虑与被检测产品使用时所涉及的相关物质之间的兼容性问题。如火箭箱体检测用的渗透液与火箭燃料就需考虑两者之间的兼容性问题，对这类检测必须慎重选用兼容性允许的无损检测用品（材料）。

7）对于具有时效性或鲜活性的无损检测用品（材料），如射线检测用的显影液、定影液等，应定期或适时进行更换。

8）当无损检测用品（材料）质量不良时，如洗片用水存在沙粒等，应采取稳妥措施后方可进行作业。

9）对存在污染的废液，必须经妥善处理后，方能排入公共设施中。

4．检测标准与文件

检测标准与文件是实施无损检测的依据，主要控制点有：

1）无损检测应纳入各单位的质量管理体系，建立质量管理体系文件，编制相关的标准、规范与规程，明确质量责任制，对无损检测各程序进行全过程的质量控制，确保无损检测的可靠性。

2）无损检测应全面准确地执行相关标准，既要严格执行检测方法标准，又要严格执行质量验收标准，也要严格执行技术管理标准，不能偏重一个方面而偏废另一个方面。

3）检测与验收的依据及使用顺序为：第一是使用方与承制方签订的定货合同或技术协议书；第二是产品设计图样、技术通知单、专用技术条件、工艺规程、标准实样；第三是产品图样、专用技术条件引用的有关标准或规范。

4）行政文件（指上级下发的盖红印章的行政文件，通称红头文件）的要求，不能直接作为验收的依据，其有关要求应通过相关技术文件的转发方能作为验收的依据。

5）上级领导及有关人员的口头承诺不能作为验收的依据，必须经过有关签署、通过技术文件形式转为验收依据。

6）因某种缘故，一些习惯性作法在某些单位一直在延续。应当看到，某些习惯性作法是不符合现行标准的。因而，应对习惯性作法按现行标准进行清理，不符合现行标准的应当剔除。

7）设计人员在进行设计结构评审或交底时，应请有关无损检测人员参加，以评定设计结构检测要求的合理性及可达性。

8）应将无损检测申请纳入工艺审查程序。无损检测工艺审查主要应审查无损检测实施的可达性、无损检测要求的合理性、提出检测条件要求、提出检测工艺状态要求，对难度大的新的检测项目提出立题研究要求。

9）无损检测规程（工艺卡）是完成检测工作的基础，必须严加控制。应将有关标准及技术文件的相关要求纳入其中，对影响检测可靠性的要素必须明确要求。

10）无损检测规程（工艺卡）应明确检测部位、检测比例、检测要求及相关事项。对有特殊要求的检测（如只要求检测裂纹缺陷），应特别注明。

11）无损检测规程（工艺卡）的更改必须按有关规定的更改程序进行，未走更改程序的更改及铅笔更改都是无效的。

12）应保持无损检测工艺文件的严肃性与整洁性，严禁在无损检测工艺文件上随意涂抹或添加内容。

13）特殊技术问题处理（如因结构原因检测灵敏度偏低时还必须检测的），应签发技术文件，经有关部门批准后执行。

14）新的检测方法必须经过充分试验与验证，经评审通过后方可正式投入使用，并应编制无损检测规程（工艺卡）。

15）无损检测原始记录（包括记录表格、图片、报告、底片、磁带、软盘、光盘等）应按有关规定及保管期限的要求妥善保存，做到可以追踪溯源。

16）因报告丢失等原因需补发无损检测报告时，其报告内容与签署必须与原报告完全一致；其报告编号也应与原报告相一致，但需增加有关符号以示区别，以免原报告复现后变成两份报告。

5. 检测操作

检测操作要素的主要控制点有：

1）无损检测人员上岗前，应充分熟悉待检产品的结构、常见缺陷与关键性缺陷等相关情况，熟悉无损检测规程（工艺卡），熟悉检测仪器设备及检测用品（材料），熟悉验收条件，做到心中有数，能熟练作业。

2）产品交接时，应认真进行检查与清点，发现问题应当时处理清楚。

3）除特殊情况外，送检产品应属前面工序的合格品。

4）送检产品的工艺状态应满足无损检测的要求，其表面状态等应不影响检测与评定，否则应做适当的修整或处理。

5）检测人员应按有关标准及无损检测规程（工艺卡）进行操作，严格控制检测参数等要素，确保检测可靠性。

6）如发现无损检测规程（工艺卡）的有关规定不符合相关标准或技术文件的规定时，应拒绝执行，通知有关部门进行处理。

7）无损检测时，应采取稳妥措施，如将开口封死等，避免造成多余物。

8）无损检测必须保证检测灵敏度，在检测的各阶段应按有关规定校验灵敏度。检测灵敏度没有达到要求的检测属无效检测，必须重新进行检测。

9）产品质量评级前，必须首先评定检测本身质量是否符合要求，如射线检测评片前，必须首先评定底片的灵敏度、黑度、标记、假缺陷等是否符合要求。只有在检测符合要求时，才能对产品进行质量评级。

10）对于有疑问的信息应通过重检、试验验证、比对等作出正确结论，严防误检、漏检及误判、漏判。

11）无损检测人员应准确评定与标画缺陷，严格按有关标准评定产品级别，正确签发检测报告。

12）以单人为主进行的无损检测，如超声波检测等，可根据被检测品质量状态、工件重要程度等情况，抽选一定数量被检测品由他人进行复检，以确保检测的可靠性。

13）无损检测人员应按规定适时作好原始记录。原始记录的填写，要求书写工整、填写完全、内容正确、签署完整、注明日期。不得用铅笔填写，不得代他人填写与签名。

14）检测中，如发现检测范围外或检测有效区域外的缺陷或可疑问题，应报告送检单位处理。

15）无损检测后，有关人员应做好检测的后处理工作，如：产品上的检测用品（材料）的去除；检测用品（材料），包括工装的归位；检测现场的清理等。

16）检测易造成产品锈蚀的，检测后有关部门应立即采取相关措施，以确保产品的安全性。

6. 检测环境

检测环境要素的主要控制点有：

1）检测环境及相关条件应能满足有关标准及检测要求。

2）检测现场的房屋结构、面积、屏蔽措施、吊车、排风、供水、供电、供气等，务必创造条件予以保证。

3）检测现场的温度、湿度、清洁度、光照度等，应满足有关标准及检测要求。

4）检测现场的电源，其容量、电压、电流、频率、稳定性等应能满足检测要求。

5）检测环境应不存在影响检测的电磁、噪声、振动、强光等干扰。

6）检测现场应严格按 6S（整理、整顿、清扫、清洁、素养、安全）要求进行管理，努力提升素质，创造整洁明快的现场环境，搞好文明生产。

7）检测现场不允许存在不合格或过期的无损检测用品（材料）。

8）检测现场不允许存在过期或无效的标准、技术文件、工艺图表等。

9）对正在进行分区检测的产品，已检测部位与未检测部位应有明显的标识，严格区分。

10）检测现场，已检测的合格品、不合格品及待检测品应有明显的标识，分别摆放，严格区分。

11）无损检测用品（材料），包括标准试样（试块）、对比试样（试块）等应按有关规定定置存放，妥善保存。

12）酒精、汽油、煤油、机油、胶片、底片等易燃易爆品，必须远离明火与电源，按专项规定采取可靠措施，妥善存放。

13）无损检测人员应遵守技安规定，确保安全生产，杜绝人身、设备、产品、火灾、辐射、电气、爆炸等事故。

复　习　题

1．何谓质量、质量管理、质量控制？

2．无损检测在全过程质量控制中的作用是什么？

3．无损检测人员要素的主要控制点是什么？

4．无损检测仪器设备要素的主要控制点是什么？

5．无损检测用品（材料）要素的主要控制点是什么？

6．无损检测标准与文件要素的主要控制点是什么？

7．无损检测操作要素的主要控制点是什么？

8．无损检测环境要素的主要控制点是什么？

9．解释名词：校准、标准样品、标准试样、对比试样、标准、规范、规程、无损检测规程和无损检测工艺卡。

第二篇 材料、工艺及缺陷

本篇从材料是无损检测的对象，工艺是产生缺陷的主要原因，缺陷检测是无损检测最重要的任务这一基本事实出发，介绍无损检测技术应用所需的材料、工艺及缺陷的实用知识。

第8章 概　述

*8.1　材料

材料是可以用来制造有用的构件、器件或物品的物质。根据材料的组成与结构的特点，可分为金属材料、有机高分子材料（聚合物）、无机非金属材料和复合材料；根据材料的性能特征，可分为结构材料和功能材料两大类。前者以力学性能为主，后者以物理、化学性能为主；还可根据材料的用途，分为建筑材料、能源材料、航空材料、电子材料等。

8.1.1　金属材料

金属材料是以金属元素为基的材料。金属材料包括纯金属及其合金。合金是以某一金属元素为基，添加一种以上金属元素或非金属元素（视性能要求而定），经冶炼、加工而成的材料，如碳素钢、低合金钢和合金钢、高温合金、钛合金、铝合金、镁合金等。纯金属很少直接应用，因此金属材料绝大多数是以合金的形式出现。工程上，金属材料的分类如表8-1所示。

表 8-1　金属材料的分类

材料类别		简要说明	备　注
钢铁材料	纯铁	指含碳量[w（C）]小于 0.02%的铁碳合金。产量极少，除供研究外，还用于电磁材料如电动机铁芯等	1. 关于钢及其分类。GB/T 13304—1991 规定：钢是以铁为主要元素，含碳量一般在 2%以下，并含有其他元素的材料。按钢中化学元素规定含量的界定值分别把经合金化的钢分为低合金钢和合金钢；未经合金化的钢称为非合金钢
	熟铁	含碳量[w（C）]小于 0.1%的铁碳合金。通常制成薄板、棒材和线材等	
	铸铁	碳含量[w（C）]大于 2.11%的铁碳合金。大部分用于炼钢，少部用于生产铸铁件	
	非合金钢	碳含量[w（C）]一般为 0.02%～1.35%，并有硅、锰、硫、磷及其他残余元素的铁碳合金。习惯上称为碳素钢，简称碳钢。按质量等级分为普通质量非合金钢、优质非合金钢和特殊质量非合金钢；按主要性能和使用特性分为多种类型。习惯上，还可按含碳量分为低碳钢[w（C）<0.25%]、中碳钢[w（C）=0.25%～0.65%]和高碳钢[0.65%<w（C）≤1.35%]等	
	低合金钢	按质量等级分为普通质量低合金钢、优质低合金钢和特殊质量低合金钢（如核能用低合金钢、铁道、舰船、兵器用特殊低合金钢等）；按主要特性分为可焊接低合金高强度结构钢、低合金耐蚀钢、低合金钢筋钢、铁道用低合金钢、矿用低合金钢、其他低合金钢	
	合金钢	按质量等级分为优质合金钢和特殊质量合金钢；按主要特性分为工程结构用合金钢、机械结构用合金钢、不锈、耐蚀和耐热钢、工具钢、轴承钢、特殊物理性能钢、其他如铁道用合金钢等	

（续）

材料类别		简要说明	备　注
非铁金属材料	轻金属材料	铝、镁、钛及其合金以及以铝、镁、钛为基的粉末冶金材料和复合材料等	2．关于轻金属材料。密度小于 $3.5g/cm^3$ 的金属称为轻金属，如铝、镁、铍、锂等。国外把密度为 $4.5g/cm^3$ 的钛也称为轻金属。我国通常只把铝和镁算作轻金属，而把钛看作稀有金属；目前，工程界把钛看作轻金属的越来越普遍。本书把钛看作轻金属
	重金属材料	铜、镍、铅、锌、锡、铬、镉等重有色金属及其合金，以及以这些金属和合金经熔铸、压力加工或粉末冶金方法制成的材料	
	贵金属材料	以贵金属及其合金为主要原料或在某些材料中加入相当数量的贵金属制成的有色金属材料。金、银和铂族金属（铂、钯、锇、钌、铱、铑）都能抗化学变化，在空气中加热不易氧化并保持美丽的金属光泽，产量少而价格昂贵，统称为贵金属	
	难熔金属材料	熔点超过 1650℃的难熔金属钨、钼、钽、铌、钛、锆、铪、钒、铬、铼及其合金制成的材料。它们通常可加工成板、带、条、箔、管、棒、线、型材及粉末冶金材料与制品	3．精密合金也称为金属功能材料
特殊用途金属材料	高温合金	一般指在 600℃以上承受一定应力条件下工作的合金材料。它不但有良好的抗氧化和耐腐蚀能力，而且有较高的高温强度、蠕变强度和持久性能以及良好的抗疲劳性能。高温合金按制造工艺可分为变形高温合金、铸造高温合金、粉末冶金高温合金和发散冷却高温合金；按合金基体元素可分为铁基、镍基和钴基高温合金，使用最广的是镍基高温合金；此外，还可按强化方式或主要用途分类	
	精密合金	具有特殊物理性能的一类合金材料。通常包括磁性合金、弹性合金、热膨胀合金、精密电阻合金、热双金属、形状记忆合金、减振合金等	
	半导体材料	电导率介于导体和绝缘体之间的功能材料。有多种分类方法。按应用和特性可分为集成电路用、微电子用、发光用、辐射探测器用、红外用半导体材料，以及半导体热电材料、半磁半导体材料、超导半导体材料等	
	特种材料	包括复合材料、精密陶瓷、核反应堆材料、铍材料、微波吸收材料、激光材料、生物金属材料、发光材料、吸气材料、储氢材料等	

8.1.2　有机高分子材料

有机高分子材料又称聚合物或高聚物。一类由一种或几种分子或分子团（结构单元或单体）以共价键结合成具有多个重复单体单元的大分子，其分子量高达 $10^4 \sim 10^6$。它们可以是天然产物如纤维、蛋白质和天然橡胶等，也可以是用合成方法制得的，如合成橡胶、合成树脂、合成纤维等非生物高聚物等。聚合物的特点是种类多、密度小（仅为钢铁的 $1/7 \sim 1/8$），比强度大，电绝缘性、耐腐蚀性好，加工容易，可满足多种特种用途的要求，包括塑料、纤维、橡胶、涂料、粘合剂等领域，可部分取代金属、非金属材料。

8.1.3　无机非金属材料

无机非金属材料包括除金属材料、有机高分子材料以外的几乎所有材料。这些材料主要有陶器、瓷器、砖、瓦、玻璃、水泥、耐火材料以及氧化物陶瓷、非氧化物陶瓷、金属陶瓷、复合陶瓷等新型材料。无机非金属材料来源丰富、成本低廉、应用广泛。无机非金属材料具有许多优良的性能，如耐高温、高硬度、耐腐蚀，以及优良的介电、压电、光学、电磁性能及其功能转换特性等；主要缺点是抗拉强度低、韧性差。近年来，又出现了氧化物陶瓷、碳化物陶瓷、氮化物陶瓷等许多具有特殊性能的新型材料。无机非金属材料已成为各种结构、信息及功能材料的主要来源，如耐高温、抗腐蚀、耐磨损的氧化铝（Al_2O_3）、氮化硅（Si_3N_4）、碳化硅（SiC）、氧化锆增韧陶瓷；大量用作切削刀具的金属陶瓷；将电信息转变为光信息的铌酸锂和改性的锆钛酸铅；以及压电陶瓷和PTC陶瓷等。

8.1.4　复合材料

复合材料是由两种或多种材料组成的多相材料。一般指由一种或多种起增强作用的材料（增强体）与一种起粘结作用的材料（基体）结合制成的具有较高强度的结构材料。

增强体是指复合材料中借基体粘结，强度、模量远高于基体的组分。按形态有：颗粒、纤维、片状和体型四类。目前在国防工业中主要采用的连续纤维增强体如玻璃纤维、碳纤维、石墨纤维、碳化硅纤维、硼纤维和高模量有机纤维等，具有强度高、弹性模量大的优点，主要作为复合材料的增强材料。

基体是指复合材料中粘结增强体的组分。一般分为金属基体、聚合物基体和无机非金属基体三大类。金属基体包括纯金属及其合金；聚合物基体包括树脂、橡胶等；无机非金属基体包括玻璃、陶瓷等。基体对增强体应具有良好的粘结力和兼容性。基体和增强体之间的接触面称为"界面"。由于基体对增强体的粘结作用，使界面发生力的传播、裂纹的阻断、能量的吸收和散射等效应，从而使复合材料产生单一材料所不具备的某些优异性能，例如碳纤维环氧树脂复合材料的疲劳性能和断裂韧度都远优于碳纤维和环氧树脂。

复合材料可分为结构复合材料和功能复合材料两大类。结构复合材料的特点是可根据材料在使用中受力的要求进行组元选材设计，更重要的是还可进行复合结构设计，即增强体设计，能合理地满足需要并节约用材。功能复合材料则具有某种特殊的物理或化学特性，可根据其功能分类，如导电、磁性、阻尼、摩擦、换能等。

复合材料还可分为常用和先进两类。常用复合材料如玻璃钢便是用玻璃纤维等性能较低的增强体与普通高聚物（树脂）构成。由于其价格低廉得以大量发展，已广泛用于船舶、车辆、化工、管道和储罐、建筑结构、体育用品等方面。先进复合材料指用高性能增强体如碳纤维、硼纤维、芳纶纤维、石墨纤维等与高性能高聚物构成的复合材料，后来又把金属基、陶瓷基和碳（石墨）基以及功能复合材料包括在内。它们的性能优良但价格较高，主要用于国防、精密机械、深潜器、机器人结构件和高档体育用品等。

8.1.5　金属材料的性能

金属及合金在工业上有着广泛的应用。根据不同的使用目的、不同的工作条件，对金属材料有不同的性能要求。金属材料的性能主要包括使用性能和工艺性能。使用性能又包括物理性能、化学性能、力学性能以及其他使用性能如耐磨性、消振性、耐辐照性等。

1. 物理性能

物理性能是金属材料的热、电、声、光、磁等物理特征的量度。例如金属材料的密度、熔点、比热、热膨胀、磁性、导电性、导热性以及有关光的折射、反射等性质均属物理性能的范围。

金属材料的物理性能取决于各组成相的成分、原子结构、键合状态、组织结构特征及晶体缺陷特性等因素。

2. 化学性能

化学性能包括耐蚀性和化学兼容性等。

3. 力学性能

力学性能是表征材料抵抗外力作用能力的衡量指标。主要包括强度、塑性、韧性、硬度、蠕变、持久强度和疲劳抗力等。

（1）强度 材料在外力作用下抵抗变形和断裂的能力的总称。以光滑拉伸试样为例，在渐增载荷作用下，材料的典型应力－应变曲线如图 8-1 所示。反映金属材料强度的性能指标有比例极限、弹性极限、屈服强度和抗拉强度等。

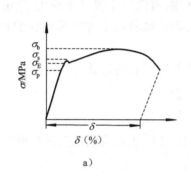
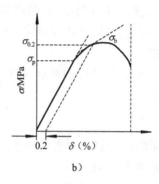

图8-1 金属材料的典型拉伸应力－应变曲线

a）具有明显屈服现象的材料（低碳钢） b）没有明显屈服现象的材料（钢、不锈钢）

比例极限（σ_p）：材料在受载过程中，应力与应变保持正比关系（服从胡克定律）时的最大应力。生产中有许多在弹性状态下工作的零件，要求应力与应变间有严格的线性关系，如炮筒和测定载荷、位移的传感器中的弹性组件等，就要根据比例极限来设计。

弹性极限（σ_E）：材料在受载过程中，未产生残余变形的最大应力。

屈服点（σ_s）：在拉伸过程中，试件所受载荷不再增加，甚至还有下降，而变形继续增加，这一现象称为材料的屈服。出现这一现象时所对应的应力称为材料的物理屈服点。工程上，对无明显屈服现象的材料，常测定条件屈服点（又称屈服强度），即试样上产生的残余变形等于某个规定值（如 0.1%～0.5%之间，常用 0.2%）时的应力值，用 $\sigma_{0.1}$、$\sigma_{0.2}$ 等表示。屈服强度是设计承受静载机件或构件的主要依据。

抗拉强度（σ_b）：单向均匀拉伸载荷作用下断裂时材料的最大正应力。在结构强度设计中，它是进行静强度校核的重要依据。

（2）塑性 指材料或物体在受力时，产生不可恢复的变形（即残余变形）而不破坏的能力；塑性通常用光滑试样拉伸条件下的伸长率 δ（%）和断面收缩率 Ψ（%）来衡量：

$$\delta = \frac{(L - L_0)}{L_0} \times 100\%$$

$$\psi = \frac{(A_0 - A)}{A_0} \times 100\%$$

式中　L_0、L——试样断裂前、后的计算长度；

　　　A_0、A——试样断裂前、后的断面积。

　　在技术意义上，材料具有一定的塑性，可以使工件受载时通过局部发生的塑性变形，而使应力重新分布，从而减少应力集中的程度，减少金属脆断的倾向。

　　（3）韧性　是指材料在外力作用下，断裂前所吸收能量的大小（包括外力所作的变形功和断裂功）；韧性是材料强度和塑性的综合表现，通常用冲击韧度或断裂韧度的指标来衡量。韧性愈低，则表明材料产生脆性破坏的倾向性愈大。当加载方式、加载速度、试验温度以及试样形状不同时，材料的韧性也会发生相应的变化。

　　冲击韧度：我国采用 U 形缺口方试样（梅氏试样）在专用摆锤冲击试验机上被冲断所吸收的能量（冲击吸收功 A_K）与缺口处试样断面积的比值（单位为 J/cm^2）定义为冲击韧度（α_K）。有的国家采用 V 形缺口试样在相应试验机上冲断所消耗的冲击吸收功作为夏比冲击韧度。

　　断裂韧度：零部件设计的断裂力学方法考虑如下的关系式：

$$K_i = Y\sigma\sqrt{\pi a}$$

式中　K_i——裂纹尖端的应力强度因子；$i=$Ⅰ，Ⅱ，Ⅲ，表示裂纹的三种扩展类型（图 8-2）；

　　　σ——外加名义应力；

　　　a——零件中裂纹的尺寸；

　　　Y——形状因子。

　　断裂判据是：当外加应力达到断裂应力时，应力强度因子 K 达到断裂时的临界值 K_C。

　　在三种裂纹扩展类型中，材料对Ⅰ型裂纹的扩展抗力最低，引起材料脆性断裂的危险性最大，工程上一般通过 K_I 对构件进行安全设计。

　　在Ⅰ型裂纹（载荷方向垂直于裂纹面）的几何条件下，且试样完全符合平面应变状态条件时，其临界应力强度因子记为 K_{IC}，称 K_{IC} 为平面应变断裂韧度。如果不加特别说明，则通常所说的材料断裂韧度就是指 K_{IC}。K_{IC} 反映材料阻止裂纹失稳扩展的能力，可由试验测出。

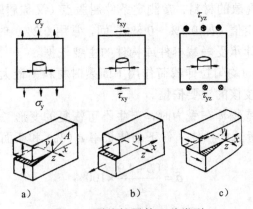

图8-2　裂纹扩展的三种类型

a）张开型，Ⅰ型　b）滑开型，Ⅱ型　c）撕裂型，Ⅲ型

（4）硬度 材料抵抗其他物体刻划或压入其表面而变形的能力或抵抗破裂的能力。硬度与强度有一定的关系，可从硬度求得材料强度的近似值。硬度试验可分为两种基本类型：压入法和刻划法。在工程上，应用最多的是压入法硬度试验，其中又以静力压入法为主，常用的有布氏硬度（HB）、洛氏硬度（HR）、维氏硬度（HV）三种，还有用于测定各种组成相硬度的显微硬度（HM）。

（5）蠕变 指金属在恒定温度和恒定载荷（或恒定应力）作用下，随着时间的延长缓慢地发生塑性变形的现象。某些有色金属如铅、锌等，在室温下就产生蠕变。钢铁及其它有色金属只有当温度达到一定程度时才会产生蠕变，而且温度越高或施加应力越大，蠕变速度越快。在较高温度下，产生蠕变的应力甚至小于材料的比例极限。蠕变变形与应力、温度、时间有关。

金属的蠕变性能对于发动机转动部件有着重要意义，如涡轮发动机的涡轮盘及叶片，若材料选择或设计不当，由于蠕变过量，就会使叶片端部和机匣的间隙不合适而发生过大的磨损而损坏。

（6）持久强度 金属材料在恒定温度及恒定载荷（或恒定应力）作用下，与时间有关的抗断裂能力。

金属的持久强度极限（试样在一定温度和固定拉伸载荷下，在规定的持续时间内，引起断裂的最大应力），可用不同形状和尺寸的光滑试样及缺口试样，按照规定的方法来测定。

发动机高温部件所用材料的持久强度和持久塑性（持久伸长率和断面收缩率）是评定零件使用寿命的一项基本性能，是设计、选材的重要依据。

（7）疲劳抗力 材料在交变应力（应变）作用下，由某些薄弱环节处开始，逐渐发生局部的永久性的微观变化，进而在足够的应力循环次数后，产生裂纹并发展到完全断裂的过程称为疲劳。此过程一般可归纳为疲劳裂纹的形成、扩展和断裂三个阶段。

材料疲劳性能的优劣可用疲劳极限和疲劳裂纹扩展速率来评价。

疲劳极限是材料在循环载荷作用下，承受近似无限次循环而不产生断裂的最大应力值。工程上常用条件疲劳极限（又称疲劳强度），即试样在循环载荷作用下，在规定的循环次数内（如 10^6、10^7、10^8 次等）不致产生断裂的最大应力，来评定材料的疲劳强度。

疲劳裂纹扩展速率 da/dn 是构件损伤容限设计的基础之一，可用 Paris 公式来表达，即：

$$da/dn = c(\Delta K)^m$$

式中 ΔK —— 裂纹尖端应力强度因子变量；

c 和 m —— 材料常数。

武器装备和主导民用产品的许多构件都是在循环载荷下工作的，考虑疲劳性能尤为重要。

4. 工艺性能

工艺性能是适应各种加工的特性。工艺性能主要是指可铸性、可锻性、焊接性和切削性。

（1）可铸性 又称"铸造性能"，是金属在铸造成形过程中获得外形准确、内部健全铸件的能力。主要包括：金属液的流动性、吸气性、氧化性、凝固温度范围和凝固特性、收缩特性、热裂倾向性以及与铸型和造型材料的相互作用等。

流动性：金属液本身的流动能力，即液态金属充填铸型的能力。用在规定铸造工艺条件下流动性试样的长度来衡量。

收缩特性：铸造合金从液态凝固和冷却到室温过程中产生体积和尺寸缩减的特性。与合金成分及温度变化有关。对铸件而言，还与零件外形、铸件阻力有关。

热裂倾向性：铸件产生热裂缺陷的难易程度。凝固温度范围宽的合金及壁厚相差悬殊、有粗大热节、不利于铸件自由收缩、易产生应力集中的铸件结构具有较大的热裂倾向性。铸件工艺设计不当，浇注温度过高，铸型对铸件收缩阻力大等，都会增大铸件的热裂倾向性。

凝固温度范围：合金（共晶与化合物成分合金除外）从开始凝固至凝固完毕的温度范围。在平衡条件下即为该合金在状态图上的液相点到固相点的温度范围。

吸气性：金属熔铸状态吸收气体，及凝固时析出气体的能力。

铸件结构设计必须考虑合金的铸造性能。

（2）可锻性 金属产生塑性变形时所需的功和在变形温度范围内完成塑性变形而不产生破坏的相对能力。

一般衡量可锻性好坏的指标是塑性和变形抗力。各种材料在终锻温度下的抗拉强度，是可锻性的一个近似度量，抗拉强度愈低，可锻性愈好。

影响可锻性的因素除材料本身外，与变形条件（如变形应力状态、变形速度等）也有很大关系。

（3）焊接性 综合衡量被焊材料在一定工艺条件下实现优质焊接接头难易程度的量度。焊接性反映所选用的材料对焊接工艺的适应性（与焊接方法和施工条件有关）以及焊接结构在使用中的安全可靠性（与设计要求和使用条件有关）。

焊接性好的材料，对焊接工艺的适应性较强，可采用多种焊接方法、简单的工艺和较宽的规范而获得优质接头；产生冷、热裂纹的倾向性较小；对气孔、夹渣等焊接缺陷的形成不敏感；接头内金相组织变化、物理化学特性符合技术条件；接头力学性能、断裂特性以及焊接应力与变形的控制能满足结构使用要求。材料的可焊性用试验方法评定。

（4）切削性 用切削速度、切削表面粗糙度、刀具寿命及切削功耗等衡量的切削性能。切削性是切削加工工艺所要求的性能。

*8.2 工艺

工艺，是研究产品制造过程和加工方法的一门应用科学技术。就国防科技工业而言，包括武器装备和主导民用产品的制造技术，涉及装配、铸造、塑性加工、焊接、粉末冶金、热处理、机械加工、特种加工、表面处理等。

8.2.1 装配

将各零件或组合件按产品技术要求相互准确定位，并用规定的连接方法装配成部件或产品的工艺技术称为装配。所用的连接方法包括螺接、铆接、焊接、胶接、以及胶铆和胶焊等复合连接。

8.2.2 金属铸造

熔炼金属，制造铸型，并将熔融金属浇入铸型，凝固后获得具有一定形状、尺寸和性能金属零件毛坯的成形方法称为金属铸造。铸造所获得的金属零件或零件毛坯称为铸件。大多数金属如钢铁和有色金属及其合金（如铜、铝、镁、钛等）均可用铸造方法制成零件。

铸造方法分为两类：砂型铸造和特种铸造。在砂型中生产铸件的方法称为砂型铸造；与砂型铸造不同的其他铸造方法称为特种铸造。

铸造方法的优点是能制成形状复杂、重量几乎不受限制（从几克到几百吨）的各类零件。广泛用于制造机器零件，也常用于制造生活用品和艺术品。

现代铸造已在国防科技工业和其他机器制造业中得到普遍应用。铸造工艺正向着优质、精密、高效和专业化的方向发展，例如定向凝固的涡轮叶片和半固态金属铸造的军械零件等。

8.2.3 金属塑性加工

利用金属的塑性，使其改变形状、尺寸和改善性能，获得型材、棒材、板材、线材或锻压件的加工方法，称为金属塑性加工。或者说，金属塑性加工是利用固态金属的塑性，借助于工具对金属铸坯或锻轧坯施加外力，迫使其发生塑性变形以达到预期的形状和性能的加工过程。冶金厂冶炼出的钢、有色金属及其合金除很少数作为铸件外，95%以上都要浇铸成锭、块或连铸坯，经过塑性加工成为各种板、带、型材、棒、管、线、丝以及各种金属制品。在国防科技工业中，运载火箭、飞机、兵器、舰船、核工业等均离不开塑性加工。金属塑性加工方法可按加工时金属的温度及金属变形时的变形方式、变形工具和受力方式进行分类：

1）根据加工时金属的温度，金属塑性加工主要区分为热加工、冷加工、半液态加工和温加工。

2）根据金属变形时的变形方式、变形工具和受力方式的不同，应用最普遍的塑性加工类别有锻造、轧制、挤压、拉拔、冲压、冷弯、旋压和高能率加工等。

8.2.4 金属焊接

金属焊接是通过加热或加压，或两者兼用，并且用或不用填充材料，使工件达到结合的一种方法。或者说，金属焊接是通过一定的物理、化学过程，使被焊金属间达到原子（或分子）间结合的工艺手段。被焊金属可以是同种金属或异种金属。焊接已成为一种最有效的金属连接方式，广泛应用于国防科技工业各部门。

根据加热和加压方式的不同，通常将金属焊接方法分为熔焊、压焊和钎焊三大类。

焊接与其他连接方法相比，主要优点是节省材料、减轻结构重量、提高生产效率、

无损检测综合知识

降低成本、改善接头质量等。

8.2.5　粉末冶金

制取金属粉末以及将金属粉末或金属粉末与非金属粉末混合料经过成形和烧结来制造粉末冶金材料或粉末冶金制品的技术称为粉末冶金。

粉末冶金工艺最基本的工序包括粉末制取、粉末成形和粉末烧结。烧结的制品，可无需进一步的加工就能使用，也可根据需要进行各种烧结制品的后处理。

8.2.6　金属热处理

金属热处理是用加热和冷却改变固态金属及合金组织和性能的工艺。加热温度、保温时间、变温（冷却）速率和介质的物理化学特性，是金属热处理的四个基本工艺参数。将工件按预定的"温度—时间"曲线进行加热和冷却，就可使组织和结构改变到预定状态，完成变性任务。如果还对介质的物理化学特性进行某种调控，则还可收到其他变性效果，如改变表面层的化学成分和组织结构，使表层具有特殊性能。

现用的大多数热处理工艺可以归入下列四大类：

（1）一般热处理（又称基础热处理）　改变微观组织结构，但不以改变化学成分为目的的热处理。可分为退火和正火、淬火和固溶处理、回火和时效三类。

（2）化学热处理　改变工件表层化学成分和组织结构，也可同时改变工件内部组织结构的热处理。根据渗入元素的不同，常用的化学热处理方法分为三类：渗入非金属元素（如渗碳、渗氮、碳氮共渗等）、渗入金属元素（如渗铝、渗铬、铝铬共渗等）和金属与非金属共渗（如钛碳共渗、钛氮共渗等）。

（3）表面热处理　物性变化仅发生在表面的热处理。除部分化学热处理外，还有表面淬火。

（4）其他　除热（升降温）和化学的方法之外，再加上其他特殊手段的热处理。有形变热处理、真空热处理、控制气氛热处理、激光热处理、磁场热处理、离子态化学热处理（如离子渗碳、离子渗金属）等。

8.2.7　机械加工

机械加工一般指材料的切削加工。即利用刀具在切削机床上（或用手工）将工件上多余材料切去，使它获得规定的尺寸、形状、所需精度和表面质量的方法。

传统的机械加工方法有车削、铣削、刨削和磨削等。随着工业的发展，机械加工的范畴也有所扩大。为解决难加工材料的加工，创造了不少特种加工方法。由于各种非金属材料在机械中的应用，所以也扩展到非金属材料的加工。数控加工工艺和计算机辅助加工等新技术的应用，已得到迅速发展。

目前，机械加工的精度日益提高。高精度外圆磨削时，工件的椭圆度可达 0.10μm，表面粗糙度 0.01μm；而高精度精密车削时，椭圆度可达 0.04μm；坐标镗床的定位精度可达 1～2μm；高精度平面磨削的平面度可达到 1.5μm/1000mm，而特别精密的研磨，可制出精度达±0.05μm 的块规等量具。

国防科技工业中，机械加工占有较大的比重。由于武器装备和主导民用产品结构

112

复杂、精度要求高、难加工材料的比重大，故在精加工、仿形和成形加工方面，对工艺方法、机床设备、刀具材料及几何参数、检测手段及其他工业装备等都有较高的要求。

8.2.8　特种加工

特种加工是传统机械加工方法以外的各种加工方法的总称。它直接利用电能、热能、声能、光能、化学能和电化学能，有时也结合机械能对工件进行加工。多用于加工具有特殊性能的材料，如硬度高、韧性大、耐高温、易脆裂的材料，或易于受结构的限制，难于进行传统方法加工的零部件。

特种加工方法在国防工业中应用很广，如飞机壁板的化学铣切、钛合金及复合材料板件的激光切割、发动机涡轮叶片型面的电解加工、模具的电脉冲加工、发散冷却零件的激光打孔、动压支承吸气槽的离子溅射腐蚀等。

国防工业中，目前比较常见的特种加工大致可分为：放电加工（包括电火花或电脉冲加工、线电极切割、电火花共轭加工、导电磨和阳极机械加工等）、电化学加工（包括电解加工、电解磨削和电解研磨等）、激光加工（包括激光打孔和激光切割等）、超声加工（包括超声打孔、超声切割和超声研磨等）、电子束加工（包括电子束打孔、电子束焊接等）、离子加工（包括等离子切割和离子溅射腐蚀等）、化学加工（包括化学铣切和机械化学研磨等）和其它（包括喷丸加工、液体吹砂、喷水切割和照相腐蚀等）。

8.2.9　表面处理

用物理、化学或电化学方法，在金属或非金属材料表面沉积、涂覆单层或多层膜层、涂层、镀层、渗层、包覆层或者使金属、非金属材料表面的化学成分、组织结构发生改变，从而获得所需性能的特种工艺技术。

表面处理的主要目的是：提高材料的耐腐蚀性、耐磨损性、改善材料表面的应力状态、获得各种特定的性能、产品装饰等。

*8.3　应力应变

8.3.1　应力

在外力作用下，物体内部将产生内力，过所分析点某一方向微元面积ΔF上作用的内力为Δp，则极限值$S=\lim（\Delta p/\Delta F）$称为所取截面上该点处的应力。对于同一点，应力是随所截平面的方位变化的，即一点的应力的大小和方向与截面的方位有关。应力的单位为 MPa。

（1）正应力　正应力（法向应力）σ是垂直地作用在指定平面的应力分量。

（2）切应力　切应力（剪应力）τ是作用在指定平面内的应力分量，例如τ_{xy}就是Y方向作用垂直于X方向平面内的应力分量。

（3）主应力　变形体内任一单元体（受力零件和构件上的每一点都可取一个微小的正六面体，称为单元体）总可以找到三个互相垂直的平面，在这些平面上只有正应力而没有切应力。这些平面称为主平面。作用在主平面上的正应力称为主应力。三个主应力用σ_1、σ_2、σ_3来表示。习惯上，它们是按代数值大小顺序排列的，即$\sigma_1>\sigma_2>\sigma_3$。

（4）平均应力　三个主应力σ_1、σ_2、σ_3的平均值，即（$\sigma_1+\sigma_2+\sigma_3$）/3。

（5）应力集中　受力零件或构件在形状、尺寸急剧变化的局部出现应力显著增大的现象称为应力集中。

（6）残余应力　消除外力或不均匀温度场等作用后仍留在物体内的自相平衡的内应力称为残余应力。机械加工、强化工艺、不均匀塑性变形或相变都可能引起残余应力。

残余应力一般是有害的，如零件在不适当的热处理、焊接或切削加工后，残余应力会引起零件变形，甚至开裂，经淬火或磨削后，表面可能出现裂纹。残余应力的存在有时不会立即表现为缺陷，当零件在工作中因工作应力与残余应力的叠加，而使总应力超过强度极限时，便出现裂纹和断裂。

有时，残余应力又是有益的，它可以被控制用来提高零件的疲劳强度和耐磨性能，喷丸强化就是一例。

8.3.2　应力状态

通过物体内一点的各个截面上的应力状况简称为物体内一点处的应力状态。过一点的一个截面上的应力情况不足以反映一点的应力状态，一点的应力状态是用张量表示的。

（1）三向应力状态　从受力物体中取出任意一个单元体，总可以找到三个互相垂直的主平面，面上作用有正应力，因而每一点都有三个主应力。三个主应力均不为零的应力状态称为三向应力状态。

（2）平面应力状态　通过一点的单元体上的所有应力分量位于某一平面内，即在垂直于该平面方向上的应力分量为零（该方向应变不为零）的应力状态。

8.3.3　应变

机械零件和构件内任一点（单元体）因外力作用引起的形状和尺寸的相对改变称为应变，与点的正应力和切应力相对应，应变分为线应变ε和角应变γ。

（1）线应变和角应变　单元体任一边的线长度的相对改变称为线应变或正应变；单元体任意两边所夹直角的改变称为角应变或切应变，以弧度来度量。线应变和角应变是度量零件内一点处变形程度的两个几何量。任何一个物体，不管其变形如何复杂，总可以分解为上述这两种应变形式。

（2）主应变　沿主方向（各主平面交线的方向）的线应变称为主应变。

（3）体积应变　零件变形后，单元体体积的改变与原单元体体积之比，称为体积应变。

（4）弹性应变与塑性应变　当外力卸除后，物体内部产生的应变能够全部恢复到原来状态的，称为弹性应变；如不能恢复到原来状态，其残留下来的那一部分称为塑性应变。

（5）应变集中　受力零件或构件在形状、尺寸突然改变处出现应变显著增大的现象称为应变集中。应变集中处就是应力集中处。

*8.4　缺陷

缺陷定义为应用无损检测方法可以检测到的非结构性不连续。尺寸、形状、取向、位置或性质不满足设计规定的验收标准，从而导致拒收的缺陷可称为超标缺陷。不连续则是制件正常组织结构或外形的间断（例如裂纹、折叠、夹杂、孔隙等等），这种间断可能会、也可能不会影响零件的可用性。

8.4.1　缺陷分类

缺陷可按来源、类型和位置分类。

（1）按缺陷来源　可分为工艺缺陷和服役缺陷。

1）工艺缺陷：与各种制造工艺，如铸造、塑性加工、焊接、热处理和电镀等有关的缺陷。

2）服役缺陷：与各种服役条件有关的缺陷。金属材料的服役缺陷包括腐蚀、疲劳和磨损等。

（2）按缺陷类型　可分为体积型缺陷和平面型缺陷。

1）体积型缺陷：可以用三维尺寸或一个体积来描述的缺陷。主要的体积型缺陷包括：孔隙、夹杂、夹渣、夹钨、缩孔、缩松、气孔、腐蚀坑等。

2）平面型缺陷：一个方向很薄、另两个方向尺寸较大的缺陷。主要的平面型缺陷包括：分层、脱粘、折叠、冷隔、裂纹、未熔合、未焊透等。

（3）根据缺陷在物体中的位置　可分为表面缺陷和（不延伸至表面的）内部缺陷。

8.4.2　缺陷分析

缺陷分析包括缺陷特征分析和缺陷冶金分析。

（1）缺陷特征分析　其内容包括起源和位置（表面、近表面、或表面以下）、取向、形貌（平的、不规则形状的、或螺旋状等）、性质等。

（2）缺陷冶金分析　内容包括是在哪一制造阶段产生的，是如何产生的等。

8.4.3　常见缺陷

（1）常见铸造工艺缺陷　孔洞类缺陷（气孔、针孔，缩孔、缩松、疏松）、裂纹冷隔类缺陷（冷裂、热裂、白点、冷隔）、夹杂类缺陷、偏析。

（2）常见锻造件缺陷　过烧、过热、折叠和裂纹源自铸锭或坯料加工、或者是锻造工艺引起的。锻件中的缩孔、夹杂、偏析和氢脆则源自铸锭原有的缺陷。

（3）常见焊接（熔焊）工艺缺陷　裂纹类、孔穴类（气孔、缩孔）、固体类（夹渣、氧化物夹杂、皱褶和金属夹杂）、未熔合和未焊透、形状类（咬边、焊瘤、烧穿、未焊满等）等。

8.5　失效

本节讨论失效的概念、失效的类型、失效的原因以及决定失效类型与失效程度的因素。

*8.5.1 失效的概念

设计和制造任何一个产品的最终目的都不外乎是使其在整个机器使用过程中，在特定的寿命内，能胜任其所指定的功能。失效即指产品失去所规定的功能。材料本身无所谓失效。一切失效都表现在制成的产品在服役过程中的失去作用。

一个机件的失效所造成的后果可能是轻微的，也可能是严重的。轻微的例子如：一个机床齿轮的牙齿打掉，调换一个齿轮即可继续使用；活塞环折断，调换一个活塞环或者如果刮伤气缸则再调换一只气缸即可解决问题。严重的例子如：飞机发动机曲轴折断可能造成机毁人亡；石油井钻杆折断可能使几千米的钻进前功尽弃；锅炉或高压容器爆炸会造成巨大损失。

失效不一定指破坏或断裂，例如一根转轴如发生了永久弯曲变形不能自由转动即已失效；反之一根吊物用的链条，如其中一根发生永久变形（拉长）仍可继续使用，直到断开才算失效。内燃机或蒸气机气缸内径变大，活塞外径变小不能密合，即由于尺寸变化而失效。滚珠轴承磨损，间隙过大失掉精度或表面起毛增加功耗，发生噪声也即失效。机床主轴或刀架刚度不足在重切削时因过量弹性变形而失掉预定精度也算失效。可见，失效的表现形式是多种多样的，原因也是各不相同的。

*8.5.2 失效的类型

常见的产品失效类型包括断裂、腐蚀、磨损和过量变形。

1. 断裂

包括脆性断裂、混合型断裂和塑性断裂。

（1）脆性断裂 受疲劳载荷的零件或受冲击载荷而有应力集中的机件，低温服役的机件，室温脆性材料如灰铸铁、铸镁合金制成的机件在静载荷下都能发生脆性断裂。

（2）混合型断裂 塑性材料制成的机件在室温静载或冲击载荷下先变形后断裂。

（3）塑性断裂 高温长时载荷的机件，室温无形变硬化类材料（如锡、铅等）制成的机件短时或长时载荷均可发生塑性断裂。

2. 腐蚀

金属材料由于介质的化学和电化学作用，或者由于介质与机械因素或生物学因素同时作用产生的破坏。

3. 磨损

在滑动摩擦和滚动摩擦中，主要由于机械作用使摩擦表面上的材料粒子脱离母体，导致零件尺寸或表面状态改变，致使零件失效的现象。

4. 过量变形

包括弹性变形和塑性变形。

（1）弹性变形 有些机械零件不允许过量弹性变形，如机床零件、枪管炮筒、薄壁结构；

（2）塑性变形 绝大多数机件正常运转中不允许过量塑性变形，否则即失去作用导致折曲或相联零件的损坏。如轴、齿轮、螺钉、弹簧、链条等。

8.5.3　机件失效的原因

一个特定零件产生失效的原因一般是比较复杂的，其中最主要的涉及到三个方面：设计制造、材料和使用。材料本身的问题又可区分为宏观不健全（存在各种缺陷）及对损害抗力不足两方面。

8.5.4　决定失效类型与失效程度的因素

决定失效类型与失效程度的因素取决于外在服役条件所产生的损害作用的种类和程度及材料的本性。

1. **外在服役条件**

对一个机器零件而言，外在服役条件可以归结为：

（1）载荷种类　静载荷，急加载荷（冲击），重复及交变载荷（疲劳），局部压入载荷（接触压力），接触滑动载荷（摩擦咬蚀）等。

（2）载荷速度及加载时间　缓慢加载，快速加载，瞬时加载，短时加载及卸载，长时加载，加载重复及变向的频率等。

（3）应力状态（对零件中最危险一点而言）　单纯的（拉、压、切、扭、弯），复合的，总的表现为硬性的（极端的如三向等拉伸）和软性的（极端的如三向压缩），包括先天的或人为的内应力。

（4）环境　温度（高温、超高温、低温、超低温），接触介质（固体、液体、气体、化学及电化学腐蚀性的、物理吸附性的）。

这些外在服役条件都对机件起着不同程度、不同方式的损害作用，而这些损害作用可以单独起作用，也可以联合起作用，后者所造成的损害作用程度往往是最严重的。例如：腐蚀疲劳（如舰船螺旋桨承受交变弯曲应力载荷，同时承受海水腐蚀，并有谐振引起的应力峰作用的危险）导致的脆性断裂；高温蠕变（高温长时间静载荷）导致的塑性变形及塑性断裂，高温应力松弛（如锅炉螺钉）导致的弹性变形转变为塑性变形；高温、蠕变、腐蚀（如石油裂化管）导致的塑性变形至断裂或脆性断裂；低温、冲击、磨损、腐蚀（如火箭用液氧泵轴承）导致的脆性破裂、磨损；高温疲劳（如气轮机、发动机的转子、叶片）导致的脆性断裂；高温、腐蚀、冲刷、磨损（如柴油机排气阀）导致的变形磨损；接触疲劳、多次冲击、磨损（如石油井钻头）导致的脆性断裂、磨损。

2. **材料的本性**

决定失效类型与失效程度的因素除取决于外在服役条件所产生的损害作用的种类和程度外，还取决于材料的本性。例如所有体心立方点阵金属包括 α-铁基合金及六方点阵金属如锌合金都具有低温脆性；而所有面心立方点阵的金属如铜、铝、铅、镍的合金及奥氏体钢在任何温度都显示一定的塑性和韧性。前者对大能量冲击载荷的抗力很弱，易生脆性断裂；后者则不存在脆性断裂失效的危险，而对于小量塑性变形的抗力比较弱。晶粒粗大和组织中存在连续的脆性膜（如受晶界腐蚀的不锈钢）或为大量非金属夹杂物割裂（如灰铸铁）的金属材料都趋向于脆性断裂。再结晶温度较低的金属，高温对塑性变形的抗力均极低，因此易由于过量塑性变形而失效。

复 习 题

1．何谓材料？材料如何按组成与结构特点、按性能特征分类？

2．根据 GB/T 13304—1991，钢是如何分类的？

3．简述碳钢及其分类。

4．简述低合金钢和合金钢的分类。

5．轻金属材料是指哪些材料？

6．什么叫高温合金？简述高温合金的特点和分类。

7．什么是复合材料，结构复合材料和功能复合材料各有什么特点？

8．何谓金属铸造？简述金属铸造的主要工序和主要优点。

9．何谓金属塑性加工？根据金属变形时的变形方式、变形工具和受力方式的不同，应用最普遍的塑性加工方法有哪些？

10．何谓金属焊接？简述金属焊接的优点与分类。

11．何谓粉末冶金，粉末冶金工艺最基本的工序有哪些？

12．何谓金属热处理，热处理的四个基本工艺参数是什么，现用的大多数热处理工艺可以归入哪四类？

13．什么叫机械加工，什么是特种加工？

14．简述金属的物理性能和化学性能。

15．说明金属的力学性能：强度、塑性、韧性、硬度、蠕变、持久强度和疲劳。

16．说明金属的工艺性能：可铸性、可锻性、焊接性和切削性。

17．说明应力、正应力、切应力、主应力、残余应力、应力集中和应力状态、平面应力状态、三向应力状态。

18．解释：应变、线应变、角应变、主应变、体积应变和应变集中。

19．何谓缺陷？说明缺陷是如何按来源、类型和位置分类的。

20．简述缺陷特征分析和缺陷冶金分析的主要内容。

21．说明失效的概念和失效的类型，简述决定失效类型和失效程度的因素。

第9章 材　　料

9.1　金属学的初步知识

9.1.1　金属材料的结构

不论金属还是合金，它们的性能在很大程度上取决于其结构，即取决于其中原子之间的结合和原子在空间上的配置情况。

1. 纯金属的结构

（1）金属结合　处于聚集状态的金属，其全部或大部分原子将它们的外层电子贡献出来为所有原子所共有；共有化了的电子在金属中自由运动，丢失电子后原子的剩余部分是一个正离子；这些共有化了的电子和正离子之间的相互作用，使金属原子结合起来，这种性质的结合称为金属结合。图 9-1 给出了金属结合的示意性模型。它被描绘为许多正离子浸润在共有化电子的气氛中。金属结合又称金属键。

金属结合可以定性地理解金属所具有的一些特性。例如，金属的导电性即由于自由电子在一定的电位差下所作的定向运动；物质对热能的传递是靠原子的振动和电子的运动来完成的；当金属在原子层间作相对位移时，正离子仍和自由电子保持着结合，因此金属具有塑性；自由电子吸收可见光的能量，使金属具有不透明性；因吸收能量而激发的电子，当回到低能级产生辐射时，就使金属具有光泽等。

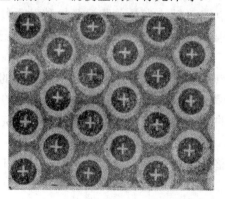

图9-1　金属结合的示意模型

（2）结晶学的基本知识

1）空间点阵、晶质、晶体。空间点阵是用来表征晶体内部构造规律性的一种抽象几何图形。该图形是由无穷多个平行六面体在空间内相互叠置而成。每个平行六面体的顶角，各表面的中心或六面体的体心都可看作一个结点，结点的空间排布即体现了晶体中原子、离子或分子的分布规律。把这些点用直线联起来，形成一个三维的格架，如图 9-2

所示，称为空间格子。实际上，它也就是空间点阵。

具有点阵结构的物质称为晶质，晶质在空间上的有限部分就是晶体。

点阵的重要特性是其中的每一结点都具有相同的周围环境，即空间点阵中任意一个结点与其相邻结点的关系与另一结点的完全相同。空间点阵共有 14 种。

2）单胞、晶系、晶轴。可以在点阵中取出一个基本单元（通常是六面体），在这个单元里点的排列代表了全部空间点阵的特征。这个单元称为单位点阵，或称单胞。整个点阵可看作是由大小、形状和位向相同的单胞组成。同一空间点阵可以任意取不同的单胞如图 9-3 所示。

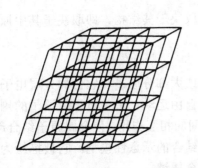
图9-2　空间点阵

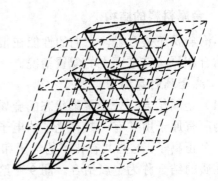
图9-3　单胞的不同取法

单胞的大小和形状可用平行六面体的三个棱长 a、b、c 和棱间的夹角 α、β、γ 来决定（参见图 9-4）。14 种空间点阵依棱边长度关系和棱间夹角关系可归纳成 7 种结晶系。

为了说明空间点阵中点的分布，通常，设想在点阵中放置一组参考坐标轴，坐标的原点选在任一结点上，坐标轴的方向就相当于单位点阵棱边的方向（图 9-4）。这一组参考坐标轴称为晶轴。全部点阵可以认为是单胞沿晶轴移动重复的结果。

3）晶体结构与晶体点阵。一切金属包括合金在内，都是结晶物质。即：在固态金属中，原子呈规则的排列。

在结晶物质中，其质点（原子、离子或分子）作有规则的排列，即相同的质点在空间周期性地重复出现。所谓晶体结构是指原子、离子或分子在晶体中的实际排列情况。

在实际晶体中，质点的分布虽然是有规则的，但又不是完全有规则的。首先，由于原子、分子并非固定不动，而是围绕着某个位置振动；此外，在晶体中存在着各种缺陷，这些缺陷破坏了排列的完整性。同一种金属，由于结晶和加工过程的不同，其内部原子排列的完整程度有所不同，因此，它们的晶体结构有差别。

如果，暂时撇开晶体中质点排列在完整度上的差别，把它看成是一个理想化的绝对完整的规则排列，这样就得到晶体点阵。它与晶体结构不同，是一个点的绝对规则分布的阵列，这些点代表着原子振动的中心。晶体点阵的结构单元称为晶胞。

在金属中常见的晶体点阵类型有体心立方、面心立方和密排六方。其晶胞如图 9-5 所示。

4）晶面和晶向。在晶体点阵里，由阵点所组成的任一平面代表着晶体的原子平面，称为结晶面，简称晶面。由阵点组成的任一直线，代表着晶体空间内的一个方向，这种方向称为晶向。显然，在不同的晶面和晶向上，原子的排列可能有很大的差别，因此，晶体在不同的晶面和晶向上会显示出不同的性质，即各向异性。

通常，采用密布氏（miller－Bravais）指数表示六方晶系的晶面和晶向；采用密氏（miller）指数表示除六方晶系以外的所有晶系的晶面和晶向。

（3）常用金属的晶体结构 常用金属典型的晶体点阵为：体心立方点阵，见图9-5。例如：

1）体心立方：α- 铁、β-钛等。

2）面心立方：γ- 铁、β-钴、镍、铝、铜等。

3）密排六方：α-钛、α-钴、钛、镁等。

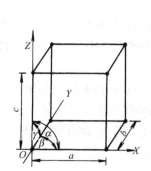

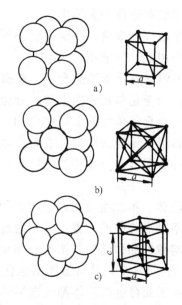

图9-4 空间点阵的晶轴、点阵常数和 图9-5 体心立方（a）面心立方（b）和

轴间夹角 密排六方（c）的晶胞

（4）晶体缺陷 在实际金属晶体中，原子的排列并非像理想的那样绝对完整，而是在晶体中的某些部位或某些地带，由于某些原因，原子的规则排列受到干扰，原子排列的重复周期性被破坏。这种排列规则性的破坏，以不同形式表现出来，它们就是在实际晶体结构中存在着的各种各样的缺陷（晶体缺陷）。

根据这些缺陷存在形式的几何特点，它们被划分为点缺陷、线缺陷和面缺陷三大类。这些在实际晶体中存在的缺陷，对晶体中发生的许多物理化学过程产生重大的影响，并与结构敏感性的性质有着密切的关系。

1）点缺陷：长、宽、高的尺寸都很小的缺陷。可分为四类：点阵空位、间隙原子、代位原子和复合点缺陷。

2）线缺陷：在晶体的某一平面上，沿着某一方向，向外伸展开的一种缺陷，一个方向上的尺寸很长，另两个方向上的尺寸很短。这类缺陷的具体形式是各种类型的位错。

两种简单的位错形式是刃型位错和螺型位错。位错对金属的范性形变、强度、疲劳、蠕变、扩散、相变及其他结构敏感性的性质，都起着重要的作用。

3）面缺陷：两个方向的尺寸很大，而第三个方向的尺寸很小的缺陷，例如晶体表面、晶界、亚结构边界、堆积层错等皆为面缺陷地带。

工业上大量使用的金属，绝大部分是多晶体。多晶体是许多晶粒的集聚体。晶粒内的点阵结构一定，相邻晶粒虽可具有同样的点阵结构，但其晶向总有大的差异。相邻晶粒的交界称为晶界。晶界处的原子排列极不规则，对材料性能影响很大。

2. 合金的结构

合金中具有同一化学成分、同一聚集状态并以界面相互分开的各个均匀的组成部分称为相。两相之间的界面称为相界。研究金属与合金中相和组织的形成、变化及其对性能之影响的实验科学称为金相学。

对于大多数合金来说，在熔融状态下，组成合金的各个元素（组元）能够互相完全地溶解，并形成均一的液相。

在液态下组元完全互溶的合金，在凝固以后，从合金的相组成来看，可以出现以下几种情况：合金是单相的固溶体；合金是两种固溶体的混合物；合金由固溶体加金属化合物组成；合金呈单相的金属化合物。

合金中的组成相的结构和性质对合金的性能起决定性作用。同时，合金组织的变化即合金中相的相对数量、各相的晶粒大小、形状和分布的变化，对合金的性能也产生很大的影响。

（1）固溶体　第二组元的原子溶入固态金属中，这样形成的合金相称为固溶体。按溶质原子在溶剂点阵中的位置，可分为置换式固溶体和间隙式固溶体（图9-6）。在合金系统中，固溶体的晶体结构与溶剂金属相同，但发生点阵常数的变化和点阵的畸变（图9-7、图9-8），这种变化是合金固溶强化的重要因素。

绝大多数工业合金的基体都是固溶体。

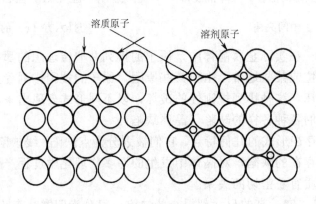

a）　　　　　　　　　　　b）

图9-6　固溶体的两种类型

a）置换式固溶体　b）间隙式固溶体

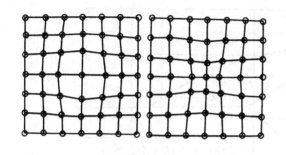

图9-7　形成置换式固溶体时结晶
点阵的畸变

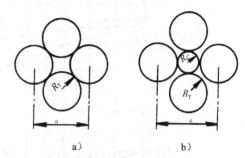

a)　　　　　　b)

图9-8　由于碳原子溶入 γ 铁而引起
的铁原子间距的变化

a）纯 γ 铁　　b）γ 铁中溶有碳原子

（2）金属化合物　又称"金属间化合物"或"中间相"，合金中除固溶体以外所有各相的总称。根据相的结构和性质的特点可把它们划分成不同的类型。比较重要的有：正常价化合物、电子化合物、间隙式金属化合物、具有砷化镍结构的相、Laves 相、σ 相。每一种相的形成有其主导的原因，例如，正常价化合物的形成是组元电化学性差别这个因素起作用的结果；电子化合物、具有砷化镍结构的相、σ 相的形成取决于电子浓度因素；间隙式金属化合物、Laves 相则是建立在组元原子半径相对差别这个因素的基础上。

金属化合物的类型、形态、数量和分布等受化学成分和热处理条件的影响很大。

如果往合金中加入的组元超过了基体金属的固态溶解度，那么，在形成固溶体的同时还会出现第二相。除少数合金系外，这第二相就是金属化合物。在合金中，金属化合物的出现及其数量的增多，对合金的性能将发生很大的影响。

9.1.2　金属及合金的相图

1. 相图、平衡图和状态图

表示在一定条件（温度、压强、浓度）下金属或合金呈现相应相的图，称为相图。由于所指示的相一般均为平衡状态（外界条件不变时，这种状态不随时间而变化），因此相图也称平衡图。在外界条件（温度、压强）相同时，相图给出不同组成（成分）的合金所呈现的相的平衡状态。仅仅指示一定状态（而不是严格的平衡态）下所呈现的相的图，则称状态图。

根据相图，可判断合金系中存在的各种相及其组成，了解各相随温度、成分的变化等。在生产中，相图可作为制定合金铸造、加工及热处理工艺的重要依据或参考。如果我们进而具备了有关相转变过程特性的知识，就可以知道合金的组织状态，并预测合金的性质，同时可以按要求来配制新合金。

根据平衡系统中的组元数，可将相图分成单元、二元和多元三类，其中以二元和三元相图应用最多。

2. 铁碳相图

图 9-9 为 Fe-Fe₃C 相图（铁碳相图的富铁部分），图中各特征点、特征线及各种相的特性分别见表 9-1、表 9-2、表 9-3。

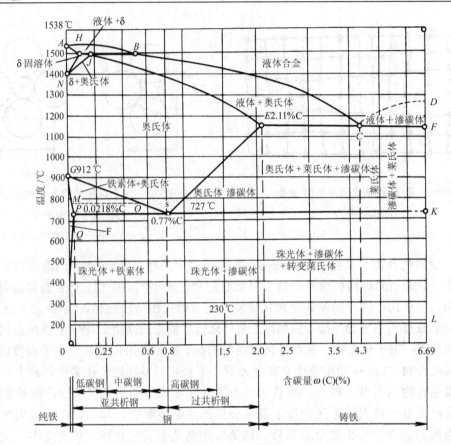

图9-9　Fe-Fe₃C 相图

表 9-1　铁碳相图中的特征点

特征点	温度/℃	w（C）（%）	说　　　明
A	1538	0	纯铁熔点
B	1495	0.53	包晶转变时，液态合金的碳浓度
C	1148	4.30	共晶点 $Lc \rightarrow \gamma E + Fe_3C$
D	1227	6.69	渗碳体（FeC）的熔点（理论计算值）
E	1148	2.11	碳在 γ 相中最大溶解度
F	1148	6.69	共晶转变线与渗碳体成分线的交点
G	912	0	α-Fe$\rightarrow\gamma$-Fe 同素异构转变点（A₃）
H	1495	0.09	碳在δ相中的最大溶解度
J	1495	0.17	包晶点 $L_B + \delta_H \rightarrow \gamma_J$
K	727	6.69	共析转变线与渗碳体成分线的交点
M	770	0	α相磁性转变点（A₂）
N	1394	0	γ-Fe$\rightarrow\delta$-Fe 同素异构转变点（A₄）
O	770	≈0.50	α相磁性转变点（A₂）
P	727	0.0218	碳在α相中的最大溶解度
Q	≈600	≈0.005	碳在α相中的溶解度
S	727	0.77	共析点 $\gamma_S \rightarrow \alpha_P + Fe_3C$

DiNDT

表 9-2　铁碳相图中的特性线

特性线	说　明	特性线	说　明
AB	δ相的液相线	ES	碳在 γ 相中的溶解度线，过共析 Fe-C 合金的上临界点（Acm）
BC	γ 相的液相线		
CD	Fe₃C 的液相线	PQ	低于 A₁ 时，碳在 α 相中的溶解度线
AH	δ相的固相线	HJB	γⱼ→Lʙ+δн包晶转变线
JE	γ 相的固相线	ECF	Lc→γₑ+Fe₃C 共晶转变线
HN	碳在δ相中的溶解度线	MO	α-铁磁性转变线（A₂）
JN	（δ+γ）相区与 γ 相区分界线	PSK	γₛ→αₚ+Fe₃C 共析反应线，Fe-C 合金的下临界点
GP	高于 A₁ 时，碳在 α 相中的溶解度线		
GOS	亚共析 Fe-C 合金的上临界点（A₃）	230℃线	Fe₃C 的磁性转变线（A₀）

　　铁碳相图表示不同成分的铁碳合金在各温度下的平衡状态和组织，说明了钢在极缓慢的加热和冷却过程中相变、相变产物、相变产物的成分和相对量。它是研究钢在平衡状态下成分、组织与性能关系的基础。图 9-10 表示室温下各种铁碳合金的平衡组织组成物、相对量及性能。当钢中含碳量不同时，得到的典型组织如图 9-11 所示。

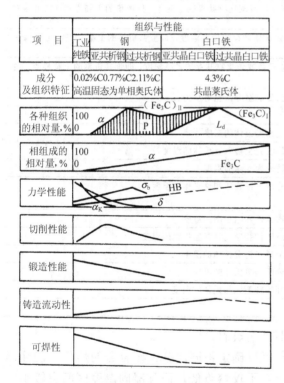

图9-10　铁碳合金成分、组织、性能关系示意图

（Fe₃C）ᵢ——一次渗碳体　（Fe₃C）ᵢᵢ—二次渗碳体

P—珠光体　Lᵈ—莱氏体　HB—硬度

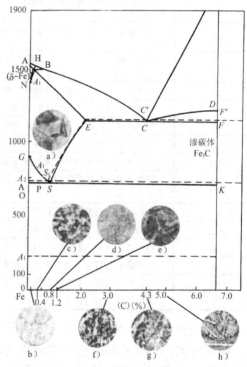

9-11　铁中含碳量不同时得到的典型组织

a）奥氏体（γ-Fe）b）铁素体（α-Fe）

c）铁素体（α-Fe）+珠光体（P）d）珠光体（P）

e）珠光体（P）+渗碳体（Fe₃C）

f）珠光体（P）+渗碳体（Fe₃C）+莱氏体（Ld）

g）莱氏体（Ld）h）莱氏体（Ld）+渗碳体（Fe₃C）

表 9-3　铁碳相图中各相的特性

名　称	符　号	晶体结构	说　明
铁素体	α	体心立方	碳在 α-Fe 中的间隙固溶体，用 F 表示
奥氏体	γ	面心立方	碳在 γ-Fe 中的间隙固溶体，用 A 表示
δ 铁素体	δ	体心立方	碳在 δ-Fe 中的间隙固溶体，又称高温 α 相
渗碳体	Fe_3C	正交系	是一种复杂的化合物
液相	L		铁碳合金的液相

铁碳相图是在热力学平衡状态下的相图，在实际条件下很难达到。在实际热处理的加热和冷却条件下，相变都会发生过热和过冷现象，使临界温度偏离平衡临界温度。为了便于识别，用 Ac 和 Ar 分别表示加热和冷却时临界温度。热处理常用的临界温度符号及其说明见表 9-4。

表 9-4　热处理常用的临界温度符号及说明

符　号	说　明
A_0	渗碳体的磁性转变点
A_1	在平衡状态下，奥氏体、铁素体、渗碳体或碳化物共存的温度即一般所说的下临界点，也可写为 Ac_1
A_3	亚共析钢在平衡状态下，奥氏体与铁素体共存的最高温度，即亚共析钢的上临界点，也可写为 Ac_3
A_{cm}	过共析钢在平衡状态下，奥氏体与渗碳体或碳化物共存的最高温度，即过共析钢的上临界点，也可写为 Ac_{cm}
A_4	在平衡状态下，δ 相与奥氏体共存的最低温度，也可写为 Ac_4
Ac_1	钢加热，开始形成奥氏体的温度
Ac_3	亚共析钢加热时，所有铁素体均转变为奥氏体的温度
Ac_{cm}	过共析钢加热时，所有渗碳体和碳化物完全溶入奥氏体的温度
Ac_4	低碳亚共析钢加热时，奥氏体开始转变为 δ 相的温度
Ar_1	钢高温奥氏体化后冷却时，奥氏体分解为铁素体和珠光体的温度
Ar_3	亚共析钢高温奥氏体化后冷却时，铁素体开始析出的温度
Ar_{cm}	过共析钢高温奥氏体化后冷却时，渗碳体和碳化物开始析出的温度
Ar_4	钢在高温下形成的 δ 相冷却时，完全转变为奥氏体的温度
B_s	钢奥氏体化后冷却时，奥氏体开始分解为贝氏体的温度
M_S	钢奥氏体化后冷却时，其中奥氏体开始转变为马氏体的温度
M_F	奥氏体转变为马氏体的终了温度

铁碳平衡图在制定热加工工艺方面是不可或缺的。

铸造方面：根据铁碳平衡图的液相线，可以确定不同成分铁碳合金的熔化、浇注温度。从图 9-9 可见，靠近共晶成分的铁碳合金不仅熔点低，而且凝固温度区间也较小，故具有良好的铸造性能。而铸钢的浇注温度比铸铁高得多，结晶温度范围也较大，故其铸造性能比铸铁差。

塑性加工方面：奥氏体的强度较低，塑性好，有利于塑性变形。因此，在钢材轧制或锻造加工时，应加热到奥氏体状态。一般始锻（轧）温度控制在固相线以下 100~200℃范围内，而终锻（轧）温度对于亚共析钢控制在稍高于 GS 线，对过共析钢控制在稍高于 PSK 线。

焊接方面：化学成分对铁碳合金的焊接性能影响很大，低碳钢具有良好的焊接性。含碳量愈高，焊接性能愈差。焊接时，从焊缝到母材各区域的加热温度是不同的，由铁碳相图可知，不同的加热温度会获得不同的组织，冷却后就可能出现不同的组织和性能。因此，对于焊接性能较差的金属，焊前焊后都应采取适当的措施，改善焊缝组织。

热处理方面：铁碳相图是钢热处理工艺的科学依据。根据对工件材料性能要求的不同，各种不同热处理的加热温度都是参考铁碳相图选定的。

铁碳相图在选材方面也有重要作用：如图 9-10 所示，含碳低的钢塑性、韧性好，适用于要求成形性好的型材、板材、线材和钢管等，用于制造桥梁、船舶及建筑结构。共析成分附近的钢的强度和弹性极限最高，可作结构件和弹簧。过共析钢硬度最高，可以制造要求强度高、硬而耐磨的各种切削工具。白口铸铁可用于铸造耐磨而不受冲击的零件，以及可锻铸铁的坯料等。

9.1.3 金属及合金的结晶

工业上所用的金属或合金的构件和零件，有相当大一部分是铸件，另一大部分在制造过程中经过锻造、轧制或其他形式的压力加工。而在压力加工之前，金属和合金需先铸成锭。因此，可以说，大多数金属材料的制件，都要经过铸造这一过程。

铸造生产过程对铸件质量的影响取决于一系列的外因和内因。本节仅介绍液态金属或合金于浇铸后在铸模中发生的物理化学变化的基本过程——结晶，这一过程对铸件的质量有重要意义。

1. 小体积的结晶过程

小体积结晶是最简单的结晶过程，因为它易于实现均匀冷却。

实验证明：液体金属在熔点以下才开始结晶，且当冷却速度愈大时，结晶温度愈低。实际结晶温度与理论结晶温度之差值称过冷度。过冷是结晶的条件。

当液体具备了一定的过冷度后，结晶可以进行。结晶的基本过程是形核和随后核的长大；而且，这两个过程在结晶时，是在不同地方同时进行的（图 9-12）。

结晶是晶体从无到有，从小到大的过程。这个过程在一定过冷下进行。过冷度愈大，或者冷却速度愈大，过程就进行得愈快，凝固后的组织 —— 晶粒就愈细小。

2. 大体积结晶过程

铸锭的结晶是大体积结晶的例子。铸锭结晶的基本规律和小体积结晶的基本规律是一致的。但由于结晶条件的差异，使得结晶过程复杂化了，并且结晶后的组织有不同的特点。表现在：

首先，铸锭结晶不可能达到很大的过冷度。

其次，结晶是由模壁开始而逐渐向中心部分发展，而不是沿整个体积均匀结晶。

第三，结晶后的组织沿铸锭各部分是不均匀的。在铸锭截面上可以观察到具有三个不同的组织区域（图 9-13）：最外面的一层是铸锭的薄的外壳层，它由细小的等轴晶粒组成；和这外壳层相连的是一层相当厚的柱状晶区域，它由垂直于模壁的粗大的伸长的晶粒组成；而中心部分，则由粗大的等轴晶粒所构成。这三个区域的大小随结晶条件而变。铸锭愈大，不均匀性愈显着。这种不均匀性对铸锭的压力加工性能及其他性能具有重大影响。

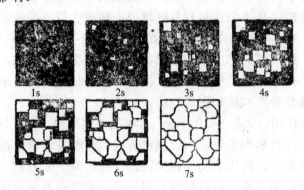

图9-13　铸锭结构示意图
1—细等轴晶　2—柱状晶　3—粗大等轴晶

图9-12　结晶过程的模型表示法

9.1.4　金属及合金的变形、回复和再结晶

金属材料在冶炼浇铸后，绝大多数需要经过加工变形才能成为型材或工件。加工和变形会引起金属和合金组织的重大变化。经过变形的金属和合金大多数要进行退火，而退火又会使其组织和性质发生与形变相反的变化，这个过程叫回复和再结晶。变形、回复和再结晶这些过程相互影响，并与生产紧密联系。

1. 变形

对金属及合金进行加工的方式多种多样，例如锻造、轧制、拉拔、冲压等等，但就其基本过程来说，则是金属及合金在外力作用下发生了形状和尺寸的改变，我们总称之为变形。变形分为三类：弹性变形、塑性变形和断裂。

（1）弹性变形　外力去除后立即复原的变形。弹性变形时，应力与应变的关系符合胡克定律。在受单向拉伸的情况下，$\sigma = E\varepsilon$，其中，ε 表示相对伸长，σ 表示正应力，E 为弹性模量或称杨氏模量。在受单纯切变的情况下，$\tau = G\gamma$，其中，τ 表示切应力，γ 表示切应变，G 为切变模量。

一般金属及合金的弹性变形虽然都很小，约为其塑性变形的 1%，但是工程上仍应重视，因为绝大多数机械零件为了在使用过程中避免塑性变形，其所受应力必须在弹性范围以内，同时很多机械零件即使少量弹性变形也必须适当控制，以保持极小的间隙或满足类似的其他设计要求。

（2）塑性变形　当应力增加到超过屈服应力以后，金属即开始永久变形，作用力去除后这一部分变形仍然保留着。产生永久变形的过程称为塑性变形（又称范性变形）。塑性变形可归结为：滑移、孪生、不对称的变形、扩散以及晶界的滑动和移动等五种基本过程。其中滑移和孪生是最基本的。

（3）金属的断裂　金属塑性变形到一定程度后即分裂为两部分，此种现象称为断裂。但有时亦会在没有发生明显的塑性变形以前即行断裂。前者称塑性断裂或韧性断裂，后者称脆性断裂。金属断裂的机理很复杂，仍有待进一步研究。

从材料本身讲，产生断裂的可能原因包括：金属或合金的组织不均匀，它们具有很多缺陷，因而必然会存在一些最弱的面，裂纹即在此产生并扩展；裂纹可以在多晶体的晶界发生，这取决于晶界的特性；多晶体变形时应力的分布很复杂，因而裂纹会在高应力的区域出现；试样表面或内部有缺口存在时，会造成应力集中，易于产生裂纹；试样内部的残余应力会促进裂纹的产生等。

2. 回复

在回复过程中，金属连续地但是部分地恢复了变形前的物理和力学性质。例如，硬度、强度、弹性极限、矫顽力和电阻都有不同程度的下降，而伸长率、面积收缩率则有一定程度的增加，内应力大部分消除，但是显微组织没有明显的改变。

回复是一个缓慢而连续的过程，原则上在任何温度都可进行，只是温度愈低进行愈慢。

3. 再结晶

经塑性变形的金属和合金，当加热到某一温度以上时，金属和合金组织重新形核并长大，性能也发生剧烈变化，这个变化过程称为再结晶。开始进行再结晶的温度称为再结晶温度，以 $T_{再}$ 表示。再结晶的组织结构与经过变形的组织的区别是：再结晶消除了点阵畸变、改变了晶粒的相对位向和材料的性能。

通过再结晶消除变形组织中点阵畸变的过程，是以再结晶晶粒的成核及长大而实现的。一般可把这一过程分为两个阶段：原有的变形晶粒均被新的无畸变晶粒所取代时，为再结晶的第一阶段，称为"加工再结晶"；新形成的无畸变晶粒彼此吞并而继续长大时，为再结晶的第二阶段，称为"集合再结晶"。

在热加工工艺中，广泛利用再结晶过程消除冷作硬化组织，并利用再结晶图制定工艺规范。

9.1.5 金属及合金的固态转变

金属及合金中的固态转变可归纳为以下几种基本类型：多形性转变；过饱和固溶体的分解（沉淀）；共析分解；包析转变；单析转变；化合物的分解与转化；有序化；磁性转变等。

在这些不同形式的转变中，前六种就其实质来讲，是各种各样类型的晶体结构的改变——新相的形成和转化。当发生这种变化时，必然要引起显微组织的改变。

有序化及磁性转变与前几种转变不同。一般来讲，它不伴随合金组织的变化。

在这些转变中，其中少数几个，例如包析转变及单析转变等，直到目前尚未发现其工业意义；而其余的转变，则是工业上被经常用来作为进行各种热处理的基本依据，并赖以提高金属材料的性能。

1. 多形性转变

在常压下，许多金属在不同的温度范围里，呈现不同的结晶点阵。例如，钛在 882℃ 以下具有密排六方的结晶点阵，称为α-钛，而在 882℃ 以上，一直到它熔化以前，则以体心立方点阵的形式存在，称为β-钛。其他金属，例如，铁、钴、锰、锡、锆等，它们也都具有这种类似的性质。凡是在不同温度范围里，固态金属呈现不同结晶点阵的这种性质，被称为金属的多形性。将金属加热或由高温冷却下来，一个具有多形性的金属会在

某一温度，由某一种结晶点阵转变为另一种结晶点阵，这种变化称为金属的多形性转变。（参见图9-14）

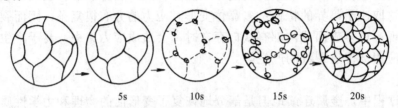

图9-14　在恒温下纯铁的多形性转变随时间的演变

若固溶体的基体金属是一个具有多形性的金属，则以它为基形成的固溶体在一定成分范围内，也具有多形性。固溶体的多形性转变，可以认为是基体金属的多形性转变在合金状态下的继续和发展。

2. 过饱和固溶体的分解

又称"沉淀"。它是固溶体在过饱和状态析出新相的过程，新相析出后，原固溶体仍然存在，只是它的成分由过饱和状态变为饱和状态，或近似饱和；可用下式表述：

过饱和的α→饱和的α+β（参见图 9-15）

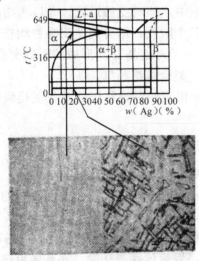

图9-15　简化的铝银相图及 β 相在α相中的沉淀

根据具体的合金系统，析出相可能是：与原固溶体结构相同，只是成分不同的固溶体；结构与母相相异的固溶体；化合物。沉淀是时效处理的基本依据。

3. 固溶体的共析转变

一定成分的固体，在一定的温度（共析温度），同时析出两相的机械混合物的转变。在冷却过程中，两个生成相从原始相中形成，而原始相最终将消失；两个生成相的成分与结构皆不同于原始相。典型的共析转变是铁碳合金中的珠光体转变：参见图9-9，若转变在平衡温度下发生，$w(C) = 0.77\%$的奥氏体 γ 将分解为 $w(C) = 0.0218\%$的铁素体α与 $w(C) = 6.69\%$的渗碳体 Fe_3C 的混合物，其中 Fe_3C 占重量比 1/8，其余为铁素体；若分解温度较低，则分解产物中的铁素体的含碳量 $w(C)$ 低于 0.0218%。合金的共析转变，是热处理依赖的重要相变之一。

9.1.6 金属材料的组织检验

金属材料的各种性能，或者说它在加工和使用条件下的行为，取决于一系列的外因（温度、应力状态、加力的速度、介质的物理化学性能等）和内因（成分、组织），外因通过内因才能起作用。

化学成分和组织是决定材料性能的两大内部因素。材料的化学成分不同，其性能也就不同；但是，即便是同一种化学成分的材料，在经过不同的热处理使其组织发生改变后，材料的性能也将发生改变。

通常，利用放大镜或显微镜观察金属或合金组织的形态、分布及其变化，称为金相检验。金相检验可分为低倍检验和显微检验。在国防科技工业各部门，金相检验已成为合金和锻、铸件质量的常规检验方法，制定了各种检验标准。金相检验也是研究合金和分析零件失效的重要方法。

1. 低倍检验

用肉眼或放大镜对锻造流线、晶粒大小以及冶金或铸造缺陷（如疏松、偏析、气孔、夹杂物、裂纹等）以及断口的宏观特征等所进行的检验。低倍检验的样品，一般需经粗磨并用特定试剂腐蚀后观察，也可直接观察零件表面或断裂表面。低倍检验观察到的组织称为低倍组织。低倍组织对金属及合金的质量和力学性能有直接的影响。在生产中制定了相应的检验标准，如晶粒度标准、疏松标准、夹杂物标准等。

2. 显微检验

用光学显微镜或电子显微镜等对合金的内部组织及其在加工和使用过程中的变化所进行的检验。显微检验的样品，一般需经砂纸研磨，再行抛光（机械抛光或电解抛光），然后根据需要，用特定试剂腐蚀（化学侵蚀或电解腐蚀）显露其组织。显微检验观察到的组织称为显微组织；也可直接观察断裂表面。显微组织包括金属及合金各种组成相的性质、形态和分布，晶界结构，位错线和形变滑移线的分布，断口的显微特征等。

光学显微镜的放大倍数可达 1000～1500 倍，分辨能力约为 1.5μm。

电子显微镜包括透射电子显微镜（TEM）、扫描电子显微镜（SEM）和扫描透射电子显微镜（STEM）三类。TEM 的放大倍数可达几十万倍，分辨率达 0.2nm；SEM 可分析 150mm×150mm 的实物断口，图像极限分辨率达 0.6nm，配以波长色散谱议（WDS）或能谱仪（EDS）尚可实现微区化学分析；STEM 是前两者的结合，可兼有两者的大部分功能。

研究显微组织的目的在于了解材料的组织结构及其与性能的关系，以便控制影响组织的工艺参数，获得所需的性能；分析构件失效的原因，作为改进设计和生产工艺的依据。

9.2 钢

*9.2.1 非合金钢

非合金钢指碳含量一般为 w（C）= 0.02%～1.35%，并有硅、锰、硫、磷及其他残余元素的铁碳合金，习惯上称为碳素钢，简称碳钢。一般来说，碳钢中的硅 w（Si）小于

0.50%，锰 w（Mn）小于 1.00%，硫 w（S）小于 0.055%，磷 w（P）小于 0.045%；有时含有少量的镍、镉、铜等合金元素。

碳钢广泛应用于建筑、桥梁、铁道车辆、汽车、船舶、机械制造、化工和石油等工业部门，它们还可制作切削工具、模具、量具和轻工民用产品。

碳钢一般由转炉和平炉冶炼，由电炉冶炼的不多。少数碳钢浇铸成铸件使用，绝大多数碳钢浇铸成钢锭或连轧坯，经轧制成钢板、钢管、钢带、钢条和各种断面形状的型钢。碳钢一般在热轧状态下直接使用。用于制造工具和各种机器零件时则需根据使用要求进行热处理，至于铸钢件，绝大多数都要进行热处理。

1. 非合金钢分类

（1）按质量等级分类

1）普通质量非合金钢：普通质量非合金钢是指不规定生产过程中需要特别控制质量要求的并应同时满足规定条件的所有钢种。规定的条件包括：钢为非合金化的；不规定热处理（退火、正火、消除应力及软化处理不作为热处理对待）等。普通质量非合金钢主要包括一般用途碳素结构钢、碳素钢筋钢、铁道用一般碳素钢和一般钢板桩型钢。

2）优质非合金钢：优质非合金钢是指普通质量非合金钢和特殊质量非合金钢以外的非合金钢，在生产过程中需要特别控制质量（例如控制晶粒度，降低硫、磷含量，改善表面质量或增加工艺控制等），以达到比普通质量非合金钢特殊的质量要求（例如良好的抗脆断性能，良好的冷成型性等），但这种钢的生产控制不如特殊质量非合金钢严格（如不控制淬透性）。优质非合金钢主要包括机械结构用、工程结构用、锅炉和压力容器用、造船用碳素钢等。

3）特殊质量非合金钢：特殊质量非合金钢是指在生产过程中需要特别严格控制质量和性能（例如，控制淬透性和纯洁度）并同时满足某些规定条件的非合金钢。特殊质量非合金钢包括保证淬透性非合金钢、保证厚度方向性能非合金钢、铁道用特殊非合金钢、航空、兵器等专用非合金结构钢、核能用非合金钢、碳素弹簧钢等。

（2）按主要性能及使用特性分类　　非合金钢按其基本性能及使用性能等主要特性分成 7 类：以规定最高强度（或硬度）为主要特性的非合金钢，如冷成型用薄钢板；以规定最低强度为主要特性的非合金钢，如造船、压力容器、管道等用的结构钢；以限制碳含量为主要特性的非合金钢；非合金易切削钢；非合金工具钢；具有专门规定磁性或电性能的非合金钢；其他非合金钢。

（3）按碳含量分类

1）低碳钢：w（C）< 0.25% 的碳素钢。因其强度低、硬度低而软，又称软钢。它包括大部分普通碳素结构钢和一部分优质碳素结构钢，大多不经热处理用于工程结构件，有的经渗碳和其他热处理用于要求耐磨的机械零件。

2）中碳钢：w（C）= 0.25%～0.65% 的碳素钢。它包括大部分优质碳素结构钢和一部分普通碳素结构钢。大多用于制作各种机械零件，有的用于制作工程结构件。中碳钢经调质处理后，主要用于制作各种传动轴、连杆、离合器、轴销、螺栓等；中碳钢经高频淬火和低温回火后，用于受冲击载荷且要求耐磨的齿轮、车床主轴、花键槽、凸轮轴和半轴等；正火状态和不经热处理的中碳钢，用于制作不大的拉杆、套筒、紧固件、垫圈和手柄等。

3）高碳钢：0.65%< w（C）≤1.35%的碳素钢。它包括碳素工具钢和一部分碳素结构钢。高碳钢强度高、弹性好、硬度高、耐磨性好，但是其塑性和韧性低、热加工性和切削加工性差。高碳钢主要用于各种木工工具、锉刀、锯条、丝锥、刨刀、小进给量车刀、钻头等金属切削工具以及卡规、卡尺等量具和简单模具，还可用于制作各种类型的弹簧、钢丝和负荷不大的轧辊。

2．碳钢常用钢号表示方法

根据国标 GB/T 221—2000《钢铁产品牌号表示方法》，碳钢常用钢号表示方法见表 9-5。

表 9-5　中国常用碳素钢钢号表示方法举例

类　别		钢号举例	简 要 说 明
碳素结构钢	优质	10～60	以两位阿拉伯数字表示钢中平均含碳量的万分数。如 10 号钢中 w(C)＝0.10%
	高级优质	10A～60A	在牌号后加符号"A"。例如，平均含碳量 w（C）＝0.20%的高级优质碳素结构钢，其牌号表示为"20A"
	特级优质	10E～60E	在牌号后加符号"E"。例如，平均含碳量 w（C）＝0.45%的高级优质碳素结构钢，其牌号表示为"45E"
	专用	Q345R、Q420q	用代表钢屈服点的符号"Q"、屈服点数值和代表产品用途的符号表示。如 Q345R 表示压力容器用钢，屈服点 345MPa。Q420q 表示桥梁用钢
碳素工具钢	普通锰量	T7～T12	在表示工具钢符号"T"后，以一位阿拉伯数字表示钢中平均含碳量的千分数。如平均含碳量 w（C）＝0.9%的碳素工具钢牌号为 T9
	较高锰量	T8Mn	较高含锰量碳素工具钢，在工具钢符号"T"和阿拉伯数字后加锰元素符号。如平均含碳量 w（C）＝0.8%、含锰量 w（Mn）＝0.4%～0,6%的碳素工具钢牌号表示为 T8Mn
	高级优质	T10A	在牌号尾部加符号"A"如平均含碳量 w（C）＝1.0 %的碳素工具钢牌号表示为 T10A
优质碳素弹簧钢		65	表示方法同优质碳素结构钢

3．船体钢

用于建造和修理船舶的壳体及其附属结构的专业用碳素钢。国家标准 GB 712－2000 规定：一般强度船体钢分为 4 个不同的质量等级；高强度船体钢分为 3 个强度级别 4 个质量等级。船体钢有良好的冷热弯曲、火工矫正和焊接性能。随着造船工业和船舶运输工业的迅速发展，为满足减轻船舶自重、增加吨位和远洋船舶运输的需要，碳素船体钢正在向低合金高强度方向发展。

9.2.2　低合金钢和合金钢

根据对钢的工艺性能和使用性能的特定要求，用不同化学元素对钢进行合金化，按钢中化学元素规定含量的界限值，分别把钢称为低合金钢和合金钢。未经合金化的钢则称为非合金钢（碳钢）。

在钢液中特意加入不同化学元素的过程称为合金化。合金化所用的化学元素称为合金元素。常用的合金元素有 10 多种，如铝、铬、钴、镍、锰、钼、硅、钛、钨、钒、锆等。钢合金化的主要目的在于研制出工艺性能（如铸造性、焊接性、热处理性、切削性、深冲性等）和使用性能（如强度、硬度、韧性、耐热性、耐蚀性、耐磨性或其他性能等）

稳定、优良的低合金钢和合金钢。合金元素在钢中的作用原理是钢的合金化原理，它属于物理冶金学（金属学）的范畴。钢的物理冶金学研究钢的成分、组织和性能之间的关系。钢的合金化原理侧重研究合金元素对构成钢中不同组织的合金相的形成规律的影响，其理论涉及到钢中相转变、钢的淬透性、钢的脆性、钢的物理和化学性能以及钢的强硬化等等。

1. 低合金钢和合金钢的分类

钢的分类方法很多，如按化学成分分类、按质量等级分类、按主要特性分类等。

（1）按化学成分分类　1981年～1982年，国际标准（ISO 4948/1）和（ISO 4948/2）按化学成分把钢分成两大类：非合金钢和合金钢。钢分类国家标准（GB/T 13304—1991）参照上述国际标准，结合国情，把钢分成三大类：非合金钢、低合金钢和合金钢。

（2）按质量等级分类　根据GB/T 13304—1991，低合金钢按质量等级分成三类：普通质量低合金钢、优质低合金钢、特殊质量低合金钢；合金钢按质量等级分为两类：优质合金钢、特殊质量合金钢。

1）普通质量低合金钢：不规定需要特别控制质量要求的供一般用途的低合金钢。主要包括一般用途低合金结构钢等。其抗拉强度≤690MPa，屈服点≤360MPa，伸长率≤26%。

2）优质低合金钢：除普通质量低合金钢和特殊质量低合金钢以外的低合金钢。主要包括可焊接的高强度结构钢、锅炉和压力容器用低合金钢、造船用低合金钢、汽车用低合金钢等。规定的屈服点为360～420MPa。

3）特殊质量低合金钢：在生产过程中需要特别严格控制质量（特别是硫、磷等杂质含量和纯洁度）和性能的低合金钢。主要包括核能用低合金钢、舰船与兵器用低合金钢等。其屈服点≥420MPa；规定钢材进行无损检测和特殊质量控制要求。

4）优质合金钢：在生产过程中需要特别控制质量和性能，但其生产控制和质量要求不如特殊质量合金钢那么严格的合金钢。主要包括：一般工程结构用合金钢、铁道用合金钢、地质、石油钻探用合金钢、硅锰弹簧钢等。

5）特殊质量合金钢：在生产过程中需要特别严格控制质量和性能的合金钢。主要包括：压力容器用合金钢、合金结构钢、合金弹簧钢、不锈耐酸钢、耐热钢、合金工具钢、高速工具钢、轴承钢、无磁钢、永磁钢等。

（3）按主要特性分类　低合金钢按主要特性可分为六类：可焊接低合金高强度结构钢、低合金耐热钢、铁道用低合金钢、低合金钢筋钢、矿用低合金钢、其他低合金钢；合金钢按主要特性可分为七类：工程结构用合金钢、机械结构用合金钢、不锈、耐热和耐酸钢、工具钢、轴承钢、特殊物理性能钢等。

此外，还可根据不同目的，人为规定其他分类方法。

2. 低合金钢和合金钢产品牌号表示方法

各国钢产品牌号表示方法不同，大致有四种。我国钢铁产品牌号表示方法（GB 221—2000）原则是钢中元素用国际化学元素符号或汉字表示；产品用途、冶炼和浇铸方法等用汉语拼音缩写或汉字表示。

（1）低合金高强度钢　一般分为通用型和专用型两类。通用型结构钢一般采用代表屈服点的拼音字母"Q"、屈服点数值（单位为 MPa）和规定的质量等级表示，如屈服点为 345MPa 的 C 级通用型低合金高强度钢牌号为"Q345C"；专用结构钢一般采用代表屈服点的拼音字母"Q"、屈服点数值（单位为 MPa）和规定的代表产品用途的符号表示，如耐候钢是耐大气腐蚀用的低合金高强度结构钢牌号为"Q340NH"。根据需要，通用低合金高强度结构钢的牌号也可以表示钢中平均含碳量万分数的两位阿拉伯数字加合金元素符号，按顺序表示；专用低合金高强度结构钢的牌号也可以表示钢中平均含碳量万分数的两位阿拉伯数字、合金元素符号和规定的代表产品用途的符号，按顺序表示。

（2）合金结构钢和合金弹簧钢　碳含量用万分率表示其平均含量，写在钢号的最前面。钢中主要合金元素含量的表示方法规定为：当某元素的平均含量（质量分数）小于 1.5%时，只在钢号中（写在表示碳含量的数字之后）标注该元素的化学符号（或者写汉字）；当元素的平均含量（质量分数）大于 1.5%、2.5%、3.5%…时，则在元素化学符号的后面分别加写和元素化学符号同样字号的 2、3、4…等数字。钢中起特殊作用的元素，通常虽其含量很少（如铌、硼、稀土元素等），也同样标注元素的化学符号，一般都标在主要元素之后。此外，所有高级优质合金钢，都在钢号的末尾加注"A"字；所有特级优质合金钢，都在钢号的末尾加注"E"字。上述规定举例如 16Mn、16MnCu、15MnB、40Cr、60Si2Mn、40CrNiMoA、20Cr2Ni4A、30CrMnSiE 等。

（3）合金工具钢和高速工具钢　合金工具钢和高速工具钢表示方法与合金结构钢相同，但一般不标明含碳量。例如，平均含碳量 $w(C) = 1.60\%$、含 Cr 量 $w(Cr) = 11.75\%$、含 Mo 量 $w(Mo) = 0.50\%$、含钒量 $w(V) = 0.22\%$ 的合金工具钢，其牌号表示为"Cr12MoV"；平均含碳量 $w(C) = 0.85\%$、含 W 量 $w(W) = 6.00\%$、含 Mo 量 $w(Mo) = 5.00\%$、含 Cr 量 $w(Cr) = 4.00\%$、含钒量 $w(V) = 2.00\%$ 的高速工具钢，其牌号表示为"W6Mo5Cr4V2"等。

（4）轴承钢　钢号的最前面标注用途缩写"G"。高碳铬轴承钢中平均铬含量用千分率表示，碳含量不标注，其他合金元素按合金结构钢的合金含量表示，如平均含 Cr 量 $w(Cr) = 1.50\%$ 的轴承钢牌号为 GCr15。渗碳轴承钢合金元素含量表示方法与合金结构钢相同，如平均含碳量 $w(C) = 0.20\%$、含 Cr 量 $w(Cr) = 0.35\% \sim 0.65\%$、含 Ni 量 $w(Ni) = 0.40\% \sim 0.70\%$、含 Mo 量 $w(Mo) = 0.10\% \sim 0.35\%$ 的渗碳轴承钢牌号为"G20CrNiMo"。高级优质渗碳轴承钢，在牌号尾部加"A"，如"G20CrNiMo A"。高碳铬不锈轴承钢和高温轴承钢采用不锈钢和耐热钢的牌号表示方法，牌号头部不加"G"。如平均含碳量 $w(C) = 0.90\%$、含 Cr 量 $w(Cr) = 18\%$ 的高碳铬不锈轴承钢牌号为"9Cr18"；平均含碳量 $w(C) = 1.02\%$、含 Cr 量 $w(Cr) = 14\%$、含 Mo 量 $w(Mo) = 4\%$ 的高温轴承钢牌号为"10Cr14Mo4"等。

（5）不锈钢和耐热钢　用合金元素符号和阿拉伯数字表示，易切削不锈钢和耐热钢在牌号头部加"Y"，钢中主要合金元素平均含量表示方法与合金结构钢相同。一般用一位阿拉伯数字表示平均含碳量的千分数，如平均含碳量 $w(C) = 0.2\%$、含铬量 $w(Cr) = 13\%$ 的不锈钢牌号为"2Cr13"，平均含碳量 $w(C) = 0.12\%$、平均含铬量 $w(Cr) = 17\%$ 的加硫易切削不锈钢牌号为"Y1Cr17"；当 $w(C) \geq 1.00\%$时，采用两位阿拉伯数字表示，如平均含碳量 $w(C) = 1.10\%$、平均含铬量 $w(Cr) = 17\%$ 的高碳铬不锈钢牌号为"11Cr17"；当含碳量 $w(C)$ 上限小于 0.1%时，以"0"表示含碳量，如含碳量 $w(C)$

上限为 0.08%、平均含铬量 w（Cr）= 18%、含镍量 w（Ni）= 9%的铬镍不锈钢牌号为"0Cr18Ni9"；当含碳量 w（C）上限不大于 0.03%、w（C）大于 0.01%时（超低碳），以"03"表示含碳量，如含碳量 w（C）上限 0.03%、含铬量 w（Cr）= 19%、含镍量 w（Ni）= 10%的超低碳不锈钢牌号为"03Cr19Ni10"；当含碳量 w（C）上限不大于 0.01%时（极低碳），以"01"表示含碳量，如含碳量 w（C）上限为 0.01%、平均含铬量 w（Cr）= 19%、含镍量 w（Ni）= 11%的极低碳不锈钢牌号为"01Cr19Ni11"。

3. 低合金结构钢和合金结构钢

低合金结构钢和合金结构钢主要用来制造尺寸较大、应力较高的机械零件，如机床、汽车、拖拉机、飞机、火箭、导弹等的零部件。国防科技工业用的合金结构钢品种很多，本节仅简要介绍国防工业广泛应用的代表性钢种：以航空、航天工业应用为主的超高强度钢、核工业应用的反应堆耐压壳体钢、兵器工业应用的常规武器用钢、船舶工业应用的潜艇钢和低合金船体钢。

（1）超高强度钢　超高强度钢是在合金结构钢的基础上发展起来的一种高强度、高韧性合金钢。通常把抗拉强度在 1500MPa 以上，或者屈服强度在 1380MPa 以上，并具有足够的韧性和良好的工艺性能的合金钢称为超高强度钢。按照化学成分和使用性能特点，超高强度钢可划分为六大类：低合金超高强度钢、二次硬化超高强度钢、马氏体时效钢、超高强度不锈钢、基体钢、相变诱导塑性钢。

超高强度钢主要用于航空和航天工业制作承受高应力的重要结构部件，如飞机起落架、大梁、战术导弹固体火箭发动机壳体等。超高强度钢也用于浓缩铀离心机壳体、化工设备耐腐蚀结构件等。超高强度钢也是常规武器用钢之一，例如战术导弹发动机壳体就用到了超高强度钢。

（2）反应堆耐压壳体钢　制造核裂变反应耐压容器所使用的低合金钢称为反应堆耐压壳体钢。核反应堆的类型很多，主要有重水堆、轻水堆、沸水堆、压水堆、气冷反应堆、熔盐反应堆和核聚变反应堆等，其中使用最多的是压水堆，约占 70%～80%。反应堆类型不同，其耐压壳体使用的钢类也不同。压水堆耐压壳体主要使用 A508－3、A533B 等低合金高强度钢。通常所说的反应堆耐压壳体用钢就是指这类钢而言。

根据制造方法，反应堆耐压壳体用钢材可分成两大类：板材和锻件。采用板材用焊接方法制造的耐压壳体，通常称为板焊结构，它是用特厚钢板直接卷成筒状并纵向焊接而成，由于在筒体上必须有一条纵向焊缝，导致抗辐照性能降低。锻件是由大型钢锭直接锻造而成的环形筒体，无焊缝，抗辐照性能提高，从而提高了可靠性。随着核电站的大型化，耐压壳体的直径和壁厚均增加，为提高可靠性，耐压壳体正在由板焊结构向环形锻件结构的方向发展。

耐压壳体为核安全一级设备，在任何情况下都不允许容器破坏，因此要求耐压壳体用钢必须具有高强度、高韧性、良好的抗辐照性能并满足对残余元素的特殊要求[如 w（B）$\leqslant 3 \times 10^{-6}$；$w$（Co）$\leqslant 0.02\%$；$w$（Cu）$\leqslant 0.03\%$]。

（3）常规武器用钢　常规武器用钢为用于制造枪、炮、坦克和战术导弹等武器主要部件的合金结构钢的总称。主要包括厚壁大口经火炮身管用钢、炮弹弹体用钢、均质装甲钢和导弹发动机壳体用钢。

1）厚壁大口径火炮身管用钢：厚壁大口径火炮身管用钢应具有如下性能：高横向比例极限 σ_p 或高屈服强度 $\sigma_{0.1}$，在射击时不产生永久变形；高横向室温和-40℃的低温韧性，在射击时不发生脆性断裂；低裂纹扩展速率，高的周期疲劳次数，从而具有很长的使用寿命；高的高温强度，在射击时不软化胀膛。为保证厚壁大口径火炮身管用钢良好的综合性能，在合金设计上，采用镍铬钼钒钢系列。

2）炮弹弹体用钢：为保证炮弹具有很大的杀伤威力，炮弹弹体用钢通常都采用高强度、低韧性的钢。在合金设计中，通常都采用高碳、高锰、高硅和其它脆性元素，使钢中碳化物数量增加、回火脆性增大、奥氏体晶粒粗大化，以保证弹体钢具有很高的破片率，从而增大杀伤威力。

3）均质装甲钢：均质装甲钢必须有良好的抗弹性能，包括抗弹丸的侵彻能力、抗冲击能力和抗崩裂能力，即要求装甲钢应具有高强度和良好的韧性。在制造装甲车辆的过程中，还要求装甲钢具有良好的冷热加工性和焊接性能。

（4）导弹发动机壳体用钢　为减轻导弹弹体的重量，要求壳体用钢应具有高的比强度，以增大火箭的推力；为防止低应力破坏，要求壳体用钢应具有高的断裂韧性；为降低制造成本，要求壳体用钢具有良好的加工性能和焊接性能。

（5）潜艇钢和低合金船体钢

1）潜艇钢：用于建造潜艇耐压壳体的低合金超高强度钢。大多数的潜艇都具有双壳结构，即外壳和内壳。外壳主要用于改善潜艇的流线型，减小潜艇航行时的阻力，但不承受任何压力；内壳主要用于承受潜艇在一定深度海水中航行时由水深引起的静压力，因此内壳又称为耐压壳。二者相比，对潜艇耐压壳的要求更高。潜艇用钢不但要求具有高强度（承受深水的静压力），而且要求具有高韧性（保证遭受炸弹攻击时的良好抗爆性能）。

由于潜艇是在大深度的海水中航行并进行战斗，服役条件相当苛刻，所以对潜艇用钢要求相当严格，主要要求有高屈服强度、高韧性和高抗爆性、良好的焊接性、良好的耐海水腐蚀性能和抗低周疲劳性能等。

潜艇用钢目前正向高纯度、高韧性、低碳、超低碳、低合金含量和良好焊接性方向发展。

2）低合金船体钢：指用于建造船舶的低合金高强度钢，它和船用碳素钢一起统称为船体钢。低合金船体钢不仅可用于建造内河、近海和无限航区的各类船舶，而且也广泛用于海洋开发的各个领域，如海上石油钻井平台、海洋建筑和码头设施、低温液化石油气的储运装备等。根据用途不同，低合金船体钢可分为高强度造船用钢、舰船壳体用钢和液化气运输船用钢等。

① 高强度造船用钢：在各级船级社规范中，按屈服强度通常在 265～395MPa 之间分两个或三个等级，每一级按冲击韧度的要求，又分为 A、D、E 三个档次。国际船级社联合会（IACS）于 1994 年修订了高强度船用钢规范。各国船级社从 1994 年起相继按国际船级社联合会（IACS）的要求纳入了各自的规范。中国船级社也于 1996 年将有关内容纳入了《钢制海船八级与建造规范》中。

② 舰船壳体用钢：二战以来，各国海军水面舰船一直沿用碳素钢和高强度钢作壳体材料。20 世纪 80 年代后又开发了一系列微合金化、更高级别的适用钢种，主要反映在纯净化、细晶化和均匀化等方面。

4. 不锈耐酸钢

铬含量 $w(Cr)$ 大于 12%，具有不锈性和耐酸腐蚀性的铁基合金。通常对在大气、水蒸气和淡水等腐蚀性较弱的环境中不锈和耐腐蚀的钢种称不锈钢；在酸、碱、盐等浸蚀性强烈的介质中耐腐蚀的钢种称耐酸钢。二者合金成分上的差异，导致了耐蚀性的不同。前者合金化程度低，一般不耐酸；后者合金化程度高，既具有不锈性，又具有耐酸性。习惯上将不锈耐酸钢简称为不锈钢。

不锈钢种类繁多，特性各异，但按其组织可分为 5 大类：奥氏体不锈钢、铁素体不锈钢、双相不锈钢、马氏体不锈钢和高强度不锈钢。其中高强度不锈钢又可分为沉淀硬化不锈钢、冷作硬化奥氏体不锈钢和马氏体时效不锈钢。

（1）奥氏体不锈钢　奥氏体不锈钢组织为单一的面心立方结构。此类钢包括著名的 18－8 钢和在此基础上增加铬、镍含量并加入钼、硅、铜、铌、钛等元素发展起来的高铬－镍系钢以及用锰、氮代镍的铬－锰－镍－氮和铬－锰－氮系不锈钢。

（2）铁素体不锈钢　铁素体不锈钢的组织为体心立方结构，在室温和居里温度以下具有磁性。代表钢种有 1Cr17、1Cr25、0Cr18Mo2Ti、00Cr30Mo2 以及高纯（碳、氮总量（质量分数）低于 $150×10^{-6}$）Cr18Mo2、Cr26Mo1 等。

（3）双相不锈钢　双相不锈钢的组织为奥氏体和铁素体混合组织。$w(Cr)=18\%\sim28\%$、$w(Ni)=3\%\sim5\%$，按含铬量的不同可分为 Cr18 系、Cr22 系和 Cr25 系。有的牌号还含有钼、铜、钨、硅、钛、铌、氮。主要用于化工、石油、核工业中作为耐应力腐蚀以及腐蚀疲劳介质环境中作为结构材料使用，如各种换热器、泵、阀门等。

（4）马氏体不锈钢　马氏体不锈钢包括马氏体铬不锈钢（如 2Cr13、4Cr13、9Cr18 等）和马氏体铬镍不锈钢（如 Cr13Ni14Mo、Cr17Ni2 等）。前者主要用于工具、刀具、轴类等，后者主要用于轴类、大型耐磨部件和转动部件等。

（5）高强度不锈钢　按钢的组织特点，高强度不锈钢可区分为马氏体沉淀硬化不锈钢（如 0Cr17Ni4Cu4Nb）、半奥氏体沉淀硬化不锈钢（如 0Cr17Ni7Al 和 0Cr17Ni7Mo2Al）、奥氏体沉淀硬化不锈钢（如 0Cr15Ni25Ti2MoVB）以及马氏体时效不锈钢和铁素体时效不锈钢等。强度较高可达 1200～1800MPa，并具有良好的韧性。主要用于既要求高的强度又要求具有一定耐蚀性的结构部件，如宇航工业的飞机蒙皮，弹簧、轴类以及仪表部件等。

9.3 高温合金

高温合金一般指在 600℃ 以上承受一定应力条件下工作的合金。它不但有良好的高温耐氧化和耐腐蚀能力，而且有较高的高温强度、蠕变强度和持久性能以及良好的耐疲劳性能。它是现代航空发动机、航天器和火箭发动机以及舰艇和工业燃气轮机的关键热端部件材料（如涡轮叶片、导向器叶片、涡轮盘、燃烧室和机匣等），也是核反应堆、化工设备、煤转化技术等方面需要的重要高温结构材料。

9.3.1 高温合金分类

高温合金的分类见表 9-6。

表 9-6 高温合金的分类

分类方法	合金名称	典型钢号举例
按基体分类	镍基高温合金	GH3030, GH4033, K403, DZ22
	铁基高温合金	GH1140, GH2132, K214
	钴基高温合金	GH188, K640
按基本成形工艺分类	变形高温合金	GH1015, GH2036, GH3128, GH4133, GH4159
	铸造高温合金	K211, K417, K640, DZ5, DD3, DZ4, DZ22, DZ125
	粉末高温合金	FGH95
	发散冷却高温合金	
按强化方法分类	固溶强化合金	GH1016, GH3039
	沉淀强化合金	GH2032, GH4049, K204, K401
	弥散强化合金	MGH754

注：1. 我国高温合金牌号中汉语拼音字母的含义是：GH—变形高温合金；K—铸造高温合金；DZ—定向铸造合金；
DD—单晶定向合金。

2. 凡已进入国家标准的牌号，GH 和 K 字后第一位阿拉伯数字为分类号，即 1—固溶强化铁基合金；2—沉淀
（时效）强化铁基合金；3—固溶强化镍基合金；4—沉淀强化镍基合金。其后的二位或三位数字为合金的
牌号。尚未进入国标的牌号，汉语拼音后的数字仅为合金的编号，无分类号。

现分别简要说明如下：

1. 按制作工艺分类

可分为变形高温合金、铸造高温合金、粉末冶金高温合金和发散冷却高温合金。变形高温合金的合金化程度相对较低，因而高温强度也较低，但综合性能好，有较好的热加工塑性，可以通过热变形制成不同形状的部件；铸造高温合金的合金化程度高，高温强度高，但难于或不可能进行热加工变形，因而采用精密铸造制成零件；粉末冶金高温合金采用液态金属雾化喷粉或高能球磨机制粉，因此晶粒组织细小，偏析基本得到消除，所以热加工性得到显着改善，可以将难于变形的铸造高温合金转变成变形高温合金，制成高性能涡轮盘；发散冷却高温合金是金属粉末或丝网压制而成的多孔材料，冷却介质在多元体表面形成稳态而连续的附面层，起到隔热冷却的效果，能在高达 3500℃ 的极端高温下工作，通常作火箭发动机的喷注器面板。

（1）变形高温合金 能够通过热加工变形成型的高温合金材料。一般分为铁基变形高温合金、镍基变形高温合金和钴基变形高温合金三类。铁基变形高温合金广泛用作燃烧室、涡轮盘、机匣和轴等零件；一般用于工作温度较低的发动机。镍基变形高温合金应用最广泛。限于资源，我国钴基变形高温合金发展较少，一般不研制新合金。

（2）铸造高温合金 以铸造方法直接制备零部件的高温合金材料。根据合金基体成分可分为铁基铸造高温合金、镍基铸造高温合金和钴基铸造高温合金三种类型；按结晶方式可分为多晶铸造高温合金、定向凝固铸造高温合金、定向共晶铸造高温合金和单晶铸造高温合金四种类型。铸造高温合金一般在大型真空感应炉中冶炼母合金，用失蜡精密造型制造壳型，然后在小型真空感应炉中重熔浇注成零件。铸件中不可避免会产生一

无损检测综合知识

些显微缩松，可采用热等静压处理使之减轻或消除；多晶铸造高温合金的晶粒度比较大，对疲劳性能不利，通常采用表面晶粒细化法获得零件表层的细晶。

（3）粉末冶金高温合金　用粉末冶金工艺制取的高温合金材料。粉末冶金高温合金具有晶粒细小、组织均匀、加工性能好、高温屈服强度高、疲劳性能好等优点，是制造先进的高推重比飞机发动机涡轮盘和其他高温部件的理想材料。粉末冶金高温合金可分为镍基粉末冶金高温合金、氧化物弥散强化高温合金和机械合金化高温合金，产品已得到广泛应用。

（4）发散冷却高温合金　采用发散冷却技术，能够在极端高温环境下稳定工作的一类高温合金材料。这种材料是以金属粉末或金属丝网为原料，经压制、烧结制成的，具有一定渗透能力和机械强度的多孔体。主要用作液氢-液氧火箭发动机燃烧室的喷注器面板，工作温度高达 3500℃，用氢气作发散冷却剂。

2. 按合金基体元素分类

可分为铁基、镍基和钴基高温合金。使用最广的是镍基高温合金，其高温持久强度最高，钴基高温合金次之，铁基高温合金最低（图9-16）。

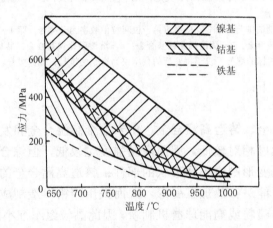

图9-16　铁基、镍基和钴基高温合金的持久强度（1000h）

3. 按强化方式分类

可分为固溶强化高温合金、时效强化高温合金和氧化物弥散强化高温合金。固溶强化高温合金具有良好的抗氧化性、良好的塑性和成形性以及一定的高温强度，主要用于承受应力较低的高温部件，如燃烧室、火焰筒等；时效强化高温合金具有较高的高温强度和蠕变强度以及良好的综合性能，是高温合金材料的主要组成部分，用于承受高负荷的高温和中温部件，如涡轮叶片、涡轮盘等；氧化物弥散强化高温合金中弥散分布的氧化物有高的热稳定性，即使在很高温度下也不固溶于基体，因而在 1000℃ 以上仍有较高的强度。

此外，按主要用途，又可分为板材合金、棒材合金和盘材合金等。

9.3.2　高温合金制备特点

高温合金材料制备是指生产高温合金材料的各种工艺方法。

与一般钢铁材料相比，高温合金的制备工艺，包括冶炼、塑性加工、铸造、焊接和热处理，均有其自身的特点。

1. 高温合金冶炼

高温合金冶炼是使组成高温合金材料的原材料熔融成合金的方法。大多采用二次重熔工艺；主要的二次重熔设备有电渣炉和真空自耗炉。

2. 高温合金铸造

高温合金铸造是使用精密铸造进行成型的工艺。主要生产工艺是真空冶炼和熔模精密铸造工艺。经真空冶炼母合金、真空铸造和热等静压处理的铸件，最佳性能可与同类变形高温合金相比拟，断裂从表面开始，而不是由缺陷起源。

3. 高温合金塑性加工

高温合金塑性加工是在外力作用下，使高温合金发生塑性变形，成为所需形状、尺寸和性能的工件，是高温合金材料制备工艺之一。塑性加工（压力加工）可分为热塑性加工和冷塑性加工。

热塑性加工的特点是：塑性较低；热加工温度范围较窄，一般为 200℃左右，有的甚至低到 70～80℃；高温下变形抗力较大，比普通碳素结构钢高 2～4 倍；再结晶温度低，变形过程中抗力增加，硬化较大，塑性降低，因而不利于高速变形。热塑性加工方式主要有八种：锻锤自由锻、压力机自由锻、挤压、热轧、模锻、细晶锻造、超塑性等温锻造和形变热处理。

冷塑性加工的特点是：由于高温合金强度高，变形抗力大，大部分不宜进行冷塑性加工，只有固溶强化型和少数时效强化型高温合金才可以进行冷塑性加工。加工方式主要有五种：冷轧薄板、冷轧和冷拔管材、拉拔棒材、拉拔丝材、冲压和拉深。

4. 高温合金焊接

高温合金材料可采用电弧焊、电阻焊、真空钎焊、扩散焊和摩擦焊等。高温合金熔焊时，要注意加强保护，防止合金元素氧化烧损；电子束焊和扩散焊时，必须在高真空和高精度装配的条件下进行。

5. 高温合金热处理

利用高温合金材料随温度变化发生组织结构转变的特性，以改善并控制其物理、力学性能的工艺。高温合金的热处理方法有扩散退火、固溶处理、时效、中间处理和特殊热处理等。扩散退火（均匀化处理）的目的是使高温合金锭化学成分均匀，减少元素偏析。固溶处理的目的是控制晶粒度；将析出相溶入基体。时效的目的是使晶内析出细小弥散的强化相，同时也在晶界析出颗粒状的强化相。中间处理的主要作用是改变晶界析出相的类型、形态和数量；许多高温合金在固溶处理和时效处理之间加上一次或两次中间处理。特殊热处理包括弯曲晶界热处理、形变热处理和细化晶粒热处理。

铸造高温合金在凝固冷却过程中强化相已大部分析出并长大到一定尺寸，因此大部分不必进行热处理就可以使用。

9.4　轻金属

轻金属材料（轻合金）是航空航天飞行器的主要结构材料。轻合金的主要特点是比强度高，综合性能好。因此，特别适合于制造航空航天飞行器。

铝合金密度小、塑性好、耐腐蚀、易加工、价格低，因此长期以来就是航空航天工业的重要结构材料，至今仍被大量用于制造飞机机体和运载火箭箭体结构。钛合金比强度高、热强性好，它的发展一开始就和在航空工业中的应用联系在一起，目前越来越多地被用于制造飞机机体和发动机中温度较高的部位，也在航天工业中有一定的应用。镁合金比铝合金和钛合金的密度更低，曾在航空和火箭上有较多的应用，但由于其耐腐蚀性较差和一些其他问题，目前在航空和航天工业中应用不多。

在船舶、兵器和核能工业中，轻合金也得到较广泛的应用。

*9.4.1　铝及铝合金

铝具有银白色的金属光泽。主要特性是轻，相对密度只有钢铁的1/3，比强度高。铝的强度随温度降低而增大。即使温度降低到-198℃，铝并不变脆。铝是一种优良的导电材料。铝具有良好的导热性能、良好的光和热的反射能力。铝易于加工，可压成薄板或铝箔、拉成铝线、挤压成各种异型的材料。铝可用一般的方法切割、钻孔和焊接。

铝合金是指以铝为基加入其他元素组成的合金。它保持了纯铝的主要优点，又具有一些合金的具体特性。铝合金的密度为 $2.63 \sim 2.85 \mathrm{g/cm^3}$，强度范围较宽（$\sigma_b$ 为 $110 \sim 700\mathrm{MPa}$），比强度接近合金钢，比刚度超过钢，有良好的铸造性能和塑性加工性能，良好的导电、导热性能和耐腐蚀性，可焊接。作为结构材料，铝合金在航天、航空、兵器、船舶等国防工业中有着广泛的应用。

按其成分和生产工艺，铝合金一般分成变形铝合金和铸造铝合金两大类。变形铝合金是先将合金配料熔铸成坯锭，再进行塑性变形加工，通过轧制、挤压、拉伸、锻造等方法制成各种塑性加工制品。铸造铝合金是将配料熔炼后用砂模、铁模、熔模和压铸法等直接铸成各种零部件的毛坯。此外，变形铝合金还按其能否通过热处理来进行沉淀强化，而分成不能热处理强化的铝合金和可以热处理强化的铝合金。

1. 变形铝合金

变形铝合金又称"可压力加工铝合金"。是以轧制、挤压、锻造、拉丝等工艺制造各种形状和尺寸的半成品铝合金。其中包括：硬铝合金、锻铝合金、超硬铝合金、防锈铝合金、特殊铝合金。

变形铝合金在飞机上用作蒙皮、框架、桁条、主梁、前梁、翼梁、起落架零件及导管、铆钉等；在航空发动机中用作叶片、叶轮、压气机盘、机匣和安装边；在附件里用作螺旋桨叶、作动筒零件、紧固件等；在航天上大量用作运载火箭箭体材料；在船舶、兵器和核能工业中，变形铝合金也有一定的应用。

（1）硬铝合金　属热处理强化类铝合金，具有较高的力学性能，如 2A12（LY12）等。硬铝合金又分普通硬铝（铝-铜-镁系合金）如 2A10、2A11、2A12（LY10、LY11、LY12）等，和耐热硬铝（铝-铜-锰系合金）如 2A16、2A17（LY16、LY17）等。前者可制作铆钉、一般结构件和飞机主承力构件，后者可制作 350℃以下工作的压气机叶片、压气机盘、焊接件、锻件和模锻件。

（2）超硬铝合金 也称高强度铝合金。目前在铝合金中具有最高的力学性能，一般抗拉强度为 500～700MPa。如铝-铜-镁-锌系的 7A03、7A04、7A09（LC3、LC4、LC9）等。可制作形状复杂的锻件和模锻件，如浆叶、大梁、起落架和蒙皮等。

（3）锻铝合金 在锻造温度范围内具有优良的塑性，可制造形状复杂锻件的铝合金，如铝-镁-硅系的 6B02（LD2），铝-镁-硅-铜系的 2A50、2B50、2A14（LD5、LD6、LD10），铝-铜-镁-铁-镍系的 2A70、280A（LD7、LD8）等。后者可用于制造活塞、叶片、导轮及其他在较高温度下工作的部件。

（4）防锈铝合金 在大气、水和油等介质中具有较好耐腐蚀性能的铝合金，如 5A03（LF3）、3A21（LF21）等。不能热处理强化，只能冷作硬化。适于制造承受轻载荷的深拉伸零件、焊接零件和腐蚀介质中工作的零件。

我国变形铝及铝合金牌号表示方法从 1997 年 1 月 1 日开始使用新标准：在过渡期间，过去使用的牌号仍可继续使用，自然过渡，暂不限定过渡时间。

变形铝及铝合金状态代号我国也已制定新国家标准，自 1997 年 1 月 1 日起执行。新国家标准接近国际通用的状态代号命名方法。合金的基础状态分为 5 级，见表 9-7。

T 状态细分为 TX、TXX 及 TXXX，还有消除应力状态。常见的 TX、TXX 状态见表 9-8 和 9-9。

表 9-7 变形铝及铝合金状态代号

代号	名 称
F	自由加工状态
O	退火状态
H	加工硬化状态
W	固溶热处理状态
T	热处理状态（不同于 F、O、H 状态）

表 9-8 常见的 TX 状态

状态代号	热处理状态
T3	固溶、冷作、自然时效
T4	固溶、自然时效
T6	固溶、人工时效
T7	固溶、过时效
T8	固溶、冷作、人工时效

表 9-9 常见的 TXX 状态

状态代号	说明与应用
T73	固溶及时效以达到规定的力学性能和抗应力腐蚀性能
T74	与 T73 状态定义相同。抗拉强度大于 T73，小于 T76
T76	与 T73 状态定义相同。抗拉强度大于 T73、T74，抗应力腐蚀性能低于 T73、T74，但其抗剥离腐蚀性能仍较好

2. 铸造铝合金

铸造铝合金是采用铸造工艺直接获得所需零件所使用的铝合金。要求它有理想的铸造性：良好的流动性、较小的收缩、热裂及冷裂倾向性，较小的偏析和吸气性。铸造铝合金的元素含量一般高于相应变形铝合金的元素，多数合金接近共晶成分。

我国铸造铝合金牌号由 ZAl、主要合金元素符号以及表明合金化元素名义百分含量的数字组成。当合金元素多于两个时，合金牌号中应列出足以表明合金主要特性的元素符号及其名义百分含量的数字。合金元素符号按其名义百分含量递减的次序排列。除基体元素的名义百分含量不标注外，其他合金化元素的名义百分含量均标注于该元素符号之后。对那些杂质含量要求严、性能高的优质合金，在牌号后面标注大写字母"A"以表示优质。如 ZAlSi7MgA。

按主要加入的元素，铸造铝合金可分为四个系列：铝硅系、铝铜系、铝镁系和铝锌系。采用 ZL＋3 位数字标记法：第一位数字表示合金系，其中 1 表示铝硅系、2 表示铝铜系、3 表示铝镁系、4 表示铝锌系，第二、三位数字表示合金序号。优质合金，在代号后面标注大写字母"A"。如 ZAlSi7MgA 牌号的优质铸造铝合金的代号是ZL101A。

我国铸造铝合金的铸造方法、变质处理代号为：

S－砂型铸造　　　　J－金属型铸造　　　　R－熔模铸造　　　　B－变质处理

铸造铝合金的状态代号为：

F－铸态　　　　T1－人工时效　　　　T2－退火　　　　T4－固溶处理加自然失效

T5－固溶处理加不完全人工时效　　　　T6－固溶处理加完全人工时效

T7－固溶处理加稳定化处理　　　　　　T8－固溶处理加软化处理

根据合金的使用特性，铸造铝合金可分为：耐热铸造铝合金、气密铸造铝合金、耐蚀铸造铝合金和可焊接铸造铝合金。

（1）耐热铸造铝合金　具有高的高温持久强度、抗蠕变性能和良好的组织热稳定性的铸造铝合金。如 ZL201 合金。

（2）气密铸造铝合金　能承受高压气体或液体作用而不渗漏的铸造铝合金。如ZL102、ZL104、ZL105 等。用于制造高压阀门、泵壳体等零件和在高压介质中工作的部件。

（3）耐蚀铸造铝合金　用于制造在腐蚀条件下工作的零部件的铸造铝合金。兼有良好的耐蚀性和足够高的力学性能。如 ZL301 等。广泛用于船舶工业和内燃机的活塞。

（4）可焊接铸造铝合金　以焊接性能为主要指标的铸造铝合金，一般同时具有良好的气密性和强度。如ZL101、Zl102、ZL103、ZL106、Zl11 等。用于焊接结构。

9.4.2　钛及钛合金

钛的元素符号为 Ti，原子序数 22，相对原子质量47.9。钛的熔点为 1690℃，同素异构转变点为882℃。钛具有两种晶体结构，882℃以下为密排六方晶体结构（称α相）；882℃以上为体心立方晶体结构（称β相）。钛密度小、比强度高、耐腐蚀，是一种很好的结构材料。钛包括钛单晶和工业纯钛。工业纯钛可制成板、棒、丝、管材和锻件、铸件等。

钛合金是以钛为基，含有其他合金元素和杂质的合金。

钛合金的主要特点是：在-253～600℃范围内，比强度（抗拉强度/密度）高，抗拉强度可达 1200～1400MPa，而密度仅为钢的 60%；耐热性好，耐热钛合金最高使用温度已达600℃；耐蚀性能优异，耐海水腐蚀性能可与白金相比；低温性能良好。

钛合金首先在航空、航天等对减轻重量有紧迫要求的技术领域获得应用；随后又扩大到兵器、船舶和医疗、体育器械等领域。在航空、航天工业中，重要的钛合金零件有：喷气发动机用风扇叶片、压气机叶片、盘、内环、压气机匣、中间机匣、增压器叶轮、发动机罩、排气罩、轴承壳体及支座等；飞机机身用结构锻件、紧固件和高温区蒙皮等；导弹用控制舱、尾翼、火箭后封头、公用底、发动机壳体、压力容器、燃料储箱等；人造卫星用支座、扫描器框架、镜筒等；航天飞机结构骨架、主起落架、登月舱推进系统等。在船舶工业中，重要的应用有：深潜器、核潜艇（耐压壳体等）、扫雷艇、螺旋桨推进器等。在兵器工业中，重要的应用有：迫击炮管、迫击炮座板、防弹衣和背心、盔、枪管、炮架、坦克履带等。

钛合金根据存在于它们组织中的相可分成三类：α型、α＋β型和β型钛合金；根据工艺方法可分为变形钛合金、铸造钛合金和粉末冶金钛合金；按使用性能可分为结构钛合金、耐热钛合金、耐蚀钛合金、低温钛合金和功能钛合金等。

1. α型、α＋β型和β型钛合金

（1）α型钛合金 含有α稳定剂，在室温稳定状态下基体为α相的钛合金。α型钛合金具有良好的耐热性和组织稳定性，是发展耐热钛合金的基础。缺点是变形抗力大，不能热处理强化，强度中等（抗拉强度大多在 1000MPa 以下）。α型钛合金密度小、焊接性能好，低温性能也优于其他类型的钛合金。典型代表是 Ti-5Al-2.5Sn 合金。

近α型钛合金：α型钛合金中加入少量β稳定剂，在室温稳定状态β相含量一般低于10%的钛合金。如 Ti-8Al-1Mo-1V、Ti-2Cu 等。具有一定的热处理强化能力。

（2）α＋β型钛合金 含有较多的β稳定剂，在室温稳定状态由α和β相所组成的钛合金。α＋β型钛合金耐热性一般不如α型钛合金，最高使用温度450～500℃；热加工性能良好，变形抗力较小，但合金的组织和性能对工艺参数十分敏感；应用范围广泛。典型代表是 Ti-6Al-4V 合金。

（3）β型钛合金 含有足够的β稳定剂，在适当冷却速度下能使其室温组织全部为β相的钛合金。包括热力学稳定β型合金和亚稳定β型合金。前者在钛中加入足量的β稳定元素，通过淬火和某些情况下的空冷，可得到室温时的β组织；后者合金元素只需高于临界浓度，通过淬火处理，就可获得单一的亚稳定β组织。稳定型β合金只作为耐蚀材料使用，如 Ti-32Mo；而作为结构材料主要应用亚稳定型β钛合金。β型钛合金具有良好的工艺塑性，便于加工成形，时效处理后强度可达 1289～1380MPa。

2. 变形钛合金和铸造钛合金

（1）变形钛合金 可进行压力加工的钛合金。能制成半成品，如板、棒、丝、带、箔、管、型材、锻件或锻坯等，是目前普遍应用的钛合金。其组织类型有α型、α＋β型和β型。

我国变形钛合金的牌号有 20 多个。钛合金牌号由字母 T 和 A、或 B、或 C 及数字组成，其中的 T 代表钛，A、B、C 分别代表α型、β型和α＋β型合金，数字为合金顺序号，如 TA7、TB2、TC4 等。

（2）铸造钛合金 能浇注成一定形状铸件的钛合金。大部分变形钛合金（如 TA7、TC4、TC9 等）具有较好的铸造性能，均可用于铸造。多用真空凝壳炉和石墨型熔铸。使用温度一般为 300～400℃。

铸造钛合金牌号由 Z 和主要合金化元素符号以及表明合金化元素名义百分含量的数字组成，如 ZTiAl5Sn2.5 等；铸造钛合金代号由字母 ZT 加 A、B 或 C（分别表示α

型、β 型和α+β 型）及顺序号组成，顺序号与同类型的变形钛合金的表示方法相同，如 ZTA7 等。

3. 钛合金制备特点

钛合金制备是制取钛材料（板材、棒材、管材、丝材、锻件、铸件和粉末冶金制品）的工艺过程。采用熔炼和塑性加工的方法可制造各种半成品，而真空铸造和粉末冶金方法可制成各种铸件和粉末冶金制品。由于钛合金的特性，其制备有一些特点。

（1）钛合金熔炼　钛合金熔炼是熔化钛原料和添加料，制取钛和钛合金致密锭坯的过程。

由于钛具有活性高、熔点高和对间隙元素极为敏感的特性，熔炼只能在真空或惰性气体保护下进行，通称真空熔炼。占主导地位的方法是真空自耗电弧熔炼（VAR，以下简称自耗熔炼），其原理是将海绵钛和添加料制备成电极，在真空室内，利用电极和水冷铜坩埚之间的电弧放电产生的高温，将电极熔化后滴落入坩埚中冷凝成锭坯。自耗炉主要由炉体、电极驱动机构、水冷铜坩埚、真空系统、主直流电源和控制台等组成。此外，还有电子束、真空等离子弧、等离子束、旋转电极非自耗、真空电渣和冷炉床熔炼等。

一般钛材料经二次自耗熔炼制取，航空等重要用途的某些钛合金需经三次熔炼。

（2）钛合金塑性加工　钛合金塑性加工是用塑性变形方法将钛合金铸锭加工成半成品的过程。工业上常用的工艺如锻造、轧制、挤压、拉伸等已能生产出各种规格的板、棒、线、管和锻件。钛材料塑性加工的特点是：变形抗力大，常温塑性低，屈服强度和抗拉强度的比值高，变形回弹大，变形过程中易与模具粘结等。

锻造是将铸锭加工成中间坯料的必经工序，一般称开坯锻造。同时，锻造还作为独立工序用于生产棒材、锻件和模锻件等产品。挤压法可生产管、棒和型材。轧制可生产板、带、箔、管和型材；板、带、箔轧制有热轧、温轧和冷轧 3 种方法；厚壁管材可用挤压和斜轧法生产，小直径薄壁无缝管材需再经冷轧或拉伸制得；型材轧制可生产棒材和简单断面型材。拉拔可生产小直径棒材和丝材。

（3）钛合金铸造　在真空或保护气氛下，将钛合金进行熔炼、浇铸成铸件的过程。熔铸钛合金的主要设备是自耗电弧凝壳炉。其原理是：在炉体内，采用钛材料铸锭或锻棒作为母材料电极（负极），水冷铜坩埚充当正极，在真空气氛下，输入低压（25～40V）大电流，两极接近起弧后，熔化钛材料自耗电极端部，滴入坩埚内形成熔池，在水冷作用下，铜坩埚壁与熔池间形成一层凝壳，保护坩埚不受浸蚀，钛液不受污染。当坩埚内熔池增长至足够量时，停电断弧，快速提升电极，翻转坩埚，将熔融钛水注入静止的或离心转动的铸型中即可获得所需的铸件。

（4）钛合金焊接　通过加热或加压，或两者并用，并且用或不用填充材料，使钛合金的工件达到原子结合的方法。可用于焊接钛合金的焊接方法有：惰性气体保护焊、真空电子束焊、埋弧焊、电渣焊、高频焊、电阻焊、摩擦焊和钎焊等。用得最多的是惰性气体（主要是氩气）保护焊，也称氩弧焊。焊缝中最常见的缺陷是气孔和冷裂。

（5）钛合金热处理　通过加热、保温和冷却的方法，来改变钛合金半成品和零件的内部组织结构，从而达到改善性能的过程。钛合金的热处理可以分为普通退火、特种退火（包括等温退火、多重退火和 β 退火）和强化热处理（固溶处理＋时效）。

9.4.3 镁及镁合金

镁的元素符号为 Mg，密度为 $1.738g/cm^3$。镁是银白色金属，密排六方晶格，无同素异形转变。镁的强度比铝低，但比强度和比刚度比其他任何金属都高。镁的弹性模量小、塑性变形能力差、有良好的切削加工性能。

镁合金是以镁为基、添加一种或一种以上其他元素组成的合金。镁合金在航天、航空工业应用较多，其他工业部门如仪表、工具等也有应用。镁合金铸造工艺能满足零部件结构复杂的要求，能铸造出外形上难以进行机械加工、刚度高的零部件。镁合金具有优良的切削加工性能、很高的振动阻尼容量，能承受冲击载荷，可制作承受振动的部件。镁合金按加工工艺分为变形镁合金和铸造镁合金。

1. 变形镁合金

可以塑性加工制造成板、棒、型、管、带、线等镁材和锻件的镁合金。工业用变形镁合金按其接受热处理的强化效果可分为可热处理强化合金（如 MB7、MB15 等）与不能热处理强化合金（MB1、MB2、MB3 等）；按镁合金主要成分可分为：镁锰系合金、镁铝锌系合金、镁锌锆系合金、镁钍系耐热合金、镁锌锆稀土系合金、镁锂系合金、镁锰稀土系合金。我国变形镁合金的牌号以 MB 后尾随数字表示；数字表示合金的顺序号。如 Mg-Al-Zn-Mn 系的变形镁合金的代号有 MB2、MB5、MB7 等。

2. 铸造镁合金

适于用铸造方法生产零部件的镁合金。按合金化学成分可分为：镁铝锌系铸造镁合金、镁锌锆系铸造镁合金、镁稀土锆系铸造镁合金。

我国铸造镁合金牌号由 ZMg、主要合金元素符号以及表明合金化元素名义百分含量的数字组成。当合金元素多余两个时，合金牌号中应列出足以表明合金主要特性的元素符号及其名义百分含量的数字。合金元素符号按其名义百分含量递减的次序排列。除基体元素的名义百分含量不标注外，其他合金化元素的名义百分含量均标注于该元素符号之后。如 ZMgZn4RE1Zr 等。

我国铸造镁合金代号由字母 ZM 及其后面的数字组成，数字表示合金的顺序号，如 ZMgZn4RE1Zr 牌号的铸造镁合金的代号为 ZM2 等。

9.5 聚合物基复合材料与蜂窝夹层结构

9.5.1 聚合物基复合材料

现代复合材料按基体材料类型可分为：有机高分子的聚合物基、金属基和无机非金属基三大类。聚合物基复合材料（PMC）又可分为树脂基体和橡胶弹性基体。树脂基体处于玻璃态，因此树脂基复合材料具有高的模量、强度和尺寸稳定性，可作为承力结构材料；而橡胶弹性体处于高弹态，可用作阻尼、隔声、含能（固体推进剂）等功能复合材料的基体。由于目前复合材料的优势在于用作结构材料，因此树脂基复合材料更为重要，以至可认为它是聚合物基复合材料的代表。

聚合物基复合材料的第一代是玻璃纤维/树脂基复合材料（俗称玻璃钢），第二代是以高强度、高模量为特征的碳纤维、硼纤维、芳纶纤维、超高分子量聚乙烯等纤维增强的复合材料，其性能明显优于第一代，被称为先进聚合物基复合材料（APMC），其特征和优点是：比强度、比模量（弹性模量与密度之比）高（高模量碳纤维复合材料的比强度是钢的 5 倍、铝合金的 4 倍、钛合金的 3.5 倍以上，比模量是钢、铝、钛的 4 倍甚至更高）；耐疲劳性能好（大多数金属材料的疲劳强度极限是其抗拉强度的 30%～40%，而碳纤维复合材料的疲劳强度是其抗拉强度的 70%～80%）；抗振性能好；具有多种功能；各向异性及性能可设计性；材料与结构的同一性（复合材料制造与制品成形是同时进行的，可实现制品的一次成型，适合于大面积、结构形状复杂构件的精确整体成型）；热膨胀系数小。

复合材料的主要用户是航空、航天工业。在航空工业，已应用部位几乎遍布战斗机的机体，包括垂直尾翼、水平尾翼、机身蒙皮以及机翼的壁板和蒙皮等等，在战斗机中树脂基复合材料的用量已达 24%；民用飞机的应用部位以次结构（如整流罩、固定翼和尾喷口盖壁板、发动机罩）以及飞机控制面（如副翼、升降舵、方向舵和扰流片）为主；复合材料在直升机结构中应用更广、用量更大，不仅机身结构，而且由桨叶和桨毂组成的升力系统、传动系统也大量采用树脂基复合材料。PMC 在航天领域的导弹、运载火箭、航天器等重大工程系统以及其地面设备配套件中都获得广泛应用，包括：液体导弹弹体和运载火箭箭体材料如推进剂储箱、导弹级间段、高压气瓶；固体导弹和运载火箭推进器的结构材料和功能材料、固体发动机喷管的结构和绝热部件；战术战略导弹的弹头材料、发射筒；卫星整流罩的结构材料和返回式航天器的烧蚀防热材料；含能复合材料。

9.5.2　蜂窝夹层结构

蜂窝夹层结构是指将面板（蒙皮）和蜂窝芯相互连接构成的一种板壳结构。主要包括金属（铝合金、高强度合金等）蜂窝夹层结构和复合材料蜂窝夹层结构。蜂窝夹层结构的结构形式主要有两种：A 型结构（蜂窝芯加两层蒙皮）和 C 型结构（两层蜂窝芯加三层蒙皮）。前者应用比较普遍；后者的典型应用是预警机的天线罩。

蜂窝夹层结构具有比强度和比模量高，抗疲劳性、减振性、破损安全性和成形工艺性好，便于修理等特点，已在飞机、火箭、人造卫星、舰船等工业部门获得越来越多的应用。在航空航天产品上，蜂窝夹层结构常制成各种壁板或全高度蜂窝件，用作飞机及导弹的翼面、舵面、舱盖、地板、发动机尾喷管、消声板、宇航飞行器的外壳、回收缓冲装置等。蜂窝夹层结构还广泛用于其他部门，如舰艇及车辆外壳等。

9.6　火炸药

火炸药包括火药和炸药两大类。火药和炸药的主要区别是：火药的爆炸变化为迅速燃烧形式，而不发生爆轰；炸药的爆炸变化表现为爆轰为其基本形式。前者主要用于枪弹、炮弹的发射药或推进火箭运行的能源，后者主要用于爆破作业及炮弹、各种炸弹和火箭的战斗部。

9.6.1　火药

火药是多组元的固体可爆性混合物，能在绝氧的情况下有规律燃烧、主要形成气体产物，提供发射炮弹、推进火箭和其他目的的能量。

火药的种类较多，除日常所见的火药外，目前在兵器上常见的火药有双基火药和复合火药及改性双基火药。

双基火药的主要成分为纤维素硝酸酯和不易排除的溶剂。

复合火药的成分多种多样，但其基本成分仍然是氧化剂和燃烧剂。它与双基火药不同，其氧化剂和燃烧剂是分开的、是不同物质，而双基火药是在同一成分里。

9.6.2　炸药

炸药是在一定的外部条件下能发生爆炸，同时释放热量并形成高热气体的化合物或混合物。

炸药按化学成分分为单质炸药和混合炸药；按用途分为起爆药（初发炸药）、猛炸药（次发炸药）和发射药（实际是火药，包括火箭燃料）。

起爆药用于激发其他炸药的爆炸变化。其特点是感度高，在简单的激发冲量（冲击、摩擦、针刺等）作用下即可爆炸。在军事上，起爆药主要用于装填火帽、底火、点火管、各种电点火具、炮弹雷管、爆破雷管和电雷管等。

猛炸药对外界作用的感度较迟钝，主要靠起爆药来激发其爆炸变化。猛炸药用于各种火箭的战斗部、各种炮弹的弹体、炸弹、鱼雷、深水炸弹和手榴弹等起爆炸破坏作用的部位。

复 习 题

1．何谓金属结合？用金属结合定性地说明金属的导电性、导热性、塑性、不透明性和光泽。

2．名词解释：空间点阵、晶质、晶体、单胞、晶系、晶轴、晶体结构、晶体点阵、晶面和晶向。

3．描述常用金属的晶体结构：体心立方、面心立方和密排六方点阵，并举出实例。

4．名词解释：相、相界、固溶体、金属化合物、相图、铁碳相图。

5．说明铁碳相图在制定热加工工艺方面的作用。

6．简述铸锭的结晶特点，图示铸锭的结构。

7．说明金属的变形、回复和再结晶。

8．说明金属的多形性转变和过饱和固溶体的分解。

9．解释：金相检验、低倍检验和显微检验。

10．什么叫碳钢？说明碳钢按含碳量的分类方法和碳钢常用钢号表示方法。

11．举例说明低合金钢和合金钢产品牌号表示方法。

12．什么叫超高强度钢？其主要用途有哪些？

13．什么叫反应堆耐压壳体钢？耐压壳体用钢材如何分类？

14．说明常规武器用钢及其分类。

15．说明潜艇钢和低合金船体钢。

16．不锈耐酸钢及其按组织分类。

17．说明高温合金按制作工艺的分类方法和各类高温合金的典型应用。

18．说明高温合金的制备特点。

19．简述铝合金的特点与分类。

20．简述变形铝合金的定义、分类和典型应用。

21．简述铸造铝合金的定义、分类、牌号和代号表示方法。

22．钛合金的主要特点、典型应用、分类方法和牌号与代号表示方法。

23．说明钛合金的制备特点。

24．说明先进复合材料的特点和典型应用。

25．说明蜂窝夹层结构的特点和典型应用。

26．什么是火药？什么是炸药？说明两者的主要区别及各自的主要应用。

第10章 工 艺

10.1 金属铸造

本节简要介绍五种典型的铸造工艺：砂型铸造、金属型铸造、熔模铸造、离心铸造和凝壳铸造。

*10.1.1 砂型铸造

砂型铸造俗称"翻砂"，是用型砂制成的铸型进行铸造的古老方法。主要过程（参见图10-1）如下。

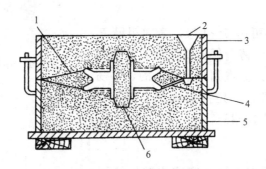

图10-1 砂型铸造示意图

1—湿砂芯 2—池形外浇道 3—上箱 4—浇道 5—下箱 6—干砂芯

（1）制造铸模 用木材或金属制成与铸件外形基本相同的铸模。

（2）造型 将铸模及浇铸系统、金属补缩冒口等放在砂箱或筑成的地坑内；用砂子、粘土和水混合而成的具有一定性能的型砂装填在砂箱内，将铸模全部覆盖住，经手工或机械方法使砂箱内的型砂紧实；取出铸模、浇铸信道及金属补缩冒口等，得到具有铸件外形的铸型（飞轮、车轮等铸件，用刮板代替铸模造型）。

（3）制芯 用砂子、粘土或植物油、谷类、纸浆、合脂、糖等以及水混合成具有一定性能的芯砂，将其装填在具有铸件内腔表面形状的模型即芯盒内；紧实，拆除芯盒，得到其有内腔表面的型芯，经烘干即成。

（4）合箱浇铸 将型芯装配到铸型型腔内，浇入熔融金属。

（5）落砂、清理 金属凝固后，去掉铸型、型芯及浇道等，即得铸件。

砂型铸造不受零件形状、尺寸、重量等限制，设备简单，成本低，但劳动强度大，铸件尺寸精度不高，表面粗糙度值大，多用于一般钢、铁、铝、镁合金等铸造。

10.1.2 金属型铸造

金属型铸造通常指用金属铸型的铸造方法。又称"硬模铸造"或"钢模铸造",简称"金型铸造"。铸型用金属材料制成,型腔内表面涂覆涂料,装配型芯,浇入熔融金属液,凝固后开型即可获得铸件。金属型可长期使用,故又名"永久型铸造"。

金属型铸造的优点是:铸件晶粒细小,组织致密,力学性能高,尺寸精确,表面光洁。广泛用于铝、镁、铜、锌有色合金铸件和部分铸铁件、铸钢件的生产。

10.1.3 熔模铸造

熔模铸造又称"失蜡铸造"。将熔模(经加热可以熔失的铸模)和浇注系统(浇铸零件时液体金属充填型腔所流经的信道系统与储存部分,它通常由浇口杯、直浇道、横浇道、内浇道等单元组成)焊成一体的模组,其上涂覆多层或一次灌注耐高温的陶瓷料浆,固化干燥后,结成铸型。铸型经高温焙烧,使熔模熔化流出,注入液态金属,冷却后即得铸件。

熔模铸件精度高,可达 5～4 级,表面粗糙 R_a 度为 1.6～6.4μm,适用于铸造任何复杂形状的或壁厚仅 0.3mm 的、轻到几克重到几十公斤的、不易加工或锻造的合金零件,如定向凝固空心涡轮叶片、整体导向器等(图 10-2)。

图10-2 熔模铸造叶片及整体导向器

10.1.4 离心铸造

离心铸造是将金属熔液浇入高速旋转的铸型中,在离心力的作用下,使金属熔液凝固而获得铸件的一种铸造方法(参见图 10-3)。

离心铸造适用于圆管状铸件,例如铸铁管、气缸套、轴瓦、陀螺与电动机转子等。不规则形状的铸件,如曲轴也可以铸造。铸铁、钢、铝、黄铜和青铜均适用于离心铸造。在航空工业中,采用熔模精密铸造离心浇注已可生产涡轮整体铸件。

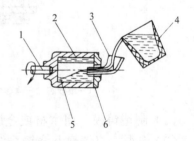

图10-3 离心浇注原理图

1—旋转轴 2—铸型 3—浇铸槽 4—浇包

5—铸型中的金属熔液 6—铸型端盖

10.1.5 凝壳铸造

以自耗电极作为负极,盆状水冷铜坩埚作为正极,在真空条件下借助电弧产生的高温使自耗电极逐渐熔化,滴落到水冷铜坩埚内即形成金属熔池,由于坩埚的激冷便凝成一层合金薄壳。当坩埚中的金属熔液达到预定需要量后,立即翻转坩埚,注入与金属无反应的铸型内(如石墨型等),获得铸件的方法称为凝壳铸造法。此方法可避免坩埚材料对熔融金属的污染,主要用于活性金属与难熔金属的熔炼和铸造。

10.2　金属焊接

本节简要介绍若干典型的焊接工艺和焊接接头。

*10.2.1　熔焊

焊接过程中将被连接工件接头处加热至熔化状态（有时需加填充焊接材料，一同熔化），在不施加压力情况下完成焊合的焊接方法。常用的熔焊方法有：氧-乙炔气焊、电弧焊、电子束焊、激光焊和电渣焊等。

1. 电弧焊

利用两电极间或电极与基体材料之间建立的电弧作热源来熔化金属的一种焊接方法。

两电极间的气体电离后，在电场作用下，产生强烈而持续的放电现象形成电弧。其弧柱温度可达 5000～8000℃，是焊接所用的主要热源之一。

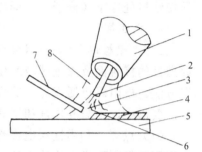

图10-4　钨极氩弧焊示意图

1—喷嘴　2—钨极　3—电弧　4—焊缝
5—工件　6—熔池　7—焊丝　8—氩气

电弧焊的电极可以是钨极，也可以是熔化极（焊丝等作电极）；保护方式可以是惰性气体（如氩气）保护，也可以是非惰性气体（如 CO_2）保护，还可以采用埋弧焊保护方式；电源分直流、交流及脉冲电流；工艺可采用手动、半自动与全自动方式。因而电弧焊可分成很多种焊接方式，如钨极惰性气体保护电弧焊（TIG）、熔化金属极惰性气体保护电弧焊（MIG）、二氧化碳气体保护电弧焊、药芯焊丝气体保护电弧焊、熔化金属极活性气体保护电弧焊、热熔剂焊、等离子弧焊等。

手工钨极氩弧焊（图 10-4）是电弧焊的典型代表。它是采用钨极作为电极，利用氩气作为保护气体进行焊接的一种气体保护焊方法。通过钨极与工件之间瞬间短路后提起而产生电弧，利用从焊枪中喷出的氩气流在电弧区形成严密封闭的气层，使电极和金属熔池与空气隔离，以防止空气的侵入。同时利用电弧产生的热量来熔化基体金属和填充焊丝形成熔池。液态金属熔池凝固后形成焊缝。由于氩气是一种惰性气体，不与金属起化学反应，所以能充分保护金属熔池不被氧化。同时，氩气在高温时不溶于液态金属中，焊缝不易生成气孔。因此，氩气的保护作用是有效和可靠的，可以获得较高的焊缝质量。电弧焊设备简单，操作方便，被广泛用于金属结构件的焊接。

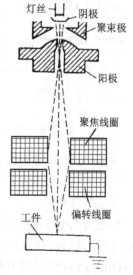

灯丝　阴极
聚束极
阳极
聚焦线圈
偏转线圈
工件

图10-5　电子束焊示意图

2. 电子束焊

以汇聚的高速电子流轰击工件接缝处所产生的热能使金属熔合的一种焊接方法。其原理如图 10-5 所示。发射材料（灯丝）加热后，由于热发射作用表面发射电子，聚束极和阴极间较高的电压使电子以高速穿过阳极孔射出，并通过聚焦线

圈使电子束流聚成 $\phi0.8\sim\phi3.2$mm 的一点而射到工件上，在撞击工件后部分动能转化为热能，使工件熔化，形成焊缝。焊接多在真空状态下进行。

电子束焊的特点是功率密度高，穿透能力强，焊接速度快，焊缝深宽比大，焊接接头强度高，变形小，热影响区小，易于自动控制，主要用于焊接结构钢、耐热钢、铝合金和一些难熔金属、易氧化金属。对薄至 0.1mm 的膜盒，厚至 300mm 的大型构件均可施焊。

10.2.2 压焊

又称固态焊接。在压焊过程中，连接处的金属不论加热与否都需要施加一定的压力，促使连接处原子（分子）间形成牢固的结合。常见的压焊方法有：

1. 电阻焊

又称"接触焊"。焊件组合后，通过电极施加压力和馈电，利用低电压的强大电流流经焊件的接触面及邻近区域产生的电阻热，将工件加热到塑性状态或熔化完成焊接的压焊方法。电阻焊包括点焊、缝焊、电阻对焊、高频电阻焊等焊接方法。电阻焊焊接效率高，变形小，不需要焊剂和填充金属。各工业部门已广泛应用。

（1）点焊　利用柱形电极将搭接的焊件压紧后通电，使焊件接触处加热熔化，在压力作用下凝固形成点状核心的一种电阻焊（见图 10-6）。在国防工业中，点焊用于结构钢、不锈钢、耐热合金、铝合金、钛合金结构的焊接。点焊时焊接变形小，焊接效率高，每分钟可焊接 20～500 点。在机械制造、电器、汽车等工业部门也得到广泛应用。

（2）缝焊　又称"滚焊"。夹紧在滚盘电极之间的搭接工件，靠转动滚盘间的摩擦力向前移动，当电流断续或连续地由滚盘通过工件时，在工件接触处形成熔核互相搭叠的连续焊缝的方法（见图 10-7）。

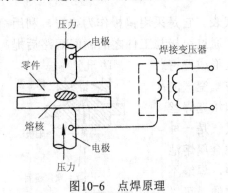

图10-6　点焊原理

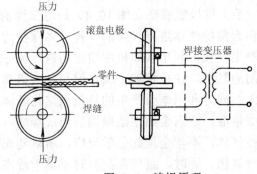

图10-7　缝焊原理

缝焊与电弧焊相比，具有变形小，生产效率高（0.2～3.2m/min）等优点，在飞机、发动机、导弹及其他工业部门都有应用。

2. 摩擦焊

利用焊件接触端面相对旋转运动中相互摩擦所产生的热，使端部达到热塑性状态，然后迅速顶锻而完成焊接的一种压焊焊接方法。适用于被连接件之一为轴对称的零件，通常用摩擦焊代替闪光焊或对焊，可焊接铝、铜、钢及异种金属材料。

摩擦焊的热影响区小；大多数情况下，接头强度与母材一样高；批量生产中易于实现自动化。

3．扩散焊

亦称"扩散连接"。两焊件紧密贴合，在真空或保护气氛中，在一定温度（一般低于被焊材料熔点的70%）和压力下保持一段时间，使接触面之间的原子相互扩散完成焊接的一种压焊焊接方法。

扩散焊焊接过程中不发生熔化，只发生很小的塑性变形或零件之间的相对移动。在接合面之间可加入填充金属以促进焊合。可连接同种和异种金属。尺寸、厚薄不同的材料均可进行扩散焊连接。能够形成具有与母材性能和显微组织非常接近的接头。焊后变形小，对组装中许多接头能同时进行焊接。

扩散焊在原子能、航空、航天工业中应用最广，已经焊接过的材料有铝及铝合金、铍及铍合金、铜及铜合金、耐热合金、弥散强化合金、钛合金、铌合金、钼合金、钽合金和钨合金等。

10.2.3　钎焊

与熔焊有相似之处，即靠金属的加热来促使金属间的结合。其根本差别是：钎焊必须充填一种比待焊金属熔点低的钎料，在钎焊过程中与焊件一同加热至钎料熔化（焊件本身不熔化），熔化的钎料在"毛细管作用"下流入连接面间的空隙，与固态被焊金属之间相互扩散或局部溶解，达到原子（分子）的结合，形成钎焊接头。钎焊通常是按所配钎料类别，相应地分成硬钎焊（配硬钎料，熔点在450℃以上）和软钎焊（配软钎料，熔点低于450℃）。常用的硬钎焊方法有：火焰钎焊、炉中钎焊、扩散钎焊、感应钎焊、电阻钎焊和浸蘸钎焊等；常用的软钎焊方法有：烙铁钎焊和波峰钎焊等。

与熔焊相比，钎焊的优点是：基体材料不熔化，部件变形小；热作用对钎焊金属性能损伤小，材料性能改变不明显；生产率高，易于实现自动化。此外，钎焊可一次加热连接具有大量接头的复杂结构如蜂窝壁板、散热器等产品。

钎焊已在宇航、原子能工业、电子工业等方面广泛应用。例如在航空工业中用来钎焊燃烧室外套、压气机导向器、燃气导向器及其他零部件。

10.2.4　焊接接头

金属焊接接头是指用金属焊接方法连接起来的金属工件接合部位。焊接接头包括焊缝区、熔合区、热影响区。

焊缝区是在焊接接头横截面上测量的焊缝金属的区域。熔焊时，焊缝是指母材和填充金属熔合成一体的部分，或（不加填充金属时）母材熔化而又凝固的部分。电阻焊时，焊缝是指母材熔化而又凝固的部分。如图10-8中的1和2总称为焊缝区。

焊接热影响区是焊接过程中，母材因受热的影响（但未熔化）而发生金相组织和力学性能变化的区域（见图10-8中的4）。

焊接接头横截面宏观腐蚀所显示的焊缝轮廓线称为熔合线。它是焊缝金属与母材的分界线。实际的焊接边界应当是半熔化区与完全熔化的焊缝区的边界。但在许多情况下，利用浸蚀的粗视磨片观察到的熔合线与实际的焊缝边界往往并不一致，观察到的是表观熔合线（即图10-8中3与4的交界线）。实际熔合线是在位于表观熔合线之外的地方（如

图 10-8 的 W1 处所示）。

　　金属焊接接头的主要作用是：连接作用，即把被焊工件连接成一个整体；传力作用，即传递被焊工件所承受的载荷。根据所采用的焊接方法，金属焊接接头可分为熔焊接头、钎焊接头和压焊接头三大类。根据接头的构造形式不同，金属焊接接头可分为对接接头、T 形（十字）接头、搭接接头、角接接头和端接接头五种基本类型，见图 10-9。不同的焊接方法需选择适当的接头构造形式才能获得可靠而有效的连接。

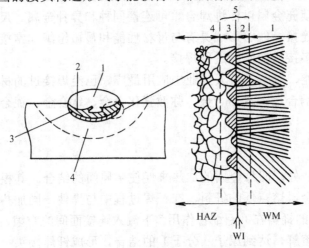

图10-8　焊缝区、热影响区和熔合线

1—焊缝区（富焊条部分）　2—焊缝区（富母材部分）　3—半熔化区　4—真实热影响区　5—熔合区

HAZ—热影响区　W1—实际熔合线　WM—焊缝金属

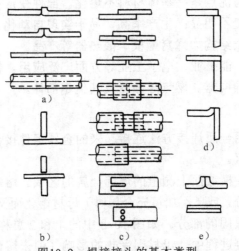

图10-9　焊接接头的基本类型

a）对接接头　b）T 形（十字）接头　c）搭接接头　d）角接接头　e）端接接头

1. 熔焊接头

　　采用高温热源进行局部加热，使被焊金属熔化而形成的接头。除少数情形外，一般焊接时都需加入填充金属。熔焊接头可采用图 10-9 所示的所有接头构造形式，但应根据接头用途和受力情况选择最佳接头构造形式。

  2. 钎焊接头

  采用钎焊方法，即填充金属熔化而母材不熔化的方法形成的接头。钎焊接头由母材和填充金属组成。焊接接头构造形式可采用搭接接头、T 形接头、套接接头和对接接头等（图 10-10），但其基本类型可分为搭接接头和对接接头两种。由于钎焊连接强度大都低于母材强度，所以一般尽量采用搭接接头以增大钎焊连接面积，而对接接头则较少采用。

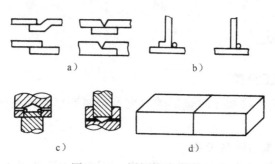

图10-10　钎焊接头类型

a）搭接接头　b）T 形接头　c）套接接头　d）对接接头

  3. 压焊接头

  采用压焊方法（常用的有电阻焊、摩擦焊等）形成的接头。点焊、滚点焊、凸焊和缝焊一般采用搭接接头（图 10-11）；高频电阻焊一般采用对接接头，闪光对焊均采用对接接头（图 10-12）。摩擦焊的基本接头形式通常也是对接接头（图 10-13）。扩散焊的基本接头形式多为搭接（图 10-14）。

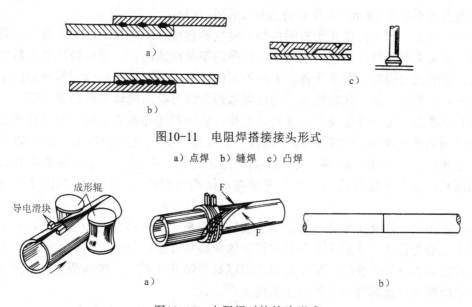

图10-11　电阻焊搭接接头形式

a）点焊　b）缝焊　c）凸焊

图10-12　电阻焊对接接头形式

a）高频电阻焊　b）闪光对焊

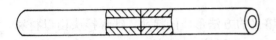

图10-13　摩擦焊对接接头

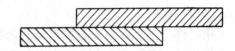

图10-14　扩散焊焊接接头

10.3　金属塑性加工

*10.3.1　金属塑性加工分类

金属塑性加工方法可按加工时金属的温度及金属变形时的变形方式、变形工具和受力方式进行分类。

1. 根据加工时金属的温度分类

金属塑性加工主要区分为热加工、冷加工、半液态加工和温加工。

（1）热加工　将金属加热到金属相图固相线以下、再结晶温度以上的高温，施加作用力使之塑性变形达到预期的形状和尺寸的塑性加工方法。具有铸态组织的铸锭经热加工后晶粒得到细化，组织趋于致密，夹杂物和成分偏析得以分散和均匀化，因而组织结构得到改善，性能得到提高。金属在高温下变软，所需的变形力变小，用相同的力可以得到大的变形，以较少的工序即可得到成品或接近成品形状和尺寸的半成品。因此，热加工是经济的。但热加工产品的表面质量和尺寸精度不如冷加工。加工时材料的热量会传给工具和周围介质，使薄、细的制品容易冷却，使热加工不可能进行。热加工界限对于盘条为直径不小于 5mm，对于板材为厚度不小于 1mm。

（2）冷加工　加工温度低于材料再结晶温度的塑性加工方法。冷加工后的产品尺寸精度高，表面光洁，可以生产极细的丝、极薄的箔和细薄的管。材料经冷加工后呈现加工硬化，变形抗力增高，塑性下降。采用不同的变形程度可以控制金属材料的加工硬化量得到不同性能的产品。如利用加工硬化可以得到强度极高的磷青铜弹簧片等。

（3）半液态加工　当金属的温度处于液相线以下和固相线以上时，即已有部分液态金属凝结为固态结晶时，对其施加作用力，使其边凝固边变形的加工方法，如半熔融挤压、连续铸轧、液态轧制等。与一般固态加工相较，半液态加工可显著降低加工变形力和能耗；生产率比铸造高；可以得到内部结构致密的细晶粒组织和优良的表面质量等。

（4）温加工　将金属加热到再结晶温度以下而高于回复温度的加工方法。对于变形抗力过大且塑性较低、冷加工变形非常困难的金属与合金，例如高速钢、某些奥氏体不锈钢、难熔金属及其合金等，采用温加工可以显著降低变形力，提高塑性，获得表面质量、尺寸精度与性能都接近于冷加工的优良产品。

2. 根据金属变形时的变形方式、变形工具和受力方式的不同分类

应用最普遍的塑性加工类别有锻造、轧制、挤压、拉拔、冲压、冷弯、旋压和高能

率加工等，如表 10-1 所示。

表 10-1　金属塑性加工类别

基本塑性变形方式							
基本受力方式	压　　力						
分类与名称	锻　　造			轧　　制			
	自由锻造		模　锻	纵　轧	横　轧	斜　轧	
	镦　粗	拔　长					
图　例							

基本塑性变形方式						
基本受力方式	压　力		拉　力			弯矩	剪力
分类与名称	挤压		拉拔	冲压（拉延）	拉伸成形	弯曲	剪切
	正挤压	反挤压					
图例							

组合塑性变形方式					
组合方式	锻造—轧制	轧制—挤压	拉拔—轧制	轧制—弯曲	轧制—剪切
名称	锻轧	推轧	拔轧	辊弯	异步轧制
图例					

*10.3.2　锻造

在加压设备及工（模）具的作用下，使坯料、铸锭产生局部或全部的塑性变形，以获得一定几何尺寸、形状和质量的锻件的加工方法，称为锻造。或者说，锻造是用锻锤锤击或压制的方法对坯料施加压力，使之产生塑性变形成为一定形状和尺寸锻件的金属塑性加工方法。锻造的适应性强，能生产各种材质、形状和尺寸的锻件。锻造可以改善锻件的内部组织并提高力学性能。在冶金厂锻造常用于合金钢开坯、大断面轴材、饼材等。锻造是机械制造中生产零件毛老坯的主要方法之一。按锻件形状和批量要求不同，可采用不同的工具和工艺方法。

锻造按使用工具和设备的不同可分为自由锻和模锻两大类。

1）自由锻：只用简单的通用性工具，或在锻造设备的上、下砧间直接使坯料变形而获得所需的几何形状及内部质量锻件的方法，称为自由锻。自由锻分为手工自由锻、锤上自由锻和压力机上自由锻。自由锻适用于单件小批量生产，灵活性大。某些合金钢和钛合金的开坯以及大型锻件的锻造都必须采用自由锻。

2）模锻（模型锻造）：利用模具使毛坯变形而获得锻件的锻造方法称为模锻。或者说，模锻是把模具分别装在锻压设备的活动部分（锤头）和固定砧块上进行的锻造加工。在自由锻造设备上使用可移动的模具生产锻件的方法叫做胎膜锻造。

模锻因使用锻造设备的不同，可分为锤上模锻、模锻压力机上模锻、平锻机上模锻、摩擦压力机上模锻和液压机上模锻等。按变形温度的不同又分为热锻、温锻和冷锻。

模锻按变形时的特点，又可分为开式模锻和闭式模锻两种。

随着工业技术的发展，模锻技术也在不断发展，出现了精密模锻、等温模锻、多向模锻、液态模锻、高速模锻和粉末模锻等。

用锻造方法生产的金属制件称为锻件。锻件因锻造方法的不同分为自由锻件和模锻件。一般按照锻件外形和模锻时毛坯的轴线方向，模锻件分成长轴类和饼类（短轴类）两大类。

1）长轴类锻件：锻件的长度同宽度或高度的尺寸比例较大。模锻时，坯料的轴线方向与打击方向垂直。根据锻件平面图轴线形状和分模线的特征，长轴类锻件可分为 4 组（见表 10-2）：直长轴线锻件、弯曲轴线锻件、枝芽形锻件和芽叉形锻件。

表 10-2　模锻件的分类

类　别	组　别	锻件图例
长轴类	（1）直长轴线	
	（2）弯曲轴线	
	（3）枝芽型	
	（4）芽叉型	
饼类	简单形状	
	复杂形状	

2）饼类锻件：锻件在分模面上的投影为圆形、长宽尺寸相差不大的方形或近似方形模锻时，坯料轴线方向和打击方向相同，金属沿高度和宽度方向同时流动。饼类锻件分为 2 组（见表 10-2）：简单形状锻件，如饼、盘、环和齿圈等；复杂形状锻件，如十字接头等形状的锻件。

10.3.3　轧制

轧制，在轧机上旋转的轧辊之间改变金属的断面形状和尺寸，同时控制其组织状态和性能的金属塑性加工方法：由两个或多个旋转的轧辊组成辊缝或孔型，金属轧件通过轧辊或孔型，在轧辊的压力作用下产生塑性变形，从而获得要求的断面形状并同时改善了金属的性能。常用的有纵轧、横轧和斜轧。纵轧时轧件顺长度方向延伸前进；纵轧是冶金工业中最主要的轧制方法。横轧时轧件边延伸边绕纵轴旋转，用于轧制变断面轴材和其他圆断面产品。斜轧时两个轧辊轴线互为一定角度并同向旋转，轧件在轧辊间作螺旋前进运动；斜轧是轧制管材的主要工艺方法，也用于轧制球体。轧制是金属发生连续塑性变形的过程。轧制生产效率高，是应用最广泛的塑性加工方法。轧制产品占所有塑性加工产品的 90% 以上。钢铁、有色金属、某些稀有金属及其合金均可采用轧制进行加工。轧制除能改变金属形状和尺寸外，还可以改善铸锭和连铸坯的初始铸态组织，细化晶粒，改善相的组成和分布状态，因而能提高产品性能。但难变形材料、形状特别复杂的和特长特细的产品不宜采用轧制方法生产，而需采用其他塑性加工方法，如锻造、拉拔、挤压等方式生产。

按轧制产品不同，轧制可分为坯料轧制（初轧）、板带箔材轧制、型材和线材轧制、管材轧制以及特殊形状材的轧制如周期断面轧制、车轮轮毂轧制等。按轧机的布置形式，板带材轧制分为单机架、双机架、半连续式和连续式轧制。型钢和线材轧制可分为一列式、二列式、多列式、顺列跟踪式、棋盘式、半连续式和连续式轧制。

轧制是冶金企业生产钢材和有色金属制品的主要加工方法。钢材轧制系统见图 10-15。

系统的主要产品有厚钢板、带钢、薄板、箔材，常用型钢如方钢、圆钢、扁钢、角钢、工字钢、槽钢等，专用型钢如钢轨、钢桩、球扁钢、窗框钢等，异形断面型钢，周期断面型钢或特殊断面型钢，钢管包括圆管、部分异型钢管及变断面管。有色金属材主要有板、带、箔材及各种管、棒、型、线材。

10.3.4　挤压

挤压，用挤压杆将放在挤压筒中的坯料压出挤压模孔而成形的金属塑性加工方法。如图 10-16 所示，金属坯料置于凹模内，用凸模（挤压杆）对坯料施加压力，迫使金属由凹模端部的模孔中挤出，从而获得各种截面形状的实心或空心制品的工艺方法。挤压多用于生产有色金属及合金的棒材、复杂断面型材和管材、高合金钢材和低塑性合金材。冷挤压也用于生产机械零件。挤压时金属坯料受到三向压应力，有利于低塑性金属变形。按工艺方法又有正挤压、反挤压和连续挤压等。

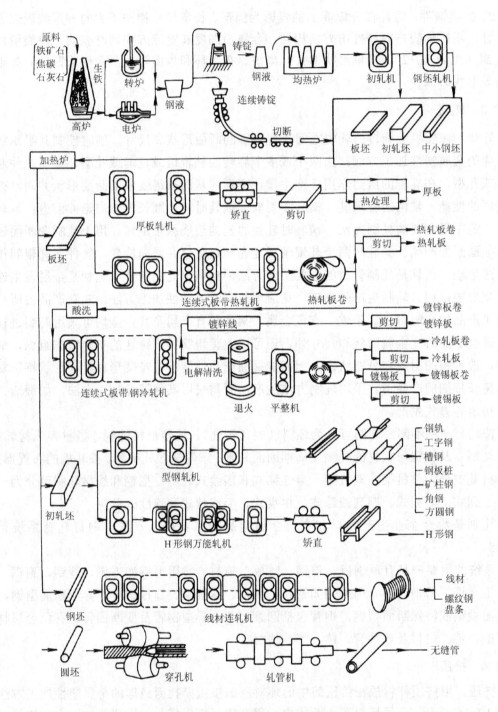

图10-15　钢材的轧制生产系统

挤压按金属流动及变形特征可分为正挤压、反挤压和特殊挤压。按挤压温度可分为热挤压、温挤压和冷挤压；冶金系统主要应用热挤压（即通称的挤压），机械工业系统主要应用冷挤压，温挤压应用范围很小。

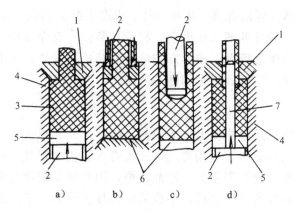

图10-16　挤压方法示意图

a）实心材正挤压　b）实心材反挤压　c）空心材反挤压　d）空心材正挤压

1—挤压模　2—挤压杆　3—坯料　4—挤压筒　5—挤压垫　6—底封盖　7—穿孔针

10.3.5　拉拔

拉拔，坯料靠拉力通过锥形模孔使断面缩小以获得尺寸精确，表面光洁制品的金属塑性加工方法。拉拔通常在室温下进行，属于冷加工。在高于室温、低于再结晶温度下的拉拔叫温拔，属于温加工。

拉拔是金属塑性加工方法中除轧制以外的主要加工方法，用于轧制产品如线材、管材和型材的深加工。多用于冷加工丝、棒和管材，可生产极细的金属丝和毛细管。产品表面光洁，尺寸精确，性能优良。直径小于 5mm 的金属丝只能靠拉拔加工。小直径的管材常用热轧管经拉拔减径减壁生产冷轧成品。型材的拉拔在于提高产品的尺寸精度，降低表面粗糙度值，增加强度和节约金属。

10.3.6　冲压

冲压是指借助冲压机或压力机提供压力，使金属板件在由凸模与凹模组成的冲模中发生塑性变形，成为预期形状的壳形或片形制品（图 10-17）的工艺方法。冲压属于板材成形工艺，是金属塑性加工方法的一个重要分支。冲压包括冲裁、冲孔、弯曲、拉延、压印等方法。

图10-17　冲压成形的各种零件

冲压工艺过程包括薄板的选择、坯料设计、成形工序的制定、模具设计、模具制造、设备选择、成形操作、后续处理（热处理、校形、整修、表面保护、质量检验）等。

按成形时的受力和变形特点，成形方法可分为伸长类变形和压缩类变形两类；按基本成形方式划分为弯曲、拉延、胀形和翻边四类。

10.3.7 冷弯

常温下将金属板带材经弯曲变形制成型材（或零件）和焊管管筒的金属塑性加工方法。广义的冷弯变形包括折弯、辊模弯曲、三辊弯板、连续辊轧弯曲等。由于连续辊弯成形所生产的型材和焊管管筒产量大，产品定型，因此狭义的冷弯变形就是指这一种特定的弯曲变形。其产品称为冷弯型材，半成品即焊接管管筒。常用的冷弯型材用原料是低碳钢、铝、铜等板带材，此外还有不锈钢、钛金属、复合金属的板带。碳钢板带厚度为 0.15～3.2mm，铝板带厚为 0.13～25.4mm。冷弯分为从单张板材弯成单件型材的单张生产方式、以整卷带材为原料生产型材的成卷生产方式和以卷材为原料并将其头尾对焊在一起的连续生产方式。

10.3.8 旋压

一种用于制作薄壁空心回转体件的金属塑性加工方法。用金属板料作成的毛坯夹持在芯模和压紧块之间，三者绕同一轴线共同旋转，借助于旋轮或杆棒等工具的进给运动对毛坯顶压，使其产生连续的局部塑性变形，逐步变成为所需的空心回转体器件。旋压包括普通旋压和强力旋压（减壁旋压）两大类。

10.3.9 高能率加工

20 世纪 60 年代新出现的金属高速成形方法，其中有爆炸加工、电磁冲击成形等。

10.4 粉末冶金

10.4.1 粉末制取

粉末制取的方法多种多样，大体上可归纳为两大类，即机械法和物理化学法。方法的实质是使金属、合金或者金属化合物呈固态、液态或气态，通过机械法或物理化学法转变成粉末状态。常用的机械法是雾化法，常用的物理化学方法有还原法和电解法。

1. 雾化制粉法

以快速运动的流体（雾化介质）冲击或其他方式将金属或合金液体破碎为细小液滴，继之冷凝为固体粉末的粉末制取方法。雾化法是生产完全合金化粉末的最好方法，其产品称为预合金粉。这种粉的每个颗粒不仅具有与既定熔融合金完全相同的均匀化学成分，而且由于快速凝固作用而细化了结晶结构，消除了第二相的宏观偏析。

（1）气雾化和水雾化法 雾化制粉时，先用电炉或感应炉将金属原料熔炼为成分合格的合金液体（一般过热 100～150℃），然后将其注入位于雾化喷嘴之上的中间包内。

合金液由中间包底部漏眼流出，通过喷嘴时与高速气流或水流相遇被雾化为细小液滴，雾化液滴在封闭的雾化筒内快速凝固成合金粉末。上述方法易于工业化生产，是最广泛应用的雾化制粉法。但由于合金液与渣体和耐火材料坩埚接触，在制得的粉末中难免带入非金属夹杂物。

（2）旋转电极雾化制粉法　以金属或合金制成自耗电极，其端面受电弧加热而熔融为液体，通过电极高速旋转的离心力将液体抛出并粉碎为细小液滴，继之冷凝为粉末的制粉方法。其工作原理如图 10-18 所示。它在熔融和雾化金属过程中完全避免了造渣和与耐火材料接触，消除了非金属夹杂物污染源，可生产高结晶度的粉末。为了避免钨污染，可在钨电极处改用等离子炬，称为等离子旋转电极雾化制粉法（PREP）；若改用电子束熔融自耗电极，则称为电子束旋转盘雾化制粉法（EBRD）。

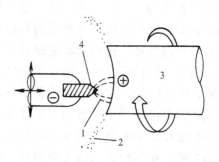

图10-18　旋转电极制粉法原理

1—电弧　2—液滴　3—自耗电极　4—钨极

2．还原法

包括金属热还原制粉法和溶液—氢还原制粉法。使用金属或气体还原剂还原金属的氧化物或卤化物，以制取金属粉末的一种粉末制取方法。

3．电解法

包括水溶液电解制粉法和熔盐电解制粉法。前者是电解金属盐的水溶液而制取金属粉末，后者是高温下电解金属的熔盐制取金属粉末。两者的基本原理一致：在金属盐的水溶液或熔盐中通过直流电时，电解质发生电化学反应，金属阳离子移向阴极，得到电子而被还原，并在阴极沉积。电解法能获得高纯度的粉末。

10.4.2　粉末成形

粉末成形指使金属粉末体密实成具有一定形状、尺寸、密度和强度的坯块的工艺过程。粉末成形前一般要将金属粉末进行粉末预处理（包括退火、筛分、混合和制粒 4 种工艺）以符合成形的要求。混料时，一般须加入粉末成形添加剂。

粉末成形分粉末压制成形和粉末特殊成形两大类。

（1）粉末压制成形　在压模中利用外加压力的粉末成形方法。压制成形过程包括装粉、压制和脱模。粉末压制成形法是应用最普遍的成形方法，主要用于各种含油轴承、粉末冶金减摩制品、粉末冶金机械结构零件等的压坯。

（2）粉末特殊成形　包括粉末冷等静压成形、粉末轧制成形、粉末挤压成形、粉浆浇铸、粉末爆炸成形、粉末喷射成形、金属粉末注射成形。用于对坯块的形状、尺寸和密度等有特殊要求的场合。

10.4.3　粉末烧结

粉末烧结指金属粉末或粉末压坯，在加热到低于主要成分熔点的温度，由于颗粒之间发生粘结等物理化学作用，得到所要求的强度和特性的材料或制品的工艺过程。烧结可使粉末成形的坯块由颗粒聚集体转变为晶体结合体的材料或制品。烧结一般要在保护气氛下，有时须加入一定量的填料，在高温烧结炉中进行。烧结有多种方法，其中热致密化工艺有粉末热等静压、粉末预成形件热锻等。

（1）粉末热等静压　在高温下对粉末或粉末压坯施以等静压力，将粉末烧结和等静压成形合并为一个工序的工艺。常简写为 HIP。HIP 的基本步骤是：将粉末或粉末压坯装入包套（常用经过严格检漏的钢板焊接而成）中；抽去吸附在粉末表面、粉末间空隙和包套内的气体；将包套真空密封后置于有加热炉的压力容器中；密封压力容器后泵入惰性气体（即传压介质，通常用氩气）至一定压力；然后升温到所需温度，因气体体积膨胀，容器内的压力也升至所需压力。在高温、高压共同作用下，完成成形和烧结。HIP技术能获得晶粒细小，显微组织优良，接近理论密度，性能优良的产品，已经成为现代粉末冶金技术中制取大型复杂形状制品和高性能材料的先进工艺，广泛应用于硬质合金、金属陶瓷、粉末冶金高温合金材料、粉末冶金高速钢、粉末冶金不锈钢、粉末冶金钛合金、放射性物料、核燃料、粉末冶金铍等的成形和烧结。用 HIP 制造的镍基耐热合金涡轮盘、钛合金飞机零件、硬质合金轧辊、人造金刚石压机顶锤等，其性能和经济效果都是其他工艺无法比拟的。

（2）粉末预成形件热锻　将未烧结的、预烧的和已烧结过的金属粉末预成形坯加热后在闭式模中锻造成零件的工艺。简称粉末热锻。它是结合传统粉末冶金工艺和精密模锻的一种新工艺。粉末锻件的相对密度可达 98%以上，且制件内部组织均匀，性能可接近甚至超过普通锻件。粉末热锻主要应用于各种铁基合金和锻钢、钛合金、铝合金、镍基高温合金等材料。

粉末热锻方法有两种：烧结锻造（用粉末冶金工艺将原料粉末成形为适当的预成形坯，烧结并冷却出炉后，重新加热到锻造温度进行锻造）和粉末锻造（将预成形坯烧结并在炉内冷却至锻造温度出炉锻造）。我国多采用第一种方法。粉末锻件一般要进行热处理，有时还需对锻件进行补充加工。

10.5　金属热处理

金属热处理的定义、分类见第二篇 8.1.6。本节以钢为例，简要介绍一般热处理（基础热处理）的基本工艺：退火、正火、淬火与固溶处理、回火与时效处理以及作为淬火继续的冷处理。

10.5.1　退火

退火是将钢或合金加热到某一温度，保持一定时间，然后缓慢冷却的热处理工艺。退火后零件得到接近平衡状态的组织，达到软化的目的，以利于冷变形或机加工；改善物理、化学、力学性能，稳定尺寸和形状；改善组织，为后道工序作准备。退火是常用的预备热处理。

常用退火工艺分类及应用见表 10-3。

表 10-3　常用退火工艺分类及其应用

类别	主要目的	工艺特点	应用范围
均匀化退火	成分均匀化	加热到 Ac_3（或 Ac_{cm}）＋150～200℃，长期保温后缓冷	铸钢件及有成分偏析的锻轧件
完全退火	细化组织，降低硬度	加热到 Ac_3＋30～50℃，保温后缓冷	亚共析钢锻、焊、轧件
等温退火	细化组织，降低硬度，防止白点	加热到 Ac_3＋30～50℃（亚共析钢）或 Ac_1＋20～40℃（共析钢和过共析钢），保持一段时间，随炉冷却到稍低于 Ar_1 的温度进行等温转变后空冷	碳钢、低合金钢和合金钢锻件、冲压件等。较完全退火的组织和性能更均匀，且缩短工艺周期
球化退火	碳化物球化，降低硬度，提高塑性	加热到 Ac_3＋20～40℃或 Ac_3-20～30℃，保温后等温冷却或直接缓冷	共析钢或过共析钢件（如工模具钢、轴承钢）
不完全退火（亚临界退火）	细化组织，降低硬度	加热到 Ac_3＋40～60℃，保温后缓冷	中、高碳钢及低合金钢的锻轧件。组织细化程度低于完全退火
低温退火（再结晶退火）	消除加工硬化，使冷变形晶粒再结晶为等轴晶	加热到 Ac_3-50～150℃或再结晶温度＋150～250℃，保温后空冷	冷变形钢材和零件
消除应力退火	消除内应力，使之达到稳定状态	加热到 Ac_3-100～200℃，保温后空冷，或炉冷至 200～300℃后出炉空冷，或加热到 200～300℃保持一段时间后空冷	铸件、焊接件、锻轧件及机加工件

　　退火主要工艺参数（包括加热温度、加热速度、保温时间、冷却速度和出炉温度等）取决于材料成分和热处理目的。

　　退火加热温度如图 10-19 所示。

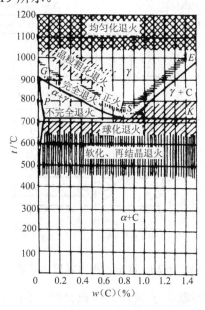

图10-19　退火和正火加热区域示意图

10.5.2　正火

　　正火（亦称正常化）是将钢加热到上临界点 Ac_3 或 Ac_{cm} 以上 30～50℃，保持适当时间后，在静止空气中冷却的热处理工艺，如图 10-19 所示。

正火主要用于预备热处理，对于要求不高的普通碳素结构钢，也可以用正火作为最终热处理。正火的目的和作用如表 10-4 所示。

表 10-4　正火的目的和作用

钢种	目的和作用	钢种	目的和作用
低碳钢	提高硬度，改善加工性能，防止"粘"刀，降低表面粗糙度值	渗碳钢	消除渗层网状碳化物
		铸件、锻件	消除不正常组织如粗晶等
中碳钢、合金钢	细化晶粒，均匀组织，为淬火作准备	要求不高的碳素结构钢	用于最终热处理
高碳钢、高合金钢	消除网状碳化物，为球化退火作准备		

10.5.3　淬火与固溶处理

淬火是将钢加热到 Ac_3 或 Ac_1 以上某一温度，保持一定时间，然后快速冷却，获得马氏体或贝氏体组织的热处理工艺。淬火后一般要回火，以获得要求的组织和性能。

淬火加热温度主要取决于钢的化学成分，如图 10-20 和表 10-5 所示。此外还要考虑零件形状和尺寸、零件技术要求和变形要求、晶粒长大倾向等。

表 10-5　淬火加热温度的选择

钢　种		淬火加热温度
碳钢	亚共析钢	$Ac_3+30\sim50℃$
	共析钢、过共析钢	$Ac_1+30\sim50℃$
合金钢[合金元素总量（质量分数）≤10%]		Ac_3（或 Ac_1）$+50\sim100℃$
合金钢[合金元素总量（质量分数）>10%]		根据组织性能要求和碳化物溶入奥氏体温度而定

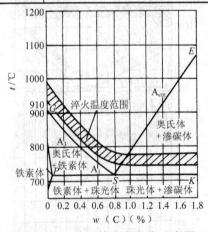

图 10-20　碳钢的淬火温度示意图

淬火加热的保温时间主要取决于钢种、加热介质、加热温度、零件形状和尺寸、装炉方式和装炉数量等，应保证烧透和充分相变。

淬火冷却既要保证零件获得马氏体和贝氏体组织，又要尽量减少变形和避免开裂。常用的淬火介质有水、无机或有机化合物的水溶液、油、熔融金属、熔融盐或碱以及空气等。

固溶处理是将合金加热到高温单相区，恒温保持一定时间，使其他相充分溶解到固溶体中，然后快速冷却以获得过饱和固溶体的工艺。固溶处理在不锈钢和高温合金中应用较多。广义而言，淬火是固溶处理的一种。

10.5.4 回火和时效处理

1. 回火

回火是将淬火零件重新加热到下临界点 Ac_1 以下某一个温度，保持一段时间，再以某种方式冷却到室温，使不稳定组织转变为稳定组织，获得要求性能的工艺。回火的目的是减少或消除淬火应力，提高塑性和韧性，得到强度与韧性良好配合的综合性能，稳定组织、形状和尺寸。

回火方法主要有低温回火、中温回火、高温回火、多次回火、等温回火、自行回火及局部回火等（见表 10-6）。回火冷却一般采用空气中冷却。

表 10-6　回火方法及适用范围

回火方法	特　　点	适用范围
低温回火	150～250℃回火，获得回火马氏体组织。目的是在保持高硬度条件下，改善塑性和韧性	超高强度钢、工模具钢、量具、刃具、轴承及渗碳件
中温回火	350～500℃回火，获得屈氏体组织。目的是获得高弹性和足够的硬度，保持一定韧性	弹簧、热锻模具
高温回火	500～650℃回火，获得索氏体组织。目的是达到强度与韧性的良好配合	结构钢零件、渗氮件预备热处理
多次回火	淬火后进行二次以上回火，进一步促使残留奥氏体转变，消除内应力，使尺寸稳定	超高强度钢、工模具钢、高速钢
等温回火	高速钢工具淬火并在 550～570℃第一次回火后，转移到 M_S 点附近，（250℃）热浴中等温，然后空冷	高速钢工具
自行回火	利用工件淬火余热使其回升到回火温度，达到回火目的	硬度要求不高的手工工具

2. 回火脆性

淬火钢回火时，许多钢种随回火温度升高会出现两次冲击韧度明显降低的现象，称之为回火脆性。

第一类回火脆性（低温回火脆性）是 250～400℃发生的回火脆性，不可逆；凡是淬成马氏体的钢均有这类脆性。

第二类回火脆性（高温回火脆性）是 450～650℃发生的回火脆性，可逆；Mn 钢、Cr 钢、Cr-Mn 钢、Cr-Ni 钢等钢种发生。

此外，高铬铁素体不锈钢在 475℃左右回火时将出现脆性，一般称为 475℃回火脆性；铁素体、奥氏体-铁素体复相不锈钢在 540～750℃长时间加热时，由于 σ 相形成，使钢脆化，也可视为回火脆性的一种。

3. 时效和时效处理

合金经固溶处理或冷变形加工后，在一定温度下保持一定时间，组织和性能随时间变化的现象，称为时效。

低碳钢和纯铁淬火并时效使硬度和强度提高，塑性和韧性降低，这是间隙原子（主要是 C、N）重新分布引起的。

低碳钢在冷变形后在室温或较高温度下保持，或者在 200～300℃下变形，会产生变形时效，甚至出现脆性（称为蓝脆）。

另一类时效是马氏体时效钢和沉淀硬化不锈钢的时效。时效时，从过饱和固溶体中析出金属间化合物而使强度和硬度提高，产生时效强化，所以这类钢均需时效处理。

10.5.5　冷处理

冷处理是将淬火零件从室温继续冷却到更低的温度，使组织中残留奥氏体继续转变为马氏体的热处理操作。因此冷处理可看作是淬火的继续。冷处理的目的是进一步提高钢的硬度和耐磨性，稳定尺寸，提高铁磁性，以及提高渗碳件的疲劳性能等。

根据冷处理温度的不同，冷处理可分为冰冷处理（0～-80℃）、中冷处理（-80～-150℃）和深冷处理（-150～-200℃）三种。

10.6　金属机械加工

1. 车削

工件旋转，车刀在平面内作直线或曲线移动的切削加工称为车削。车削一般在车床上进行，用以加工工件的内外圆柱面、端面、圆锥面、成形面和螺纹等。图 10-21 是几种典型的车削方式。车削内外圆柱面时，车刀沿平行于工件旋转轴线的方向运动。车削端面或截断工件时，车刀沿垂直于工件旋转轴线的方向水平运动。如果车刀的运动轨迹与工件旋转轴线成一斜角，就能加工出圆锥面。车削成形的回转体表面，可采用成形刀具法或刀尖轨迹法。

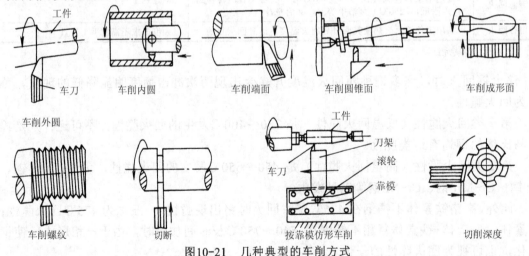

图10-21　几种典型的车削方式

车削时，工件由机床主轴带动旋转作主运动，夹持在刀架上的车刀作进给运动。切削速度 v 是旋转的工件加工表面与车刀接触点处的线速度（m/min）；背吃刀量是每一切削行程时工件待加工表面与已加工表面间的垂直距离（mm），但在切削和成形车削时则为垂直于进给方向的车刀与工件的接触长度（mm）。进给量表示工件每转一转时车刀沿进给方向的位移量，也可用车刀每分钟的进给量（mm/min）表示。用高速钢车刀车削普通钢材时，切削速度一般为 25～60m/min，硬质合金车刀可达 80～200m/min，用涂层硬质合金车刀时最高切削速度可达 300m/min 以上。

车削一般分为粗车和精车（包括半精车）两类。粗车力求在不降低切削速度的条件下，采用大的背吃刀量和大进给量以提高车削效率，但加工精度只能达到 IT10～7，表面粗糙度为 R_a10～0.16μm。在高精度车床上用精细修磨的金刚石车刀高速精车有色金属件，可使加工精度达到 IT7～5，表面粗糙度为 R_a0.04～0.01μm，这种车削称为"镜面车削"。如果在金刚石车刀的切削刃上修磨出 0.1～0.2mm 的凹、凸形，则车削的表面会产生凹、凸极微而排列整齐的条纹，在光的衍射作用下呈现锦缎般的光泽，可作为装饰性表面，这种车削称为"虹面车削"。

车削加工时，如果在工件旋转的同时，车刀也以相应的转速比（刀具的转速一般为工件转速的几倍）与工件同向旋转，就可以改变车刀和工件的相对运动轨迹，加工出截面为多边形（三角形、方形、棱形和六边形等）的工件。如果在车刀纵向进给的同时，相对于工件每一转，给刀架附加一个周期性的往复运动，就可以加工凸轮或其他非圆形断面的零件表面。在铲齿车床上，按类似的工作原理，可加工某些多齿刀具（如成形铣刀、齿轮滚刀）刀齿的后刀面，称为"铲背"。

2. 铣削

用旋转的铣刀作为刀具的切削加工称为铣削。铣削一般在铣床或镗床上进行，适于加工平面、沟槽、各种成形面（如花键、齿轮和螺纹）和模具的特殊型面等。铣削的特征是：铣刀各刀齿周期性地参予间断切削；每个刀齿在切削过程中的切削厚度是变化的。图 10-22 是几种常见的铣削加工方式。

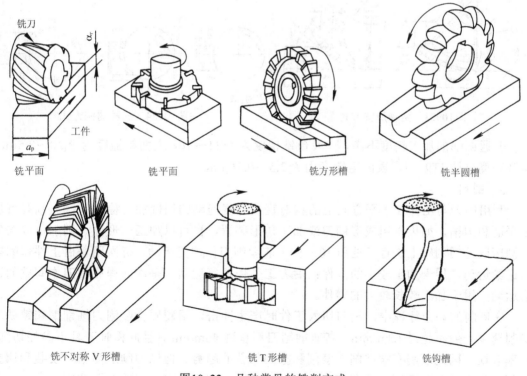

图10-22　几种常见的铣削方式

切削速度 v（m/min）是铣刀刃的圆周速度。铣削进给量有三种表示方式：每分钟进给量 v_f（mm/min），表示工件每分钟相对于铣刀的位移量；每转进给量 f（mm/r）表示在铣刀每转一转时与工件的相对位移量；每齿进给量 α_f（mm/齿）表示铣刀每转过一个刀齿的时间内工件的相对位移量。铣削深度 α_p（mm）是在平行于铣刀轴心线方向测量的铣刀与工件的接触长度，铣削切削弧深度 α_θ（mm）是垂直于铣刀轴心线方向测量的铣刀与工件接触弧的深度。用高速钢铣刀铣削中碳钢的铣削速度一般为 20～30m/min；用硬质合金铣刀可达 60～70m/min。

铣削一般分周铣和端铣两种方式。周铣（图 10-23）是用刀体圆周上的刀齿铣削，其周边刃起铣削作用，铣刀的轴线平行于工件的加工表面。端铣（图 10-24）是用刀体端面上的刀齿铣削，周边刃与端面刃同时起切削作用，铣刀的轴线垂直于一个加工表面。周铣和某些不对称的端铣又有逆铣和顺铣之分。凡刀刃切削方向与工件的进给运动方向相反的称为逆铣；方向一致的称为顺铣。逆铣时，铣刀每齿的切削厚度是从零逐渐增大，所以刀齿在开始切入时，将与铣削表面发生挤压和滑擦，这对铣刀寿命和铣削工件的表面质量有不利影响。顺铣时的情况正相反，所以顺铣能提高铣刀寿命和铣削表面质量，并能减小机床的功率消耗。但顺铣时铣刀所受的铣削冲击力较大。

铣刀是一种多齿刀具，同时参予切削的切削刃总长度较长，并可使用较高的切削速度，又无空行程，故在一般情况下铣削的生产率比用单刃刀具的切削加工（如刨削、插削）为高，但铣刀的制造和刃磨较为困难。

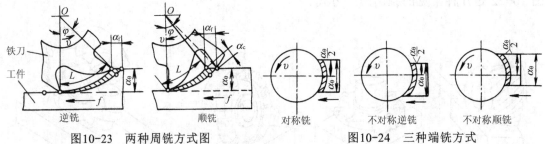

图10-23　两种周铣方式图　　　　　图10-24　三种端铣方式

普通铣削的加工精度不高，一般粗铣精度为 IT11～10，表面粗糙度为 R_a20～2.5μm；精铣精度可达 IT9～7，表面粗糙度为 R_a2.5～0.16μm。

3. 刨削

利用刨刀与工件在水平方向上的相对直线往复运动的切削加工称为刨铣。刨削可加工平面和沟槽，如果采用成形刨刀或加工仿形装置，也可以加工成形面。刨削可以在牛头刨床或龙门刨床上进行（见图 10-25）。前者刨刀作往复运动，每次回程后工件作间歇的进给运动，用于加工较小的零件；后者工件作往复运动，每次回程后刨刀作间歇的进给运动，用于加工较长较大的零件。

在刨削的每个行程中，刨刀切入工件时产生冲击，用硬质合金刨刀刨削钢和铸铁的切削速度一般不超过 60m/min，高速钢刨刀不超过 40m/min，且回程时刀具不参加切削，效率较低。因此刨削有被铣削、磨削和拉削代替的趋势。但刨刀制造简单，安装和调整方便，生产准备时间短，故在单件和小批生产中，刨削仍有一定的应用范围。

普通刨削的精度可达 IT11～10，表面粗糙度为 $R_a20～1.25\mu m$。对精度要求高的铸铁件平面如导轨面和平板表面等，可在粗刨后留出 0.05～0.15mm 的余量，再在精度高的刨床上进行宽刀刨削，即用切削刃很宽和刃口很直并研磨到 $R_a0.16～0.08\mu m$ 的刨刀，以 2～8m/min 的切削速度和 0.03～0.1mm 的背吃刀量，并用煤油作为切削液，从工件表面切去很薄一层金属，表面粗粗糙可达到 $R_a1.25～0.32\mu m$。

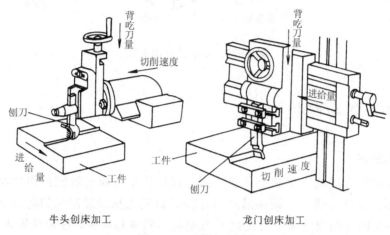

牛头刨床加工　　　　　龙门刨床加工

图10-25　刨削示意图

4. 磨削

利用高速旋转的砂轮等磨具加工工件表面的切削加工称为磨削。磨削用于加工各种工件的内外圆柱面、圆锥面和平面，以及螺纹、齿轮和花键等特殊、复杂的成形表面。由于磨粒的硬度很高，磨具具有自锐性，磨削可以用于加工各种材料，包括淬硬钢、高强度合金钢、硬质合金、玻璃、陶瓷和大理石等高硬度金属和非金属材料。磨削速度是指砂轮线速度，一般为 30～35m/s，超过 45m/s 时称为高速磨削。磨削通常用于半精加工和精加工，精度可达 IT8～5，甚至更高，表面粗糙度一般磨削为 $R_a1.25～0.16\mu m$，精密磨削为 $R_a0.16～0.04\mu m$，超精密磨削时 $R_a0.04～0.01\mu m$，镜面磨削可达 0.01μm 以下。要求磨削前的加工余量仅 0.1～1mm 或更小。随着缓进给磨削、高速磨削等高效率磨削的发展，已能从毛坯直接把零件磨削成形。也有用磨削作为荒加工的，如磨除铸件的浇冒口、锻件的飞边和钢锭的外皮等。

常用的磨削形式有外圆磨削、内圆磨削、平面磨削、无心磨削（图 10-26）和其他特殊形式的磨削。

外圆磨削主要在外圆磨床上进行，用以磨削轴类工件的外圆柱、外圆锥和轴肩端面。内圆磨削主要用于在内圆磨床、万能磨床和坐标磨床上磨削工件的圆柱孔、圆锥孔和孔端面。平面磨削主要用于在平面磨床上磨削平面、沟槽等。无心磨削一般在无心磨床上进行，用以磨削工件外圆。无心磨削也可用于磨削内圆。

特殊形式的磨削有用于磨削特定零件的，如在磨齿机上磨削齿轮，在螺纹磨床上磨削螺纹等。此外，还有砂带磨削、砂线磨削，以及与电加工相结合的电火花磨削和电解磨削等。

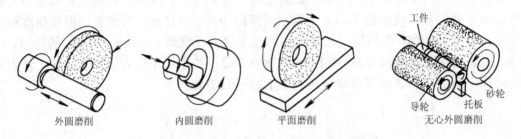

外圆磨削　　　　　　内圆磨削　　　　　　平面磨削　　　　　　无心外圆磨削

图10-26　常用的磨削形式

10.7　金属腐蚀与防护

10.7.1　金属腐蚀

金属材料由于介质的化学和电化学作用，或者由于介质与机械或生物学因素同时作用产生的破坏。钢铁生锈、不锈钢晶间腐蚀和高温氧化都是最常见的金属腐蚀形态。金属腐蚀时，在金属表面或界面上发生化学或电化学的多相反应，使金属转入氧化（离子）态，因而显著降低金属的强度、塑性和韧性等力学性能。同时，也可能明显地破坏金属的几何形状，增加转动件间的磨损，使其光学和电学等物理性能变坏，缩短金属制件的使用寿命，甚至造成爆炸，引起火灾等灾难性事故，由此污染了环境，并造成巨大的经济损失。

金属腐蚀的分类有多种方法。可根据金属腐蚀进行的历程分为化学腐蚀和电化学腐蚀两大类；也可根据金属腐蚀进行的条件把腐蚀分成高温气体腐蚀（干腐蚀）和水溶液腐蚀（湿腐蚀）；还可根据产生腐蚀的环境状态分为自然环境中的腐蚀（如大气腐蚀、土壤腐蚀、海洋腐蚀、微生物腐蚀等）和在工业环境介质中的腐蚀（酸、碱、盐腐蚀，高温氧化，高温水腐蚀，热腐蚀，液态金属腐蚀，熔盐腐蚀，辐照腐蚀，氢腐蚀，杂散电流腐蚀等），以及模拟人体内的体液腐蚀。另外，根据腐蚀形态可将腐蚀分为全面腐蚀和局部腐蚀。

（1）全面腐蚀　在溶液中，金属表面都处于活性状态，腐蚀过程在整个金属表面均匀进行，使表面均匀减薄称为全面腐蚀。全面腐蚀不会造成严重突发性事故，在工程设计中可考虑腐蚀余量。

（2）局部腐蚀　在介质中仅限于某一部位或集中于某一特定局部的腐蚀。局部腐蚀的特征是阳极区和阴极区可以截然分开，其位置可以用宏观和微观检查加以区分和辨别。局部腐蚀是最常见的金属腐蚀形态，隐蔽性强，难以计算腐蚀速率，因此危害大。局部腐蚀的形态很多，最常见的有八大腐蚀形态：点蚀（图10-27a）、缝隙腐蚀（图10-27b）、晶间腐蚀（图10-27c）、电偶腐蚀、选择性腐蚀、氢脆、应力腐蚀（图10-27d）、腐蚀疲劳。实际上，还有其他类型的局部腐蚀，如层状腐蚀（图10-28）、丝状腐蚀、磨损腐蚀、冲蚀和空蚀等。

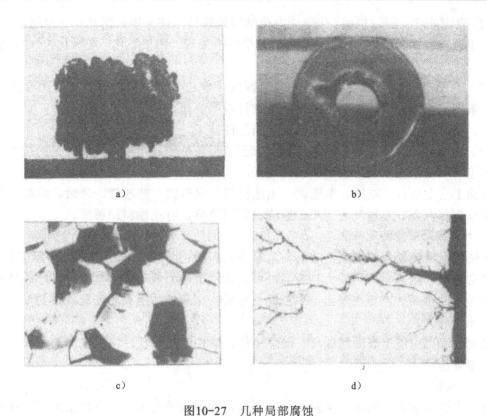

图10-27　几种局部腐蚀

a）点蚀剖面形貌　b）缝隙腐蚀表面形貌　c）晶间腐蚀显微形貌　d）应力腐蚀破裂典型树枝状裂纹

图10-28　硬铝在海洋大气环境下的层状腐蚀

10.7.2　表面防护

　　使金属材料及其制品表面形成防护层或保护膜的各种表面加工技术，是金属防护措施之一。材料与周围介质的相互作用都是从表面开始的，金属的腐蚀也都始于表面，因此表面防护是保护金属免遭腐蚀的行之有效的措施，也是应用最广泛的金属防护技术。金属表面防护技术的种类很多，原理不一，适用范围各异。根据所采用的工艺原理和特点，它大体分为表面处理、表面改性和表面镀涂等三类。

（1）表面处理 通过机械、化学或电化学等处理技术使金属表面具有一定耐蚀性能。常用的工艺有表面预处理、喷丸、抛光、化学转换处理、阳极氧化（阳极化）、金属着色等。

（2）表面改性 通过改变材料表面组织或化学成分使金属表面获得防蚀性能的工艺。一般指利用激光束、离子束或电子束进行材料表面加工的工艺技术。激光釉化、离子注入、离子束混合是最为典型的三种表面改性技术。

（3）表面镀涂 通过镀涂工艺使金属表面获得防护镀涂层用于金属防蚀的技术。镀涂层厚度可以薄至微米级，也可厚至几毫米。

镀涂工艺主要有：电镀、电刷镀、电泳沉积、化学镀、热浸镀、渗镀、熔结、热喷涂、化学气相沉积、物理气相沉积、搪瓷、陶瓷涂覆、有机涂料涂覆等。

1. 喷丸

用铸钢丸、铸铁丸或玻璃丸喷射金属零件表面的表面防护方法。喷丸处理可提高材料的疲劳强度、耐应力腐蚀能力和表面硬度。通过离心力或压缩空气喷射丸粒，使其以很高的速度冲击零件，可在表面产生塑性变形层，缓和机加工和热处理残留的张应力，形成残余压应力。

喷丸处理也可用于表面预处理，清除铸件、锻件或热处理后零件表面的型砂及氧化皮，清理焊渣等。

2. 阳极化

在一定的电解质溶液中，某些金属与合金作为阳极通电以后，表面生成保护性氧化膜的表面防护处理技术，称为阳极化。金属在适当的电解质溶液中作为阳极（如铅在硫酸溶液中），通过电流使带负电荷的氧离子沉积在带正电荷的金属阳极上，形成厚度可以控制的氧化膜，提高了金属表面的耐蚀、耐磨等物理化学特性。

3. 电镀

在镀层金属的盐溶液（或熔液）中，以被涂基体金属为阴极，以纯金属或其他导电材料为阳极，通以直流电流使镀层金属离子在基体表面还原形成金属沉积层的表面防护处理方法。

电镀层的作用是：防止腐蚀；装饰；提高表面硬度和耐磨性能；提高导磁性能；提高光的反射性能；提高焊接能力；防止局部渗碳、渗氮，防止氧化；修复尺寸等。

10.8 其他工艺

1. 聚合物基复合材料制件的基本成型工艺

聚合物基复合材料的特点之一是其制件可以整体成型，而且复合材料的制造实际上是在其制品成形过程中完成的。

复合材料制件的成型方法，一般是依据制件的形状、结构和使用要求，结合材料的工艺性能来确定的。目前已应用的成型方法很多。在航空航天复合材料制件中，常用的成型方法主要有热压罐层压法、RTM 法和缠绕法。

热压罐层压法是成型外形结构复杂的先进复合材料的典型方法，其典型工艺是把预浸无纬布按纤维的各种规定角度在模具上铺层至规定的厚度，然后经覆盖薄膜、形成真空袋再送入热压罐中加热加压固化而成；而缠绕法则适宜于制造回转体构件，其典型工艺是用专门缠绕机把浸渍过树脂的连续纤维或布带，在严格的张力控制下，按照规定的线型，有规律地在旋转芯模上进行缠绕铺层，然后固化和卸除芯模，获得制品；RTM 法也适宜于成型外形结构复杂的制件，只是它的成型方法与热压罐法根本不同，其典型工艺是在模具的模腔内预先放置增强预浸体材料和镶嵌件，闭模后将树脂通过注射泵传输到模具中浸渍增强纤维，并加以固化，最后脱模制得成品。

在复合材料成型中不管采用何种方法，增强纤维的排列（即铺层方法）和固化工艺的控制是制件质量的两个关键步骤。

2．蜂窝夹层结构的成型工艺

蜂窝夹层结构的成型工艺包括夹芯制造、外形加工及夹芯与面板的连接。

铝合金蜂窝夹层结构和复合材料蜂窝夹层结构用胶粘剂连接和加强；高强度合金蜂窝夹层结构主要采用钎焊或扩散连接。

3．火药药柱成形工艺

双基火药药柱主要用螺旋压力机压制成型：原材料配制、水中搅拌、驱水机过滤和挤压、高温高压碾压驱水并基本固化、切碎烘干、去杂质、高温模压塑化成型。复合火药药柱成型方法为压力成型法和浇铸成型法，成形的药柱外圆面都有一层包覆层。

复　习　题

1．说明砂型铸造、金属型铸造、熔模铸造、离心铸造和凝壳铸造的工艺、特点和典型应用。

2．说明典型熔焊方法（电弧焊和电子束焊）、典型压焊方法（电阻焊、摩擦焊和扩散焊）和钎焊的焊接工艺、特点与应用。

3．绘图说明焊接接头的焊缝区、热影响区和熔合线。

4．绘图说明焊接接头的五种基本类型及其应用。

5．简述金属塑性加工类别。

6．解释锻造、自由锻和模锻，说明模锻件的分类。

7．简述钢材的轧制生产系统。

8．何谓轧制？说明轧制的特点和主要轧制产品。

9．解释纵轧、横轧和斜轧，说明它们的主要应用。

10．何谓挤压？简述挤压的特点、分类和主要应用。

11．解释：冲压、冷弯、旋压和高能率加工。

12．简述粉末制取的雾化法、还原法、电解法工艺和粉末烧结的粉末热等静压、粉末预成形件热锻工艺。

13．解释：退火、正火、淬火、固溶处理、回火、时效和冷处理。

14．解释车削、铣削、刨削和磨削，指出常用的车削方式、铣削方式和磨削方式。

15．解释腐蚀、喷丸、阳极化和电镀，说明全面腐蚀和局部腐蚀的特点，指出基本的局部腐蚀形态。

16．简述聚合物基复合材料制件成型的热压罐层压法、RTM 法和缠绕法。

17．简述蜂窝夹层结构的成型工艺。

18．简述火药药柱成型工艺。

第11章 缺　陷

11.1　金属铸造工艺缺陷

铸造生产过程中，由于工艺参数选择不当或操作不慎，导致铸件表面或内部产生缺陷。铸件缺陷是导致铸件性能低下、使用寿命短、报废和失效的重要原因。

11.1.1　铸件缺陷分类

铸件缺陷种类繁多，形状各异。根据缺陷的形貌特征，我国国家标准 GB/T5611—1998《铸造术语》将铸件缺陷分为八类，缺陷类型与缺陷名称见表 11-1。

表 11-1　铸件缺陷

序号	缺陷类别	缺陷名称
1	多肉类缺陷	飞翅、毛刺、外渗物（外渗豆）、粘模多肉、冲砂、胀砂、掉砂、抬型（抬箱）
2	孔洞类缺陷	气孔、气缩孔、针孔、表面针孔、皮下气孔、呛火、收缩缺陷、缩孔、缩松、疏松渗漏
3	裂纹、冷隔类缺陷	冷裂、热裂、缩裂、热处理裂纹①、网状裂纹（龟裂）、白点（发裂）、冷隔、浇注断流、重皮
4	表面缺陷	鼠尾、沟槽、夹砂结疤、粘砂、表面粗糙、皱皮、缩陷、桔皮面、斑点和印痕等
5	残缺类缺陷	浇不到（浇不足）、未浇满、跑火、型漏（漏箱）、损伤等
6	形状及重量差错类缺陷	尺寸和重量差错、变形、错型（错箱）、错芯、偏芯（漂芯）、舂移等
7	夹杂类缺陷	金属夹杂物、冷豆、内渗物（内渗豆）、非金属夹杂物（包括夹渣和砂眼）等
8	成分、组织和性能不合格	物理、力学性能和化学成分不合格，石墨漂浮，石墨集结，组织粗大，偏析，硬点，白口，反白口，球化不良和球化衰退，亮皮，菜花头

①热处理裂纹无疑是铸件中可能存在的缺陷，但显然不属于铸造工艺缺陷。

*11.1.2　无损检测常见的铸件缺陷

表 11-1 所示缺陷中，无损检测常见的缺陷见表 11-2。

表 11-2　无损检测常见的铸件缺陷

缺陷类别	缺陷名称	缺陷特征
孔洞类缺陷	气孔、针孔（图 11-1）	铸件内由气体形成的孔洞类缺陷称为气孔。气孔表面一般比较光滑，主要呈梨形、圆形和椭圆形。一般不在铸件表面露出，大孔常孤立存在，小孔则成群出现。位于铸件表皮下的分散性气孔称为皮下气孔，为金属液与砂型之间发生化学反应产生的反应性气孔，形状有针状、蝌蚪状、梨状等，其大小不一、深度不等，通常在机械加工或热处理后才能发现。针孔一般为针头大小分布在铸件截面上的析出性气孔。铝合金铸件中常出现这类气孔，对铸件性能危害很大。成群分布在铸件表层的分散性气孔称为表面针孔，其特征和形成原因与皮下气孔相同，通常暴露在铸件表面，机械加工 1～2mm 后即可去掉

（续）

缺陷类别	缺陷名称	缺陷特征
孔洞类缺陷	缩孔、缩松、疏松（显微缩松）（图11-2）	金属在凝固过程中，由于补缩不良而产生的孔洞称为缩孔。缩孔形状极不规则，孔壁粗糙，并带有枝状晶，常出现在铸件最后凝固的部位。按分布特征，缩孔可分为集中缩孔和分散缩孔两类。缩松是细小的分散缩孔。缩松铸件密封性能差，易渗漏，断口呈海棉状；缩松严重的铸件在凝固冷却或热处理过程中容易产生裂纹。疏松是铸件凝固缓慢的区域因微观补缩信道堵塞而在枝晶间及枝晶的晶臂间形成的很细小的孔洞，易造成渗漏。疏松的宏观断口形貌与缩松相似，微观形貌表现为分布在晶界和晶臂间、伴有粗大树枝晶的显微孔穴
裂纹冷隔类缺陷	冷裂（图11-3）	铸件凝固后冷却后在较低温度下形成的裂纹。是局部铸造应力大于合金极限强度而引起的开裂。冷裂往往穿晶延伸到整个截面，呈宽度均匀的细长直线或折线状，断口有金属光泽或轻微氧化色泽
	热裂（图11-4）	铸件在凝固末期或终凝后在较高温度下形成的裂纹。热裂断口严重氧化，无金属光泽，裂纹在晶界萌生并沿晶界扩展，呈粗细不均、曲折而不规则的曲线 在实际生产中，出现了热裂纹的铸件，若凝固后仍处于较大的内应力下，裂纹还会继续扩展形成冷裂纹。这种既有热裂又有冷裂的裂纹称为综合裂纹
	白点（图11-5）	淬透性高的某些合金钢铸件在快速冷却时，主要因氢的析出及产生的组织应力和热应力而引起的微细裂纹。在纵向断面上呈银白色圆斑或椭圆斑，故称白点；在横断面腐蚀后的低倍试片上呈发状微细裂纹，故又称发裂。白点的断裂方式呈沿晶断裂
	冷隔（图11-6）	充填金属流股汇合时熔合不良所致的穿透或不穿透的、边缘呈圆角状的缝隙。多出现在远离浇道的铸件宽大上表面或薄壁处、金属流汇合处，以及芯撑、冷铁等激冷部位
	热处理裂纹[1]（图11-7）	铸件在热处理过程中产生的穿透或不穿透裂纹。其断口有氧化现象。热处理裂纹可出现在表面或内部，可沿晶扩展或穿晶扩展，呈线状或网状。
夹杂类缺陷	金属夹杂物[2]（图11-8）	铸件内成分、结构、色泽、性能不同于基体金属，形状不规则、大小不等的金属或金属间化合物。通常由外来金属所引起
	冷豆（图11-9）	通常位于铸件下表面或嵌入铸件表层、化学成分与铸件相同、未完全与铸件熔合的金属珠。其表面有氧化现象，通常出现在内浇道下方或前方
	内渗物（图11-10）	铸件孔洞缺陷内部带有光泽的豆粒状金属渗出物。其成分与铸件本体不一致，接近于共晶成分
	夹渣、渣气孔（图11-11）	铸件表面或内部由熔渣引起的非金属夹杂物。由于其熔点和密度均比金属液低，通常位于铸件上表面，砂芯下面的铸件表面或铸件的死角处。铸件表面或内部伴有气孔的夹渣称为渣气孔。形式有夹渣内含气孔、气孔内含夹渣及夹渣外气孔成群分布三种。渣气孔的出现部位与夹渣相同。在断面上，夹渣和渣气孔均无金属光泽
	砂眼（图11-12）	铸件内部或表面带有砂粒的孔洞
成分类缺陷	偏析	固态合金中化学成分（包括杂质元素）分布的不均匀性。偏析分为微观偏析（包括枝晶偏析（晶内偏析）和晶界偏析）和宏观偏析（包括区域偏析和重力偏析）两类 偏析区常伴有非金属夹杂物、疏松、析出性气孔、反应性气孔和热裂等缺陷

① 热处理裂纹无疑是铸件中可能存在的缺陷，但显然不属于铸造工艺缺陷。

② GB/T5611—1998 中不包括金属夹杂物缺陷。

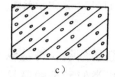
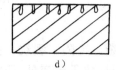
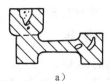
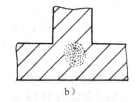

图11-1 气孔、针孔示意图　　　　　　　图11-2 缩孔、缩松、疏松示意图

a）气孔　b）皮下气孔　c）针孔　d）表面针孔　　　a）缩孔　b）缩松、疏松

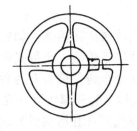
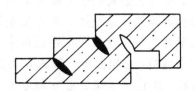

图11-3 冷裂示意图　　　　　　　　　图11-4 热裂示意图

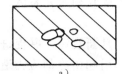
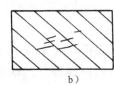

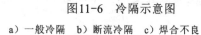

图11-5 白点示意图　　　　　　　　　图11-6 冷隔示意图

a）纵向断面　b）横向腐蚀断面　　　a）一般冷隔　b）断流冷隔　c）焊合不良

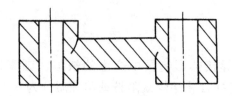
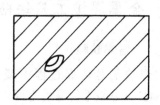

图11-7 热处理裂纹示意图　　　　　　图11-8 金属夹杂物示意图

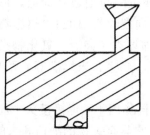
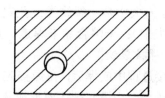

图11-9 冷豆示意图　　　　　　图11-10 内渗物（内渗豆）示意图

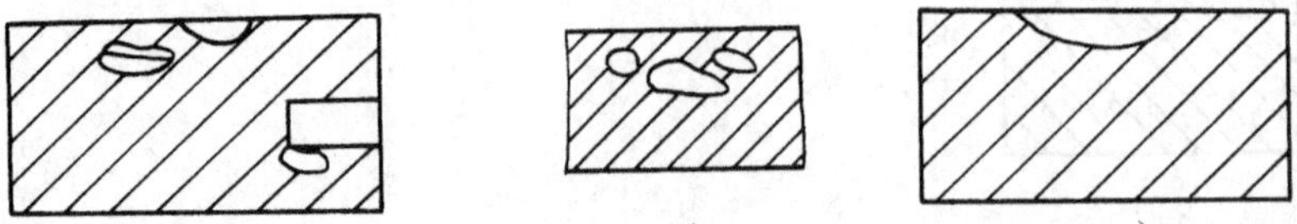

a） b） c）

图11-11 夹渣、渣气孔示意图

a）夹渣 b、c）渣气孔

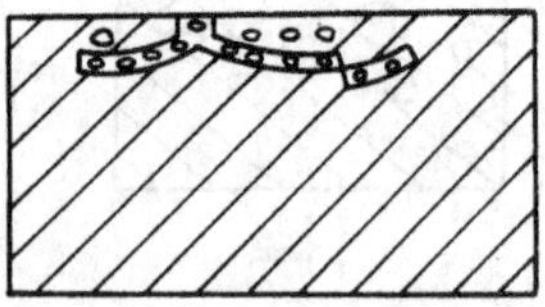

图11-12 砂眼示意图

铝合金常见铸造工艺缺陷有疏松、气孔、夹杂、冷隔、裂纹、晶层分裂（铸锭纵向断口边缘呈层片状裂开）、羽毛状晶（铝合金铸锭中柱状晶的变种，形状类似羽毛的晶粒）、初晶（铝合金铸锭中先于固溶体结晶出来的金属间化合物）、光亮晶粒（色泽光亮对光线无选择性反射的粗大树枝状晶体）和白斑（低倍试片上呈形状不定、轮廓清晰的白色块状物，是混入的纯铝夹杂）等。

钛合金铸件的金属夹杂主要是未完全熔化的高熔点金属或固溶体，如钨、钼以及硬质合金刀头等碎块；非金属夹杂主要是氧化物或氮化物等不熔块。金属夹杂和非金属夹杂影响力学性能，在变形和使用过程中易引起裂纹。钛合金铸件偏析有两种类型：α 相偏析和 β 型偏析：α 相偏析一般为 α 相富集区，金相试样上为弱腐蚀区（亮条、亮斑），α 相呈粗条、块状，可能是富 α 稳定元素铝的化学成分偏析（Ⅱ型偏析）或富氧、氮杂质的间隙型元素偏析（Ⅰ型偏析）。这些缺陷通常是硬而脆的。β 型偏析在金相试样上为深腐蚀区（黑斑），黑斑内 α 相很少，甚至没有，一般称为 β 斑，是富 β 稳定元素区。偏析的产生与电极制备和熔炼工艺有关。

高温合金铸件的常见缺陷是夹杂物、疏松和偏析。夹杂物和疏松是断裂源，并促进裂纹扩展，导致疲劳和低温断裂抗力下降；偏析可削弱铸件的晶界，引起由冷却应力造成的热裂纹或低应变的提早断裂。

11.2 金属焊接工艺缺陷

*11.2.1 熔焊缺陷

熔焊缺陷是熔焊过程中或焊后在焊缝或焊接热影响区中产生的缺陷。国家标准 GB/T6417—1986《金属熔化焊焊缝缺陷分类及说明》将熔焊缺陷按缺陷性质分为 6 大类，每个大类缺陷又按存在的位置及状态分为若干小类。缺陷用数字序号标记。每一缺陷大类用一个三位阿拉伯数字标记，每一缺陷小类用一个四位阿拉伯数字标记。每一数字序号仅适用于某一特定类型的缺陷，例如 1021“焊接横向裂纹”，1023“热影响区横向裂纹”等。6 大类是：裂纹类；孔穴类（气孔、缩孔）；固体类（夹渣、氧化物夹杂、皱褶和金属夹杂）；未熔合和未焊透；形状类（咬边、焊瘤、烧穿、未焊满等）及其他。

1. 焊接裂纹

焊接过程中或焊后，在焊接应力及其他致脆因素共同作用下，焊接接头中局部地区的金属原子结合力遭到破坏而形成新界面所产生的缝隙。它具有尖锐的缺口和大的长宽比。焊接裂纹分为微观裂纹、纵向裂纹、横向裂纹、放射状裂纹、弧坑裂纹、间断裂纹群和枝状裂纹，它们均可存在于焊缝金属、热影响区和母材金属中（图 11-13a～f）。

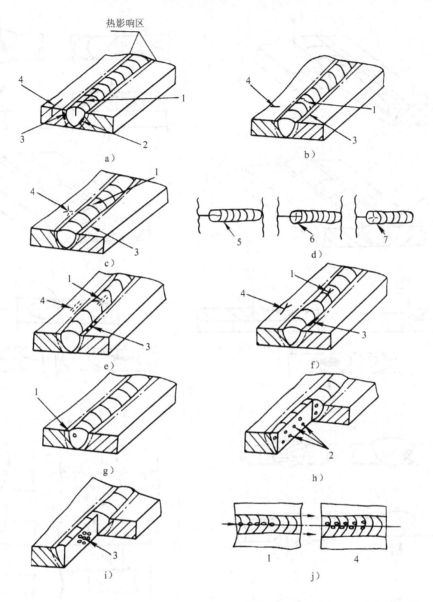

图11-13　熔焊常见缺陷

a）纵向裂纹　b）横向裂纹

c）放射状裂纹　d）弧坑裂纹

e）间断裂纹群　f）枝状裂纹

g）球形气孔　h）均布气孔

i）局部密集气孔　j）链状气孔

1—焊缝金属中　2—熔合线上　3—热影响区中

4—母材金属中　5—纵向的　6—槽向的　7—星形的

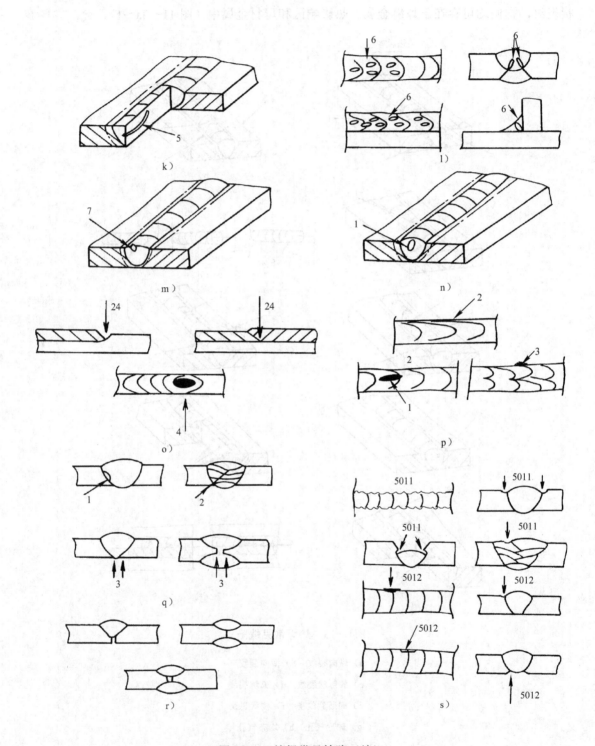

图11-13 熔焊常见缺陷（续）

k）条形气孔 l）虫形气孔 m）表面气孔 n）结晶缩孔 o）弧坑缩孔

p）夹渣 q）未熔合 r）未焊透 s）咬边（5011连续的，5012间断的）

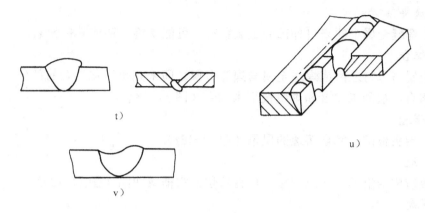

图11-13　熔焊常见缺陷（续）

t）焊瘤　u）烧穿　v）未焊满

按形成原因或性质，焊接裂纹又可分为热裂纹、冷裂纹和消除应力裂纹等。

（1）热裂纹　焊接过程中，焊缝和热影响区金属冷却到固相线附近的高温区产生的焊接裂纹。在焊缝收弧弧坑处产生的热裂纹称为弧坑裂纹。弧坑裂纹可能是纵向的、横向的或星形的。

（2）冷裂纹　焊接接头冷却到较低温度下（对于钢来说在 M_S 温度以下）时产生的焊接裂纹。钢的焊接接头冷却到室温后并在一定时间（几小时、几天、甚至十几天）才出现的焊接冷裂纹称为延迟裂纹。

（3）消除应力裂纹　焊后焊件在一定温度范围再次加热时由于高温及残余应力的共同作用而产生的晶间裂纹。

在所有焊接缺陷中，裂纹是最严重的，因而是不能容忍的。

2. 气孔

焊接时，熔池中的气泡在凝固时未能析出而残留下来所形成的空穴。气孔可分为球形气孔、均布气孔、局部密集气孔、链状气孔、条形气孔、虫形气孔和表面气孔（图11-13g～m）。

3. 缩孔

熔化金属在凝固过程中因收缩而产生的残留在熔核中的空穴。缩孔可分为结晶缩孔、微缩孔、枝晶间微缩孔、弧坑缩孔（图 11-13n～o）。

4. 夹渣

焊后残留在焊缝中的焊渣。根据其形状，可分为线状的、孤立的和其他形式的（图11-13p）。

5. 氧化物夹杂

凝固过程中在焊缝金属中残留的金属氧化物。

6. 皱褶

在某种情况下，特别是铝合金焊接时，由于对焊接熔池保护不好和熔池中紊流而产生的大量氧化膜。

7．金属夹杂

残留在焊缝金属中的来自外部的金属颗粒，可能是钨、铜或其他元素。

8．未熔合

焊缝金属与母材之间或焊道金属与焊道金属之间未完全熔化结合的部分。它可以分为侧壁未熔合、层间未熔合和焊缝根部未熔合（图 11-13q）。

9．未焊透

焊接时接头根部未完全熔透的现象（图 11-13r）。

10．咬边

因焊接造成的沿焊趾（或焊根）母材部位的沟槽或凹陷（图 11-13s）。

11．焊瘤

焊接过程中熔化金属流淌到焊缝之外未熔化的母材表面所形成的金属瘤（图 11-13t）。

12．烧穿

熔化金属自焊缝坡口背面流出，形成的穿孔缺陷（图 11-13u）。

13．未焊满

由于填充金属不足，在焊缝表面形成的连续或断续的沟槽（图 11-13v）。

11.2.2 压焊缺陷

压焊过程中在金属焊接接头产生的缺陷称为压焊缺陷。电阻焊、摩擦焊和扩散焊三种压焊方法所产生的缺陷如下：

1．电阻焊缺陷

电阻焊缺陷主要有：

（1）未熔合或未完全熔合 较严重的缺陷之一，直接影响接头强度。

（2）裂纹 分为外部裂纹和内部裂纹两种，是危险性很大的一种缺陷。裂纹对动载疲劳强度有明显影响，尤其是外部裂纹。

（3）气孔和缩孔 是常见缺陷，在高温合金点焊和缝焊时更为明显。

（4）过深压痕 点焊和缝焊的压痕深度一般规定应小于板材厚度的 15%，最大不超过 20%～30%。超过此规定，则作为缺陷处理。

（5）表面烧伤和表面发黑 此缺陷不影响接头强度，但影响接头的表面质量和耐腐蚀性能。

（6）喷溅 是最常见的一种缺陷。大的喷溅会破坏焊点四周的塑性环，降低接头的强度和塑性，应尽量避免。

（7）接合线深入 某些高温合金和铝合金点焊和缝焊时特有的缺陷，指两板接合面深入到熔核中的部分。一般深入量应控制在 0.1～0.2mm。

（8）过烧组织和过热组织 常出现在接头的热影响区中。

2．摩擦焊缺陷

摩擦焊缺陷主要有：接头偏心、飞边不封闭、未焊透、接头组织扭曲、接头过热、

186

接头淬硬、焊接裂纹、氧化灰斑、脆性合金层。

3. 扩散焊缺陷

扩散焊缺陷主要有：未焊合或孔洞（界面孔洞和扩散孔洞）。

11.2.3 钎焊缺陷

钎焊过程中在金属焊接接头中产生的缺陷称为钎焊缺陷。主要包括：填隙不良、钎焊气孔、钎缝夹渣、钎缝开裂、母材开裂、母材被熔蚀、钎料流失。

11.3 金属塑性加工工艺缺陷

*11.3.1 锻件缺陷

许多大型的开模锻件都是由铸锭直接锻造的。大多数的闭模锻件和顶锻件则是用坯料、轧制的棒料或预制坯生产的。锻件中的常见缺陷可能是由铸锭的原始状态、铸锭及钢坯的随后热加工以及锻造时的冷、热加工引起的。

国家标准 GB/T 8541—1997《锻压术语》定义了 22 种锻件缺陷。其中，无损检测常见的主要缺陷有 8 种：缩孔、非金属夹杂、偏析、氢脆、过烧、过热、折叠和裂纹。前 4 种缺陷源自铸锭原有的缺陷，后 4 种缺陷源自铸锭或坯料加工，或者是锻造工序引起的。在许多情况下，锻造工序引起的缺陷与铸锭或坯料在终锻前的初压延过程中所产生的缺陷相同或类似。在工程实际中，不仅有非金属夹杂，还有金属夹杂，可统称夹杂物；氢致裂纹称为白点（氢白点）；铸锭可能存在未熔化的电极；锻造可能产生流纹不顺、涡流和穿流等。

（1）缩孔 在金属冷凝过程中由于液体金属补给不足所形成的孔穴。缩孔大体上呈圆柱形或锥形，是铸锭的常见缺陷之一，经常出现在铸锭的顶端部分。缩孔严重地破坏材料的连续性，在锻造时必然产生裂纹，是不允许存在的缺陷。

（2）夹杂物 包括金属夹杂物和非金属夹杂物。夹杂物的存在，会降低金属承受高的静载荷、冲击力、循环或疲劳载荷的能力，有时还会降低耐腐蚀和耐应力腐蚀的能力。夹杂物因其具有不连续性的特征并与周围的成分不同，容易成为应力集中源。

（3）偏析 铸锭中某一特定位置上的成分与平均成分的偏差称为偏析。锻件可以通过再结晶或将粒状组织打碎以获得较均匀的亚结构，使偏析得到部分排除。但是，对于偏析严重的铸锭，其影响不可能完全消除。偏析能影响耐蚀力、锻造和连接（焊接）特性、力学性能、断裂韧性和疲劳抗力。在可热处理合金中，成分的变化能对热处理产生意想不到的影响，出现硬点和软点、淬火裂纹或其他缺陷。恶化的程度既取决于合金，也取决于工艺参数。大多数冶金工艺都是以假定被加工的金属有标称的成分且相当均匀为前提的。

（4）白点 钢锻件中由于氢的存在所产生的小裂纹称为白点（氢白点）。白点对钢材力学性能（韧性和塑性）影响很大，当白点平面垂直方向受应力作用时，会导致钢件突然断裂。因此，钢材不允许白点存在。白点多在高碳钢、马氏体钢和贝氏体钢中出现。奥氏体钢和低碳铁素体钢一般不出现白点。

（5）未熔化的电极 是自耗熔炼过程中脱落到熔融材料中的大块电极。

（6）过烧 加热温度超过始锻温度过多，使晶粒边界出现氧化及熔化的现象。过烧对锻件静拉伸性能的影响不明显，对疲劳性能影响明显。

（7）过热　金属由于温度过高或高温下保持时间过长引起晶粒粗大的现象。

（8）折叠　锻造时将坯料已氧化的表层金属汇流贴在一起压入工件而造成的缺陷。折叠内表面上的氧化层能使该裂隙内的金属焊合不起来。折叠具有尖锐的根部，会造成应力集中。折叠表面形状与裂纹相似，多发生在锻件内圆角和尖角处。在横截面上高倍观察，折叠处两面有氧化、脱碳等特征；低倍组织上看出围绕折叠处纤维有一定的歪扭。锻件上出现折叠的原因与工艺参数、模具（模锻时）等有关。

（9）裂纹　由于应力作用而产生的不规则的裂缝。裂纹有多种形式：

1）发纹：钢中非金属夹杂物、疏松及气孔变形后沿主伸长方向分布的极微细裂纹。发纹是产品一般允许存在的缺陷，但是深度应符合有关标准规定。

2）中心裂纹：圆断面坯料在平砧上经小压缩量拔长时，由于变形不均、温度偏低使轴心部分金属沿径向受附加拉应力而引起的裂纹。

3）角裂：矩形断面坯料在平砧上拔长时，由于变形及温度不均在棱角处产生的裂纹。

4）龟裂：锻模或锻件表面出现的较浅的龟纹状裂纹。

5）急冷裂纹：坯料加热后，急剧冷却产生内应力而生成的裂纹。

6）急热裂纹：坯料在加热时，温度急剧上升，产生内应力而生成的裂纹。

7）时效裂纹：锻造后淬火或淬火、回火过的锻件放置在室温空气中而产生的裂纹。

8）淬裂：锻件淬火时，因淬火应力而产生的裂纹。

9）应力腐蚀裂纹：内部应力与腐蚀环境相互作用，经过一段时间后，产生的晶界裂纹。

必须指出的是，时效裂纹、淬裂和应力腐蚀裂纹都是锻件中可能存在的缺陷，但显然不属于锻造工艺缺陷。

（10）流纹不顺、涡流、穿流　模锻件某个区域的金属流纹不按制件外廓形状分布形成的锻件缺陷（图11-14）。其中流纹呈年轮状或漩涡状称涡流（图11-14a）；切断正常金属流线贯穿制件截面的流纹称为穿流(图11-14b)。产生流纹不顺的原因是模具设计不合理和模锻工艺不当。

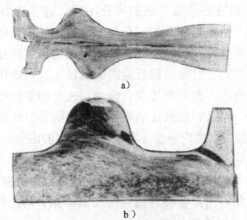

a)

b)

图11-14　铝合金模锻件流纹不顺断面图

a）涡流（1:2.5）　b）穿流（1:4）

钢锻件中最普通的表面缺陷是裂纹和折叠；钢锻件中最普通的内部缺陷是缩孔、偏析和非金属夹杂物。

　　耐热合金锻件中，与熔炼有关的缺陷如夹杂物、缩孔、芯部未合拢和白点是耐热合金锻件中最常见的缺陷类型；偏析组织、未熔化的电极或"框架"则是耐热合金中偶尔发现的缺陷类型。

　　镍合金锻件中出现的缺陷一般有裂纹（表面和内部）、折叠、夹杂物和缩孔。尽管所有的金属在锻造过程中都可能产生热裂，但是，可时效强化的镍合金比其他大多数金属更容易开裂，更需要严格控制锻造温度。

　　铝合金锻件中常见的表面缺陷有折叠和裂纹；常见的内部缺陷有裂纹、夹杂、氧化膜和偏析（偶尔也出现孔隙和穿流）。

　　镁合金中的缺陷类型与铝合金锻件类似。不过，表面裂纹是镁合金锻件中所常见的。

　　钛合金锻件有自身的特点，其主要缺陷是：与铸造工艺有关的难熔金属夹杂（图11-15）、α 稳定的孔洞（由氧稳定的 α 晶粒所环绕）（图11-16）、偏析（α 偏析和 β 斑）（图11-17 和 11-18），与锻造工艺有关的组织不均匀（图11-19）、组织粗大（表现为粗大晶粒、过热组织、残留原始 β 晶界，见图11-20）、折叠和裂纹。

图11-15　钨夹杂

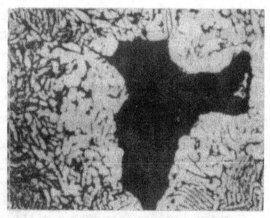

图11-16　由氧稳定的 α 环绕的孔洞（黑区）

图11-17　α 相偏析（弱腐蚀区，亮条）

图11-18　β 斑（深腐蚀区）

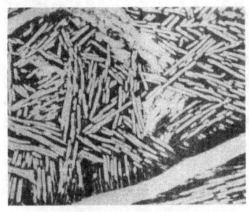

图11-19　钛合金组织不均匀

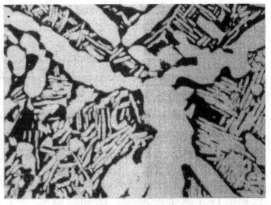

图11-20　钛合金组织粗大

11.3.2　轧制产品缺陷

1．钢材常见缺陷

钢材常见缺陷包括：结疤、裂纹、缩孔残余、分层、白点、偏析、非金属夹杂、疏松、带状组织、折叠、过烧组织、晶粒粗大、混晶、过热、网状组织。

（1）结疤　钢材表面未与基体焊合的金属或非金属疤块（图11-21）。有的部分与基体相连，呈舌状；有的与基体不连接，呈鳞片状。后者有时在加工时脱落，形成凹坑。结疤直接影响钢材外观质量和力学性能，产品钢材上不允许结疤存在。

（2）裂纹　由于各种应力而造成的局部金属连续性的破坏，而形成的各种形状的金属开裂称为裂纹。按裂纹形状和形成原因有多种名称，如拉裂、横裂、裂缝、裂纹、发纹、炸裂（响裂）、脆裂（矫裂）、轧裂和剪裂等。冶炼、轧制（锻造）、矫直、热处理、酸洗、焊接等工艺过程不当都可能造成裂纹。裂纹实例见图 11-22。裂纹直接影响钢材的力学性能和耐腐蚀性能，钢材中不允许裂纹存在。

图11-21　无缝钢管外表面结疤

图11-22　钢轨轨底裂纹

（3）缩孔残余　钢液凝固过程中，由于体积收缩，在钢锭或连铸坯心部未能得到充分填充而形成的管状或分散孔洞，在热加工前，因为切头量过小或缩孔过深，造成切除不尽，其残留部分称为缩孔残余（图 11-23）。缩孔残余分布在钢锭上部中心处，并与钢锭顶部贯通的叫一次缩孔。由于设计的钢锭模细长或上小下大，在浇铸凝固过程中，钢锭截口以下锭中心仍有未凝固的钢液，凝固后期不能充分填充而形成的孔洞叫二次缩孔。一次缩孔残余和与空气贯通的二次缩孔在轧制（锻造）过程中不能焊合，与空气隔绝的二次缩孔和连轧坯缩孔在轧制时一般能够焊合，不影响钢材使用性能。缩孔残余严重地破坏钢材的连续性，在轧制（锻造）时必然产生裂纹，是钢材不允许存在的缺陷。

（4）分层　钢材基体上出现的互不结合的层状结构。分层一般都平行于压力加工表面，在纵、横向断面低倍试片上均有黑线（图 11-24），分层严重时有裂缝产生，在裂缝中往往有氧化铁、非金属夹杂和严重的偏析物质。镇静钢钢锭的缩孔和沸腾钢钢锭的气囊及尾孔经轧制（锻造）不能焊合产生分层，钢中大型夹杂和严重成分偏析也能产生分层。分层严重影响使用，是钢材中不允许存在的缺陷。分层是因为缩孔、内裂、气泡等缺陷经塑性加工而延伸、拉长，又未能焊合而成形的。

图11-23　车轴钢缩孔实物照片

图11-24　钢板分层

（5）白点　钢材纵、横断面酸浸试片上出现的不同长度无规则的发裂。它在横向低倍试片上呈放射状、同心圆或不规则分布，多距钢件中心或与表面有一定距离。型钢在横向或纵向断口上，呈圆形或椭圆形白亮点（图 11-25），直径一般为 3～10mm。钢板在纵向、横向断口上白点特征不明显，而在 Z 向断口上呈现长条状或椭圆状白色斑点。钢坯上出现白点，经压力加工后可变形或延伸，压下率较大时也能焊合。白点对钢材力学性能（韧性和塑性）影响很大，当白点平面垂直方向受应力作用时，会导致钢件突然断裂。因此，钢材不允许白点存在。白点产生的原因一般认为是钢中氢含量偏高和组织应力共同作用的结果。白点多在高碳钢、马氏体钢和贝氏体钢中出现。奥氏体钢和低碳铁素体钢一般不出现白点。

（6）偏析　钢材成分的严重不均匀（图 11-26）。这种现象不仅包括常见元素（碳、锰、硅、硫、磷）分布的不均匀，还包括气体和非金属夹杂分布的不均匀性。偏析产生的原因是钢液在凝固过程中，由于选分结晶造成的。首先结晶出来的晶核纯度较高，杂质遗留在后结晶的钢液中，因此，结晶前沿的钢液为碳、硫、磷等杂质富集。随着温度降低，组织凝固在树枝晶间，或形成不同程度的偏析带。此外，随着温度降低，气体在钢液中溶解度下降，在结晶前沿析出并形成气泡上浮，富集杂质的钢液会形成条状偏析带。由于偏析在钢锭上出现部位不同和在低倍试片上表现出形式各异，偏析可分为方形偏析、"∧"、"∨"型偏析、点状偏析、中心偏析和晶间偏析等。另外，脱氧合金化工艺操作不当，可以造成严重的成分不均。偏析影响钢材的力学性能和耐蚀性能。严重偏析可能造成钢材脆断，冷加工时还会损坏机械，故超过允许级别的偏析是不允许存在的。

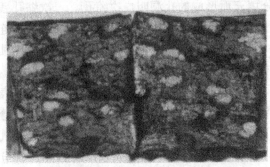

图11-25　板坯白点断口实物　×1

图11-26　圆钢碳偏析　×1

（7）非金属夹杂　钢中含有的与基体金属成分不同的非金属物质（图11-27）。它破坏了金属基体的连续性和各向同性性能。非金属夹杂按来源可分为内生夹杂、外来夹杂及两者混合物；按颗粒大小可分为亚显微、显微和大颗粒夹杂三种，其颗粒尺寸依次为 $<1\mu m$、$1 \sim 100\mu m$ 和 $>100\mu m$；按本身性质可分为塑性夹杂和脆性夹杂两种。非金属夹杂对钢材的强度、伸长率、韧性和疲劳强度有不同程度的影响。按使用要求，根据国家非金属夹杂标准评定钢材夹杂级别。钢材中不允许存在严重危害钢材性能的大颗粒夹杂。

（8）疏松　钢材截面热酸蚀试片上组织不致密的现象（图11-28）。在钢材横断面热酸蚀试片上，存在许多孔隙和小黑点，呈现组织不致密现象，当这些孔隙和小黑点分布在整个试片上时叫一般疏松，集中分布在中心的叫中心疏松。在纵向热酸蚀试片上，疏松表现为不同长度的条纹，但仔细观察或用 8～10 倍放大镜观察，条纹没有深度。用扫描电镜观察孔隙或条纹，可以发现树枝晶末梢有金属结晶的自由表面特征。枝晶的成因与钢水冷凝收缩和选分结晶有关。钢液在结晶时，先结晶的树枝晶晶轴比较纯净，而枝晶间富集偏析元素、气体、非金属夹杂和少量未凝固的钢液，最后凝固时，不能全部充满枝晶间，因而形成一些细小微孔。钢材在热加工过程中，疏松可大大改善。但当钢锭疏松严重时，压缩比不足或孔型设计不当时，热加工后疏松还会存在。严重的疏松视为钢材缺陷，当疏松严重时，钢材的力学性能会受到一定影响。根据钢材使用要求，可以按标准图片评定钢材疏松级别。

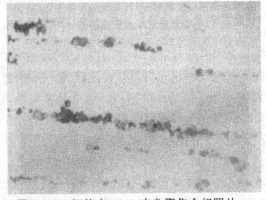

图11-27　钢轨中 Al_2O_3 夹杂聚集金相照片

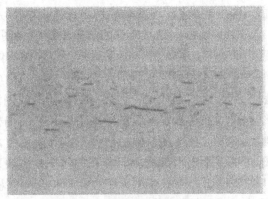

图11-28　钢板疏松横向照片

（9）带状组织　热加工后的低碳结构钢，其显微组织铁素体和珠光体沿轧向平行排列，呈带状分布，形成钢材带状组织（图11-29）。带状组织的形成与钢中夹杂和树枝晶成分偏析有关。带状组织导致各向异性，降低钢材塑性和冲击韧性，特别是对横向力学性能影响较大。根据钢材的使用要求，可按国家带状组织评级标准评定钢材带状组织的级别。

　　（10）折叠　表现为产品表面层金属的折合分层。外形与裂纹相似，其缝隙与表面倾斜一定角度，常呈直线形（图11-30），也有的呈曲线形或锯齿形。折叠的分布有明显的规律性，一般是通长的，也有的是局部或断续地分布在产品表面上。折叠内有较多的氧化皮。双层金属折合面有脱碳层，在与金属本体相接触一侧的折合缝壁上，尤为严重。钢管内表面和外表面产生的折叠分别称内折叠和外折叠。产品表面上一般不允许有折叠。折叠的产生与轧制工艺有关。

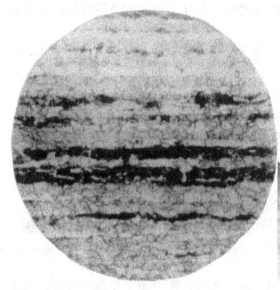
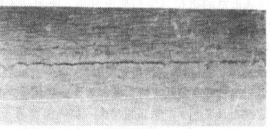

图11-29　钢板带状组织金相照片　×300　　　　　　　　图11-30　折叠

　　（11）过烧组织　锭坯加热不当造成的钢材内部缺陷之一。因加热温度过高、时间过长，锭坯内部发生晶界氧化并在晶界上出现网状分布的氧化物，使晶间结合力大为降低或完全消失。金属过烧后，塑性加工时会沿晶界氧化物开裂，甚至破碎，金属的断口无金属光泽，使材料完全报废。

　　（12）晶粒粗大　表现为金属晶粒比正常生产条件下获得的标准规定的晶粒尺寸粗大。钢材由于生产不当，奥氏体或室温组织均能出现粗大晶粒，这种组织使强度、塑性和韧性降低。粗大的晶粒可以通过热处理细化。钢的标准晶粒级别由大到小划分为-3级到＋12级 16个级别，晶粒平均直径由-3级的 1.000mm 到 12级的 0.0055mm。1～4级为粗晶粒；5～8级为细晶粒；粗于 1 级的为晶粒粗大；细于 8 级的为超细晶粒。

　　（13）混晶　表现为金属基体内晶粒大小混杂，粗晶细晶混杂，细晶粒夹在粗晶粒之间，或表面为粗晶，中间为细晶，也可能相反。

（14）过热　以晶粒粗化为特征的锭坯加热缺陷。晶粒过分长大，晶粒间的结合力下降，钢的力学性能下降，塑性加工时容易产生裂纹。如过热不很严重，可以通过退火的办法，使钢的组织发生再结晶，使晶粒细化。如果过热严重，晶粒过分长大而形成过热组织，就难以通过再结晶处理使晶粒细化，这样的钢只能报废。

（15）网状组织　表现为热加工的钢材冷却后沿奥氏体晶界析出的过剩碳化物（指过共析钢等）或铁素体（指亚共析钢）形成的网状结构。碳素工具钢、合金工具钢、铬轴承钢等过共析钢沿晶界析出过剩碳化物称作网状碳化物；亚共析钢沿晶界析出的是呈网络状分布的网状铁素体。

2. 铝合金板材常见缺陷

铝合金板材常见缺陷主要有：分层、粗大晶粒、气泡和氧化膜。

（1）分层　分层缺陷有两种类型。

1）张开型分层，亦称为"张嘴"，是在热轧过程中内外层金属流动不均匀，在端部形成的开裂；

2）夹杂型分层，来源于铸锭中的非金属夹杂物、疏松和气孔，形成无规律分布、不连续、沿轧制方向拉长的分层缺陷。

（2）粗大晶粒　轧制的铝加工制品，特别是冷轧板材，在固溶处理或退火时发生再结晶后晶粒长大，形成局部或均匀的粗大晶粒。粗大晶粒降低板材的抗拉强度和屈服强度，使制品表面产生粗糙和呈现"桔皮状"，严重时可形成裂纹。在焊接时粗大晶粒易引起裂纹。形成粗大晶粒的原因与合金的化学成分、组织结构、变形程度和热处理条件有密切关系。图 11-31 为粗大晶粒的一个例子。

图11-31　铝锰系合金板材表面粗大晶粒　1∶2

（3）气泡　气泡在形态上通常有三种。细小圆形气泡，在板面上无秩序分布；沿表面轧制条痕拉长或成行分布的气泡；粗大圆形气泡，在板面上无序或成群分布。在板材显微组织中，气泡多数分布在晶界上，少数分布在晶粒内。产生气泡的内在因素是铸锭中的过饱和氢和疏松；外部因素是板材表面附有水分、加热炉内湿度过大和加热温度过高。气泡对板材的力学性能无明显影响，但影响着色和美观。

（4）氧化膜　实质是氧化了的疏松和气孔在板材内形成的分层。

11.3.3　挤压制品缺陷

挤压制品缺陷的种类及其产生原因如表 11-3 所示。

（1）挤压缩尾　挤压制品尾部出现的一种特有的漏斗形缺陷。它破坏了金属的致密性和连续性，严重地影响材料的性能。根据形成的原因和条件，可以将缩尾分成三类：皮下缩尾、中心缩尾和环形缩尾（图 11-32）。

（2）挤压层状组织　挤压制品折断后断口呈现的类似分层组织的缺陷。层状组织表现为表面凹凸不平并带有裂纹，分层的方向与挤压制品的轴线平行，如图 11-33 所示。

1）层状组织影响横向力学性能，特别是伸长率和冲击韧度显著降低。热处理和其他金属塑性加工都不能消除这种组织。

表 11-3 挤压制品缺陷及其产生原因

缺陷种类	产生原因	备 注
挤压缩尾	—	
层状组织	—	
挤压裂纹	—	见本节文字叙述
粗晶环	—	
壁厚不均	—	
气泡、起皮	挤压筒或挤压垫片磨损过大；挤压筒不清洁，有油污、水份；锭坯有砂眼、气孔缺陷；填充过快，排气不好	—
成层	模孔排列不合理，距挤压筒内壁太近；挤压筒、挤压垫磨损过大；锭坯表面不洁，或有气孔和砂眼	—
麻点、麻面	工具硬度不够；挤压筒及锭坯温度过高或挤压速度过快；模子工作带不光洁	—
划伤	挤压工具（挤压模、穿孔针）变形或有裂纹，工具润滑不好；金属粘结工具；道路内壁不光滑	—
扭拧、弯曲、波浪	模孔设计排列不当或工作带长度分配不当；未安装必要的道路装置。	—
形状尺寸和公差不合格	工具选用或装配不当；温度和速度控制不当，如挤压复杂断面型材的各段挤压速度相差太大	—

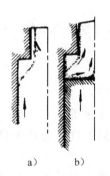
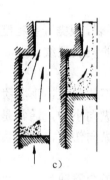

图11-32 挤压缩尾
a）皮下缩尾 b）中心缩尾 c）环形缩尾

图11-33 挤压制品的层状组织断口

2）在铝、铜及镁合金制品中都可观察到层状组织。层状组织产生的原因一般来说是铸锭组织不均匀。

（3）挤压裂纹 某些合金挤压制品的缺陷。挤压裂纹主要是表面裂纹，特点是距离相等，呈周期性分布，故又称周期性裂纹（图 11-34）。容易出现挤压裂纹的合金有硬铝、超硬铝、锡林青铜、铍青铜和锌黄铜。产生挤压裂纹的原因尚无定论。

（4）粗晶环 挤压制品周边上形成的环状粗大晶粒区域（图 11-35），是挤压制品的一种组织缺陷。粗晶环状的晶粒尺寸可超过原始晶粒尺寸的 $10 \sim 100$ 倍，达到 $800 \sim 1500 \mu m$。它引起制品力学性能降低，淬火后及用带有这种缺陷的坯料锻造时，常在粗晶区产生裂纹。

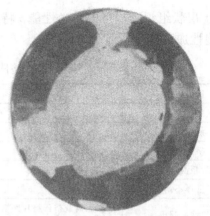

图11-34　挤压制品挤压裂纹实物图　　　图11-35　高强度铝合金 LY12挤压棒材的粗晶环

（淬火＋自然时效状态）

粗晶环按形成过程可分为两类：一类是挤压时在制品外层出现深度不同的粗晶环，主要为工业纯铝、软铝合金以及镁合金；另一类是在不润滑正向挤压的制品在淬火加热时才出现的粗晶环，主要为锻铝、硬铝和超硬铝等合金。产生粗晶环的根本原因是再结晶。

（5）挤压制品壁厚不均　供冷轧和冷拔用的挤压管料的壁厚超出允许偏差的一种挤压制品缺陷。产生原因与挤压设备质量及锭坯壁厚不均有关。

11.3.4　拉拔钢丝缺陷

常见的钢丝拉拔缺陷有：

（1）裂缝（裂纹）　钢丝表面出现的纵向开裂，根据开裂程度不同，分别称为裂缝、裂纹。

（2）发裂　钢丝表面或内部存在的极细的发状裂纹。

（3）拉裂　钢丝出现的横向开裂现象。

（4）竹节　钢丝沿纵向呈周期性的粗细不均现象，形状类似竹节。

（5）拉痕　钢丝表面出现的肉眼可见的纵向小沟，通常是通条连续的。

（6）划伤　钢丝沿拉拔方向产生的表面纵向伤痕，随伤痕程度的不同，分别叫做刮伤、刮痕、擦伤等。

（7）飞边　与钢丝表面大致成垂直的尖锐金属薄片，一般沿拉拔方向分布，有时也称为飞刺。产生原因是拉丝模严重破裂。

（8）凹面　钢丝表面上的局部凹陷，由于产生原因不明，有时也叫凹坑、凹陷、压痕等。

（9）麻点　钢丝表面成点状或片状分布的或密或疏的微细凹坑，较密集的针状凹点称为麻点，密集且连续分布者叫麻面。

（10）结疤　钢丝表面出现氧化疤、石灰疤及呈舌头形或指甲形的金属疤的统称。结疤一般一端翘起，通常又称翘皮。

（11）分层　钢丝通条或局部沿纵向分裂成两层或多层的现象，也称劈裂。

（12）缩径　拉拔时发生钢丝直径小于拉丝模孔定径带尺寸的现象。

（13）尺寸超差　钢丝直径超出标准规定尺寸要求的范围，包括钢丝直径超正负偏差和不圆度超差。

（14）线盘不规整　钢丝卸线后出现上翘、大小圈、波浪、缩圈或"8"字形、"元宝"形、"鸡窝"形等。

（15）折叠　钢丝表面沿纵向出现的金属重叠现象，通常是直线形或锯齿形，连续或断续出现在钢丝的局部或全长，内有氧化铁皮。

11.4　粉末冶金工艺缺陷

粉末冶金零件可能产生的主要缺陷有：

（1）夹杂物　采用水雾化或气雾化制粉法时，由于合金液与渣体和耐火材料坩埚接触，在制得的粉末中难免带入非金属夹杂物；采用旋转电极制粉法时，可出现自耗电极自身混入的陶瓷和异金属夹杂。

（2）密度不均匀　粉末压制成形过程中，颗粒间以及颗粒与模壁间存在的内、外摩擦引起压力损失使压坯各部位受力不均，因此压坯密度不均匀，导致产品密度不均匀。

（3）孔隙　粉末烧结时，吸附在粉末表面、粉末间空隙和包套内的气体抽取不净所致。金属粉末的包套在粉末烧结过程中的任何微小渗漏又会引起产品中的热诱导孔隙。

（4）裂纹　烧结工艺不合理或执行不当所致。

（5）欠烧　烧结工艺不合理或执行不当所致。

11.5　金属热处理工艺缺陷

1. 钢的热处理常见缺陷

金属热处理过程中可能产生的主要缺陷有：

（1）淬火变形和裂纹　是淬火时内应力所引起的。

（2）软点　是原材料缺陷、加热后冷却不均匀、零件表面有污染物所引起的。

（3）氧化脱碳　使零件表面硬度不足，性能降低。

（4）过热　是加热温度过高或保温时间过长，使金属或合金晶粒显著粗化的现象。过热使制件力学性能下降，淬火容易变形和开裂，使用时易产生脆性断裂。

（5）过烧　是加热温度过高，使金属中晶界上的低熔点组成物开始熔化或布满氧化物的永久损伤。过烧使制件硬度低、脆性大，无法补救，只能报废。

2. 高温合金热处理常见缺陷

高温合金热处理常见缺陷有表面污染、变形、开裂、显微组织缺陷和硬度不合格等。包括：晶间氧化（晶间腐蚀）、表面成分变化（增碳、增氮、脱碳、脱硼等）、腐蚀点和腐蚀坑、氧化剥落、翘曲变形、裂纹、粗晶或混合晶粒、过热和过烧、硬度不合格。

高温合金导热性差，膨胀系数大，因此加热冷却产生的热应力大，大型零件、厚度相差大、形状复杂和有尖锐缺口的零件在热处理时容易开裂。中等或高合金化时效合金（如 GH145、GH500、GH710、GH718 等）大型零件固溶或退火后水冷会产生裂纹。有些高温合金如 GH141 在高温固溶处理时碳化物全部溶入基体，在 760～870℃之间保持会在晶界形成脆性的 $M_{23}C_6$ 薄膜，或在熔焊时在焊缝热影响区沿晶界析出 $M_{23}C_6$ 薄膜，这种材料的焊接件在标准热处理时会产生应变时效裂纹。

3. 轻合金热处理常见缺陷

（1）铝合金热处理常见缺陷 热处理在铝合金加工制品中可能引起的缺陷有：

1）淬火裂纹。产生淬火裂纹的主要原因是加热温度过高和淬火冷却速度过大。在挤压棒材的粗晶环区易于形成淬火裂纹，其特点是沿晶粒边界开裂。

2）铜扩散。通常是指高强硬铝合金包铝板材，在较高温度和较长时间加热过程中，合金基体中的铜原子沿晶界扩散到包铝层中的现象。当铜原子沿晶界穿透包铝层时，会降低包铝层的防腐性能。

3）高温氧化。是指由于加热炉内空气湿度过大，在热处理过程中使制品表面和表层产生气泡的现象。

4）过烧。热处理时，由于加热温度高于合金中共晶的熔点或固相线，使共晶或局部晶界熔化所形成的铝合金加工制品缺陷。过烧有三种组织特征：①熔化的共晶形成的共晶球。②晶界复熔形成的局部展宽晶界。③三个晶粒交界处（简称三叉晶界）熔化形成三角形晶界。发现其中一种特征即判定为过烧（见图 11-36）。过烧的加工制品塑性受到损失，疲劳寿命显著降低，耐腐蚀性受到损害。已过烧的组织，难以用热处理的方法完全消除，只能报废。

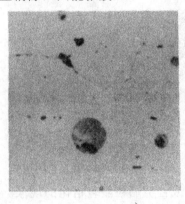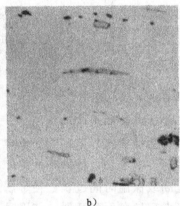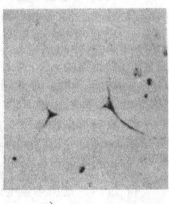

a) b) c)

图11-36 铝合金加工制品过烧组织特征

a）复熔形成的共晶球 b）复熔局部展宽晶界 c）复熔三角形晶界

（2）镁合金热处理常见缺陷 镁合金热处理常见缺陷有：变形、过烧（熔孔）、表面氧化、晶粒畸形长大、化学氧化着色不良。

（3）钛合金热处理常见缺陷 钛合金热处理常见缺陷有：过热与过烧、渗氢、氧化。

11.6 机械加工与特种加工工艺缺陷

机械加工常见缺陷有：微观裂纹和宏观裂纹、刀瘤引起的表面撕裂和折皱、过烧、晶间腐蚀和微量成分的局部溶解及电火花、电子束或激光加工时重熔金属在表面上的斑点和沉积等。

11.7 其他工艺缺陷

1. 聚合物基复合材料构件缺陷

聚合物基复合材料构件的可能缺陷有：

1）分层。层板中层的分离。

2）固化不足。基体未完全固化。

3）纤维错排。纤维铺向错误，与预订的铺层或纤维缠绕图有偏差，或因树脂过度流动引起的纤维移动造成的反常。

4）纤维损伤。纤维丝的折断、打结或胶接。

5）树脂百分率变化（富脂或贫脂） 分布于层板表面上的富脂和贫脂区。可能原因是：预浸树脂含量变化；真空袋固化过程中树脂排出不当；树脂在短纤维模压条件下流动条件发生变化。

6）厚度变化。通常与层板中树脂含量变化有关，对于开模工艺难以避免。

7）密度变化。由树脂含量改变、孔隙以及孔洞带来的变化。

8）孔洞、孔隙。空气或存在于树脂中的挥发物的截留。它们可以是宏观的，也可以是微观的；可以是局部的，也可分布在整个层板内。微观的密集孔洞通常称为孔隙。

9）裂纹。

2. 蜂窝夹层结构缺陷

蜂窝夹层结构的可能缺陷包括：间隙型缺陷（分层、空洞、气泡、脱粘）、紧贴型缺陷、弱胶接、疏松和型芯缺陷（型芯断裂、接点脱开、型芯收缩、型芯皱折、型芯压皱、型芯拼接缝脱开、型芯内外来物、型芯积水、型芯腐蚀）。

1）分层。复合材料面板中纤维铺层之间未粘上且存在间隙的缺陷。

2）空洞。被粘物间直径不小于 5mm 的孔洞。

3）气泡。胶层中出现的直径不大于 5mm、边界圆滑、内含气体的小泡。

4）脱粘。面板与蜂窝之间未粘上形成的缺陷。

5）紧贴型缺陷。被粘物间有胶层未粘上、无间隙、胶接强度为零的平面型缺陷。

6）弱胶接。被粘物间胶接强度低于规定值的缺陷。

7）疏松。胶层中存在的密集微小的多孔性缺陷。

8）型芯断裂。蜂窝型芯出现的纵向或横向断裂。

9）接点脱开。相邻蜂窝格子之间脱粘或分离。

10）型芯收缩。蜂窝型芯因横向收缩引起的变形。

11）型芯皱折。蜂窝型芯因横向和纵向的扭矩作用引起的变形。

12）型芯压皱。蜂窝型芯厚度方向的压缩变形。

13）型芯拼接缝脱开。

14）型芯内外来物。

15）型芯积水。

16）型芯腐蚀。

3．火药药柱缺陷

双基火药药柱的主要缺陷有端面缺陷、表面缺陷和内部缺陷。端面缺陷包括碰伤崩落、结构疏松、气孔、划痕等；表面缺陷包括碰伤、崩落、划痕、油斑渍等；内部缺陷包括结构疏松、气孔、裂纹、夹杂等。

复合火药药柱的主要缺陷有表面缺陷和内部缺陷。内部缺陷包括气泡、裂纹、夹杂物和层间脱粘等。

11.8　服役缺陷

常见服役缺陷有腐蚀、疲劳和磨损。

（1）腐蚀　金属腐蚀的类型按进行的历程分为化学腐蚀和电化学腐蚀；按腐蚀破坏分布的特征可分为均匀腐蚀和局部腐蚀；按环境和条件可分为大气腐蚀、海水腐蚀、土壤腐蚀、生物腐蚀和特定使用条件下的腐蚀。金属材料的腐蚀敏感性与材料本身、环境和条件有关。典型腐蚀缺陷参见图 11-34、图 11-35。

（2）疲劳　材料在交变应力（应变）作用下产生疲劳裂纹、进而扩展乃至断裂的过程。包括腐蚀疲劳、接触疲劳、热疲劳等。

（3）磨损　磨损有多种形式，如粘着磨损、磨料磨损、表面疲劳磨损、冲击磨损、微振磨损等。

复 习 题

1．国家标准 GB/T5611—1998《铸造术语》将铸件缺陷分为哪八类，无损检测关注的主要缺陷有哪些？

2．图示并解释下列缺陷：孔洞类缺陷的气孔与针孔，缩孔、缩松与疏松；裂纹冷隔类缺陷的冷裂、热裂、白点、冷隔、热处理裂纹；夹杂物缺陷的金属夹杂物、冷豆、内渗豆、夹渣与渣气孔、砂眼。简述成分类缺陷的偏析及其分类。

3．简述铝合金和高温合金铸件的常见铸造工艺缺陷；具体说明钛合金铸件的金属夹杂、非金属夹杂和偏析缺陷。

4．国家标准 GB/T6417—1986《金属熔化焊焊缝缺陷分类及说明》对熔焊缺陷分成哪几类？图示说明具体的熔焊缺陷。

5．说明熔焊裂纹的分类及其产生原因。

6．指出压焊方法（电阻焊、摩擦焊和扩散焊）和钎焊方法可能产生的主要焊接工艺缺陷。

7．列出并解释锻件中的常见缺陷，指出哪些缺陷是由铸锭的原始状态引起的，哪些缺陷是铸锭及钢坯热加工时引起的，哪些缺陷是锻造工序引起的。

8．分别指出钢锻件、耐热合金锻件、镍合金锻件、铝合金锻件、镁合金锻件和钛合金锻件中的常见缺陷。

9．简述轧制钢材中常见缺陷的名称、定义、特征、产生原因和危害性。

10．简述铝合金板材中的常见缺陷及其产生原因。

11．解释挤压缩尾、挤压层状组织、挤压裂纹、粗晶环、挤压制品壁厚不均；指出哪些合金较易出现挤压层状组织，哪些合金较易出现挤压裂纹，哪些合金较易出现粗晶环。

12．常见的钢丝拉拔缺陷有哪些？

13．简述粉末冶金零件中的常见缺陷及其产生原因。

14．分别指出钢、高温合金、铝合金、镁合金、钛合金在热处理过程中产生的常见缺陷。

15．机械加工和特种加工工艺产生的常见缺陷有哪些？

16．解释下列服役缺陷：腐蚀、疲劳、磨损。

17．聚合物基复合材料构件的可能缺陷有哪些？

18．蜂窝夹层结构的可能缺陷有哪些？

19．双基火药药柱的主要缺陷和复合火药药柱的主要缺陷有哪些？

第三篇　人员资格鉴定与认证

本篇基于无损检测人员资格鉴定与认证工作的重要性，从国防科技工业无损检测人员资格鉴定与认证机构的工作依据是国家军用标准 GJB9712 这一基本事实出发，简要介绍 GJB9712—2002《无损检测人员的资格鉴定与认证》的主要内容。

第12章　概　　述

12.1　重要性

要保证无损检测的工作质量和产品质量，就必须对检测进行全面全过程的质量控制，使检测工作各项要素处于全面受控状态。这些要素包括：人员素质与资格；检测仪器设备和计量校准；辅助材料与消耗材料；检测标准和有关文件；检测操作；检测环境条件。即通常所说的"人、机、料、法、测、环"六大要素。其中，人是决定工作质量和产品质量诸要素中的首要因素。特别是，对无损检测应用的正确性和有效性在很大程度上取决于检测执行人的能力或是对检测负有责任的人的能力。对能力的确认是通过人员资格鉴定与认证来保证的。资格鉴定是指对正确执行无损检测任务的人员所需知识、技能、培训和实践经历所作的验证；认证则是对某人能胜任某工业部门某一级别无损检测方法的资格作出书面证明的程序。美国、欧洲等发达国家都制订有相关标准对从事无损检测的人员进行资格鉴定和认证，取得某一级别资格的人员只能从事与其级别相适应的工作；国际标准化组织还制订了国际标准，力求各国统一，国际互认。

*12.2　国防科技工业无损检测人员的资格鉴定与认证

为加速建立适应新形势的国防科技工业无损检测人员资格鉴定与认证制度，全面提高国防科技工业无损检测技术保障水平和能力，根据《国防科工委关于加强国防科技工业技术基础工作的若干意见》提出的要研究并建立与国际惯例接轨、适应新时期发展需要的国防科技工业技术基础合格评定制度的意见，2002 年国防科技工业无损检测人员的资格鉴定与认证的准备工作全面启动。2002 年 11 月 18 日国家军用标准 GJB 9712—2002《无损检测人员的资格鉴定与认证》正式颁布；2003 年 9 月，成立了国防科技工业无损检测人员资格鉴定与认证委员会（简称"国防无损检测人员鉴认委"，英文名称为 Qualification and Certification Committee for NDT Personnel of Defense Industry）。国防无损检测人员鉴认委是由国防科工委授权的认证机构，依据 GJB 9712（2003 年 2 月 1 日实施）负责统一管理和实施对承担武器装备科研生产任务的无损检测人员的资格鉴定与认证工作。工作流程见图 12-1。

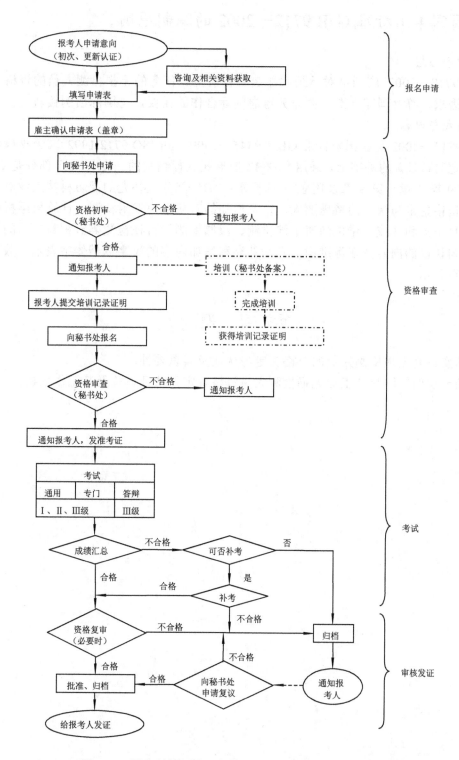

图12-1　国防科技工业无损检测人员资格鉴定与认证流程图

注：因培训记录证明有效期为两年，故培训用点划线引出，且不在主线上。

12.3　国家军用标准 GJB 9712—2002 的编制原则

1. 指导思想

GJB 9712—2002 应满足对承担武器装备科研生产任务的无损检测人员的资格鉴定与认证的需求，符合国家标准，并充分考虑国际合作的需要，与国际惯例接轨。

2. 格式与内容

GJB 9712—2002 是在国家标准 GB/T 9445—1999（idt ISO 9712:1992）《无损检测人员资格鉴定与认证》的基础上，采用"A+B"的形式进行编制的。其中"A"部分是 GB/T 9445—1999 第 3 章～第 9 章及附录 A 的要求；"B"部分是补充的国防科技工业对无损检测人员资格鉴定与认证的特殊要求，以及增加的对从事声发射检测、计算机层析成像检测、全息干涉和（或）错位散斑干涉检测、泄漏检测和目视检测等五种新方法的人员资格鉴定与认证的内容（在标准中，凡是补充和增加内容的汉字以楷体字表示，数字以楷体字加粗表示）。

复　习　题

1. 简要说明无损检测人员的资格鉴定与认证及其重要性。
2. 简要说明国防科技工业无损检测人员资格鉴定与认证机构及其工作依据。

第13章 国家军用标准GJB 9712—2002的主要内容

13.1 范围

本节介绍 GJB 9712—2002 包含的内容范围、适用的人员范围和适用的方法范围。

1. GJB 9712—2002 包含的内容

GJB 9712—2002 包含的内容包括两方面。一是对无损检测人员进行资格鉴定与认证的"原则和方法",例如资格的分级、认证的一般原则、报考条件、考试、认证、有效期和更新认证等;二是对人员培训、实践经历和资格鉴定考试的"最低要求",例如最低培训时间、最低实践经历、资格鉴定考试的合格分数线等。

2. GJB 9712—2002 适用的人员

将要求按 GJB 9712—2002 进行资格鉴定与认证的人员范围定义为"承担武器装备科研生产任务的无损检测人员"。其含义为:只要是承担武器装备科研生产任务的无损检测人员,包括对系统、分系统、零部件、原材料、元器件进行无损检测的人员,无论该人员属于哪个行业,均需按本标准进行资格鉴定与认证,达到本标准规定的最低要求。

对承担国防科技工业"主导民用产品"科研生产任务的无损检测人员进行资格鉴定与认证,可"参照使用"。

3. GJB 9712—2002 适用的方法

本标准适用于由认证机构对应用"下列无损检测方法"进行检测的人员进行资格鉴定和认证:

1)5 种常规无损检测方法:涡流检测、磁粉检测、液体渗透检测、射线照相检测和超声检测;

2)5 种无损检测新方法:声发射检测、计算机层析成像检测、全息干涉和(或)错位散斑干涉检测、泄漏检测以及目视检测;这 5 种新方法是国防科技工业中至少有两个行业已实际应用的;

3)经认证机构确认的其他无损检测方法:随着无损检测新技术的迅速发展,在国防科技工业中获得实际应用、并经认证机构确认的其他无损检测新方法。

13.2 术语和定义

本节介绍 GJB 9712—2002 采用的术语和定义。共 19 条。合并为 12 条(各条标题后括号中的内容为 GJB 9712—2002 采用的术语)介绍。

*13.2.1　操作授权

（"2.1　操作授权　operating authorization"）

将操作授权定义为"由雇主或用人单位根据工作人员对特定任务的适应性所给予的工作许可"，这意味着认证机构通过发给证书和胸卡仅为持证人的资格作证，但并未给予任何操作权；证书持有人必须经雇主或用人单位授权才能进行操作。

13.2.2　资格鉴定、认证、证书

（"2.2　资格鉴定　qualification"、"2.3　认证　certification"、"2.4　证书　certificate"）

将资格鉴定定义为"对检测人员正确执行无损检测任务所需的知识、技能、培训和实践经历所作的审查和考核"；将认证定义为"对某工作人员能胜任某种无损检测方法的资格作出书面证明的程序"；将证书定义为"资格的书面证明"。这表明，无损检测人员的资格鉴定与认证就是对其执行无损检测任务所需学历、培训、实践经历和身体条件进行审查，通过考试评估其知识和技能水平，最后为合格者颁发书面证明的过程。

13.2.3　认证机构、资格鉴定机构

（"2.5　认证机构　certification body"、"2.6　资格鉴定机构　qualifying body"）

认证机构是"按本标准要求，对无损检测人员实施资格鉴定与认证的机构"；资格鉴定机构是"经认证机构授权，独立于雇主或用人单位，实施无损检测人员资格鉴定的机构"。这表明：

1）认证机构是必须建立的；资格鉴定机构是否建立，完全取决于认证机构的授权。

2）认证机构同时兼有对无损检测人员实施资格鉴定与认证的双重职能；资格鉴定机构只能对无损检测人员实施资格鉴定，而不能进行认证。

3）认证机构开展资格鉴定与认证工作的依据是 GJB 9712—2002。

13.2.4　报考人、雇主或用人单位

（"2.7　报考人　candidate"、"2.8　雇主或用人单位　employer or responsible agency"）

报考人是"按资格鉴定和认证体系的规则申请认证的个人"；雇主或用人单位是"报考人签约受聘的法人单位"。报考人自己可以是雇主。

13.2.5　培训

（"2.9　培训　NDT training"）

培训定义为"按认可的培训大纲，有组织地向报考人传授有关无损检测方法的理论知识和实践技能的过程"。此定义的要点包括培训内容、培训方式和培训依据：

1）培训内容：有关无损检测方法的"理论知识"和"实践技能"。

2）培训方式："有组织"的"集中培训"。

3）培训依据：培训按照培训大纲进行；培训大纲须经认可。

13.2.6　实践经历

（"2.10　实践经历　experience"）

实践经历是"报考人执行特定的无损检测方法的时间，它包括将无损检测方法用于材料、零件或构件的检测时间，但不包括在培训课程中进行操作的时间”。“特定的无损检测方法”是指报考人拟申请认证的无损检测方法。

13.2.7　无损检测方法和无损检测技术

（“2.11　无损检测方法　NDT method”、“2.12　无损检测技术　NDT technique”）

1）将无损检测方法定义为“物理原理在无损检测中的应用（例如超声检测）”。这表明，无损检测方法都是物理方法。目前，无损检测方法有数十种之多。与 GJB 9712—2002 有关的无损检测方法包括 5 种常规无损检测方法：涡流检测、磁粉检测、液体渗透检测、射线照相检测和超声检测；5 种无损检测新方法：声发射检测、计算机层析成像检测、全息干涉和（或）错位散斑干涉检测、泄漏检测以及目视检测和经认证机构确认的其他无损检测方法。

2）无损检测技术是“某一无损检测方法的一种特定应用方式（例如水浸超声检测）”。一般来说，一种无损检测方法可以有多种无损检测技术。例如，超声检测中的液浸法和接触法；磁粉检测中的剩磁法和连续法；渗透检测中的水洗型渗透检验方法、亲油性后乳化型渗透检验方法、溶剂去除型渗透检验方法、亲水性后乳化型渗透检验方法；射线照相检测中的多胶片透照技术等，都是无损检测技术。

13.2.8　无损检测规程

（“2.13　无损检测规程　NDT procedure”）

无损检测规程是“详细叙述某一无损检测方法对某一产品如何进行检测的程序性文件”。所论“程序性文件”包括Ⅲ级人员应能编制的“无损检测规程”和Ⅱ级人员应能编制的“无损检测规程（工艺卡）”：

“无损检测规程”：叙述某一无损检测方法（或该方法的一种技术）对某类产品实施检测的最低要求的程序性文件。无损检测规程由相关方法的Ⅲ级人员根据给定的标准、法规或规范编写，其主要用途是指导不低于Ⅱ级资格的人员编写无损检测规程（工艺卡）。

“无损检测规程（工艺卡）”：叙述某一无损检测方法的一种技术对一个具体零件或一组类似零件实施检测所应遵循的准确步骤的作业文件。无损检测规程（工艺卡）由相关方法至少取得Ⅱ级资格的人员根据无损检测规程或相关标准编制，其主要用途是为Ⅰ级和Ⅱ级人员提供充分的指导，以使他们能够执行无损检测技术，并可给出一致的、可重复的结果。

国家军用标准和军工行业标准中，一般都要求针对一种无损检测方法适用的一种或一组类似零件，制定一份实施某一无损检测技术的可执行文件。其名称虽不尽相同（如：磁粉检测的“磁粉检验工艺图表”、渗透检测的“检验工艺规程”、射线照相检测的“射线照相检验图表”、超声检测的“检验规程（或检验图表）”等），但内容、要求和形式与“无损检测规程（工艺卡）”类似。

13.2.9　资格鉴定考试、通用考试、专门考试

（“2.14　资格鉴定考试　examination for qualification”、“2.15　通用考试　general examination”、“2.16　专门考试　specific examination”）

1）资格鉴定考试是“由认证机构或资格鉴定机构实施的评估报考人知识和能力的一

种考试，每一个级别都包括通用考试和专门考试；对于Ⅲ级，还包括技术答辩"。

2）通用考试是"针对一种无损检测方法的应用所需的基础知识的考试"。"基础知识"包括基础理论和相关知识（后者限于Ⅲ级）。

3）专门考试是"针对一种无损检测方法在国防科技工业中的应用所需的专门知识和技能的考试"。"专门知识和技能"包括实际操作、相关标准和无损检测规程（后者限于Ⅱ级和Ⅲ级）。

13.2.10　特殊项目考试

（"2.17　特殊项目考试　job-specific examination"）

特殊项目考试是"针对一种无损检测方法在特殊产品的应用的一种附加考试"。"特殊产品"是指雇主或用人单位特有的、国防科技工业中并不常见的产品，例如粉末涡轮盘。如雇主或用人单位认为需要，可对其具体检测技术进行补充培训和补充考试，这种补充考试就是"附加考试"。特殊项目考试是雇主的责任，本标准不规定具体内容。

13.2.11　学员

（"2.18　学员　trainee"）

学员是"在持有证书人员的指导下从事检测工作的无证人员"。学员不能进行独立检测，不解释检测结果，也不编写有关检测结果的报告；学员的检测工作时间可登记作为报考Ⅰ级的实践经历时间。

13.2.12　考试试件

（"2.19　考试试件　test specimen"）

考试试件是"用于实际操作考试的可能含有缺陷的检测对象"。考试试件可以是产品，也可以是专门制作的样品；其形状、尺寸、数量、种类和制造等需符合专门技术条件。考试试件技术条件由认证机构组织制订。考试试件不能用于培训。

*13.3　缩略语

本节介绍 GJB 9712—2002 采用的无损检测方法名称缩略语。

GJB 9712—2002 采用的无损检测方法名称缩略语包括：

AE—— acoustic emission testing，声发射检测；

CT—— computed tomography testing，计算机层析成像检测；

ET—— eddy current testing，涡流检测；

H/S—— holography/shearography testing，全息干涉和（或）错位散斑干涉检测；

LT—— leak testing，泄漏检测；

MT—— magnetic particle testing，磁粉检测；

NDT—— nondestructive testing，无损检测；

PT—— liquid penetrant testing，液体渗透检测；

RT—— radiographic testing，射线照相检测；

UT—— ultrasonic testing，超声检测；

VT—— visual testing，目视检测。

13.4　资格的级别

本部分介绍分级依据、认证级别，以及对 Ⅰ级、Ⅱ级和Ⅲ级共三个级别人员的不同能力要求。

13.4.1　分级

GJB9712—2002 规定："经过认证的人员按其相应的能力水平分为Ⅰ级、Ⅱ级和Ⅲ级，尚未得到认证的人员可作为学员"。从而明确了无损检测人员资格鉴定与认证的级别及其分级依据：

1）经过认证的人员分为Ⅰ级、Ⅱ级和Ⅲ级共三个级别。

2）分级的依据是人员的能力水平。

3）学员不是一个认证级别。

*13.4.2　无损检测Ⅰ级

GJB 9712—2002 规定："被认证为Ⅰ级的无损检测人员有资格在Ⅱ级或Ⅲ级人员的监督下按无损检测规程进行无损检测操作。Ⅰ级人员应能：

1）正确使用设备，进行检测；

2）记录检测结果，将检测结果按验收标准分级并报告结果。

Ⅰ级人员不负责检测方法或检测技术的选择"。

本条是对Ⅰ级人员的能力要求，也是能否被相应认证为Ⅰ级人员的依据。要点是：Ⅰ级人员应能在Ⅱ级或Ⅲ级人员的监督下进行检测，将检测结果按标准分类并报告结果，但不能签发检测报告。

*13.4.3　无损检测Ⅱ级

GJB 9712—2002 规定："被认证为Ⅱ级的无损检测人员有资格按所制定的或者经认可的无损检测规程，执行和指导无损检测。Ⅱ级人员应能：

1）指导和监督Ⅰ级人员的全部工作；

2）调整和校验设备，执行检测；

3）按具体执行的法规和标准解释并评定检测结果；

4）编写和签发检测报告；

5）编写无损检测规程；

6）熟悉无损检测方法在具体应用中的适用性和局限性；

7）对无损检测Ⅱ级以下的人员进行在职培训。"

本条是对Ⅱ级人员的能力要求，也是能否被相应认证为Ⅱ级人员的依据。要点是：Ⅱ级人员应能按无损检测规程执行和指导无损检测并签发检测报告，还能编写（但不能审核和批准）无损检测规程（工艺卡）。

13.4.4　无损检测Ⅲ级

GJB 9712—2002 规定："被认证为Ⅲ级的无损检测人员应能：

1）组织并实施无损检测的全部技术工作；

2）编写、审核和批准无损检测规程；

3）解释法规、标准和无损检测规程；

4）确定用于检测任务所适用的检测方法、检测技术和无损检测规程；

5）按现行有效的法规和标准解释检测结果并进行综合评价；

6）在没有可供采用的验收标准时，协助有关部门制定验收标准；

7）培训和指导无损检测Ⅲ级以下的人员。"

本条是对Ⅲ级人员的能力要求，也是能否被相应认证为Ⅲ级人员的依据。要点是：Ⅲ级人员应能组织并实施无损检测的全部技术工作。应能执行检测、签发检测报告，并对检测结果进行综合评价；既能编写、也能审核和批准无损检测规程。

13.5　认证的一般原则

本部分介绍 GJB 9712—2002 有关资格鉴定与认证活动的管理、认证机构的组成及其主要职责、对考试中心的基本要求、雇主或用人单位的责任等方面的规定。

1. 管理

GJB 9712—2002 规定：资格鉴定与认证活动由国防科技工业主管部门认可的认证机构统一管理和实施。

国防无损检测人员鉴认委是由国防科工委认可的认证机构，负责统一管理和实施承担武器装备科研生产任务的无损检测人员的资格鉴定与认证工作。国防无损检测人员鉴认委开展资格鉴定与认证工作的依据是 GJB 9712《无损检测人员的资格鉴定与认证》。国防无损检测人员鉴认委按照科学、公正和与国际通行准则相一致的原则运作。

2. 认证机构

（1）认证机构的组成　根据 GJB 9712—2002，认证机构是由管理人员和无损检测专家组成的非盈利性的组织。国防无损检测人员鉴认委制订的 DiNDT001—2003《国防科技工业无损检测人员资格鉴定与认证委员会章程》已就其组织机构作了具体规定。

（2）认证机构的职责　认证机构的主要职责是针对"资格鉴定"与"认证"活动两方面，承担统一"管理"和"实施"的双重职责。包括：

1）按本标准的规定，制定、维护和宣传国防科技工业无损检测人员资格鉴定与认证的方案、相关文件；

2）批准建立资格鉴定机构，并对其进行监督检查；

3）建立或认可考试中心，并对其进行监督检查；

4）制定考试大纲，认可培训大纲；

5）建立和维护考试用试题库；

6）制定考试用试件标准，建立和维护考试用试件库；

7）受理报考申请，核准报考人员的资格，组织和监督资格鉴定考试；

8）通知认证结果，颁发资格证书，并保存档案。

DiNDT001—2003 国防无损检测人员鉴认委章程已将上述职责作为国防无损检测人员鉴认委的主要任务。

3．考试中心

考试中心是实施资格鉴定考试的场所，应至少满足 GJB 9712—2002 规定的四项要求：

1）有足够的合格的工作人员以及房屋和设备，以满足相关方法和级别的资格鉴定考试的要求；

2）执行认证机构制订或批准的文件；

3）采用认证机构批准的试题和试件；

4）实施认证机构批准的质量保证程序。

考试中心的申请条件、申请与审批、管理与监督等按国防无损检测人员鉴认委制订的 DiNDT202—2003《国防科技工业无损检测人员资格鉴定考试中心认可程序》执行。

4．雇主或用人单位

根据 GJB 9712—2002，雇主或用人单位的主要责任是向国防无损检测人员鉴认委推荐报考人，向持证人进行操作授权：

1）向国防无损检测人员鉴认委推荐报考人，保证资格认证申请表（参见标准中图 B.1 和图 B.2）和更新认证申请表（参见标准中图 B.3 和图 B.4）中内容的真实性；

2）根据工作需要，自行决定受雇的持证人员是否需要进行特殊项目考试，以便向持证人进行操作授权；

3）对所有授权的检测工作和检测结果的真实性负全部责任；

4）保证其雇员的视力符合标准中 6.5 的规定。

注意：若报考人自己是雇主或自我推荐为报考者，则他应承担上述雇主的全部责任。雇主或用人单位不应干预认证工作。

*13.6　报考条件

本部分规定了报考的一般要求、最低学历要求、初次报考的培训要求、最低实践经历要求和视力要求。

1．一般要求

本条明确了报考的一般要求：

1）符合规定的学历、培训、实践经历和视力。

2）持有低一级的资格证书（报考 I 级的人员除外）即逐级取证：学员只能报考 I 级、I 级人员只能报考 II 级、II 级人员才能报考 III 级。

注意：持有国内其他行业无损检测人员资格证书的人员可以申请报考国防科技工业无损检测人员的同级资格证书，而不必逐级取证。

2．学历

报考人的学历（或同等学历）应至少为高中毕业。高中毕业的同等学历包括中技毕业、中专毕业、职业高中毕业等。

3. 培训

1）初次报考Ⅰ级、Ⅱ级和Ⅲ级的人员应参加由认证机构认可的集中培训。"初次报考"是指第一次报考Ⅰ级、Ⅱ级或Ⅲ级中任何一级的人员。无论何种方法的何种级别，只要是第一次申报，就是初次报考。"认证机构认可的集中培训"是指已按 DiNDT303—2003《国防科技工业无损检测人员资格鉴定培训备案要求》向国防无损检测人员鉴认委秘书处备案的集中培训。

2）培训应按照认证机构认可的培训大纲进行，其内容包括基础理论、专门知识和实际操作三个方面。培训应由满足标准中附录 A 要求的教师负责进行。"满足标准中附录 A 要求的教师"是指符合标准中附录 A 要求，并经国防无损检测人员鉴认委按 DiNDT302—2003《国防科技工业无损检测人员资格鉴定培训教师资格认可办法》认可的培训教师。

3）报考Ⅰ级、Ⅱ级和Ⅲ级人员的最短培训时间应符合表 1 的规定，其中报考Ⅰ级和Ⅱ级人员的实际操作的培训时间应不少于实际培训时间的 30%。表 13-1 规定的培训时间是最低要求，"实际培训时间"可根据需要延长。

表 13-1　报考人的最短培训时间

无损检测方法	培训学时/h		
	Ⅰ级	Ⅱ级	Ⅲ级
涡流检测	40	80	80
液体渗透检测	20	40	40
磁粉检测	30	40	40
射线照相检测	40	80	80
超声检测	40	80	80
声发射检测	40	40	80
计算机层析成像检测	40	80	80
全息干涉和（或）错位散斑干涉检测	40	40	80
泄漏检测	40	80	80
目视检测	20	30	40

4. 实践经历

报考Ⅰ级和Ⅱ级的人员的最低实践经历应符合表 13-2 的规定。

表 13-2　报考Ⅰ级和Ⅱ级的人员的最低实践经历要求

无损检测方法	实践经历/月	
	Ⅰ级	Ⅱ级
涡流检测	6	12
液体渗透检测	3	6
磁粉检测	3	6
射线照相检测	6	12
超声检测	6	12
声发射检测	6	12
计算机层析成像检测	6	12

（续）

无损检测方法	实践经历/月	
	I 级	II 级
全息干涉和（或）错位散斑干涉检测	6	12
泄漏检测	6	12
目视检测	3	12

1：报考 I 级人员的实践经历为学员从事该方法检测工作的时间。

2：报考 II 级人员的实践经历为持该方法 I 级证后的工作时间。

报考III级的人员的最低实践经历应符合表 13-3 的规定。

表 13-3　报考III级人员的最低实践经历要求

学　历	实践经历/月
理科或工科大学本科毕业	12
理科或工科大学专科毕业	24
高中毕业	48

注：实践经历为持该方法 II 级证后的工作时间。

实践经历（以月计）的计算是以额定每星期 40h（175h/月）为依据的；若某人的工作每星期超过 40h，则可以总的小时数折算实践经历，但报考人需出示这方面的证明。

5. 视力要求

本条是对报考人的最低视力要求。可归纳为：

1）远距离视力：至少有一只眼睛的远距离视力（含矫正视力）不低于标准对数视力表中的 4.9。

2）近距离视力：至少有一只眼睛的近距离视力（含矫正视力）在相距不小于 30cm 的标准 Jaeger 近距离视力检验表上读出 Jaeger 1 号或等效类型和尺寸的字母。

3）辨色能力：能通过色觉检查图的辨色测试。

13.7　考试

本部分介绍 GJB 9712—2002 关于资格鉴定考试的规定，包括考试项目、考试内容、考试的实施原则、考试的评分原则、考试的合格条件、补考和重新考试的规定。

*13.7.1　考试项目

本条规定了各级人员的资格鉴定考试项目（表 13-4）。

表 13-4　各级人员资格鉴定考试的考试项目

报考级别	通用考试	专门考试	技术答辩
I 级	基础理论	实际操作、相关标准	—
II 级	基础理论	实际操作、相关标准、无损检测规程	—
III级	基础理论、相关知识	实际操作、相关标准、无损检测规程	技术总结或论文

1）基础理论、实际操作和相关标准为三个级别都需要考试的共同考试项目。

2）Ⅱ级在"1)"的基础上加考无损检测规程。

3）Ⅲ级在"1)"的基础上加考无损检测规程、相关知识和技术答辩。

*13.7.2　考试的内容

本条是 GJB 9712—2002 对各级人员考试内容的规定。

根据表4，适用于所有方法无损检测人员的考试项目均包括基础理论、相关知识（限于Ⅲ级）、实际操作、相关标准、无损检测规程（限于Ⅱ级和Ⅲ级）和技术答辩（限于Ⅲ级）。

根据 GJB 9712—2002 的"7.2"条的规定，具体考试内容可概括为：

（1）基础理论　基础理论考试内容为适用方法的物理原理、设备材料、检测技术和实际应用（对于Ⅱ级，还包括综合知识）。

1）Ⅰ级考试的内容为基础理论的基本的知识；

2）Ⅱ级考试的内容为基础理论的较系统的知识；

3）Ⅲ级考试的内容为基础理论的系统的知识。

4）对于射线照相检测方法和计算机层析成像检测方法，应增加有关辐射安全防护的考试。

试题应从国防无损检测人员鉴认委建立的"基础知识试题库"选取。试题数量不少于 40 道。题型为选择题；Ⅰ级为单选，Ⅱ级、Ⅲ级为单选和多选。

（2）相关知识（限于Ⅲ级）　相关知识考试内容包括：

1）无损检测人员资格鉴定与认证程序：GJB 9712—2002"无损检测人员的资格鉴定与认证"；

2）四种其他无损检测方法（可从涡流检测、液体渗透检测、磁粉检测、射线照相检测和超声检测这五种无损检测方法中选择）的Ⅱ级知识：无损检测方法的基本原理与应用；

3）与材料、制造工艺及缺陷有关的基础知识：无损检测技术应用所需的材料与工艺知识。

试题应从国防无损检测人员鉴认委建立的"相关知识试题库"选取。试题数量不少于 95 道（题量按考试内容分配：①10 道，②60 道，③25 道）。题型为选择题。

（3）实际操作

1）报考Ⅰ级的人员实际操作考试内容为按指定的无损检测规程（工艺卡）完成试件的检测；

2）报考Ⅱ级的人员实际操作考试内容为完成试件的检测，并对检测结果进行解释和评定；

3）报考Ⅲ级的人员实际操作考试内容为完成试件的检测，并对检测结果作出综合分析。

4）报考射线照相检测或计算机层析成像检测方法Ⅱ级和Ⅲ级的人员，实际操作考试还应包括对至少 10 张相关试件的射线照相底片或层析图进行评判。

考试所用的试件应从国防无损检测人员鉴认委建立的试件库中选取，试件数量至少两件。试件应具有代表性。

（4）相关标准　相关标准包括报考人执行相关无损检测任务过程中可能使用的法

规、标准（报考Ⅰ级的人员限于方法标准；报考Ⅱ级和Ⅲ级的人员包括方法标准和验收标准）、无损检测规程等。

1）报考Ⅰ级的人员的考试内容为相关标准的基本的知识；

2）报考Ⅱ级的人员的考试内容为相关标准的较全面的知识；

3）报考Ⅲ级的人员的考试内容为相关标准的全面的知识。

试题应从国防无损检测人员鉴认委建立的"专门知识试题库"选取。试题数量不少于 30 道。题型包括选择题、计算题、判断题和问答题。

（5）无损检测规程（限于Ⅱ级和Ⅲ级）　无损检测规程考试内容为起草一份或两份无损检测规程：

1）Ⅱ级人员按指定验收条件和方法标准，编制无损检测规程（工艺卡）。

2）Ⅲ级人员按指定验收条件，编制无损检测规程。

3）无损检测规程要求内容完整、技术正确、格式规范，符合有关标准要求。

（6）技术答辩（限于Ⅲ级）　报考人对其提交的 1 份技术总结或论文进行答辩，考核报考人对基础理论、相关知识和专门知识的综合应用能力。

*13.7.3　考试的进行

本条规定了实施资格鉴定考试的基本原则。

1）资格鉴定考试应按认证机构制定的考试规则在认证机构认可的考试中心进行。

①"认证机构制定的考试规则"是指国防无损检测人员鉴认委制定的 DiNDT301—2003《国防科技工业无损检测人员资格鉴定考试考试规则》。该规则分别规定了对考生、主考人、监考人和工作人员的要求。DiNDT301—2003 规定，有下列行为的考生，将被取消考试资格：考试迟到 15 分钟以上；违反考试规定且情节严重；考试过程中有作弊行为或同谋作弊行为。

②"认证机构认可的考试中心"是指按 DiNDT202—2003《国防科技工业无损检测人员资格鉴定考试考试中心认可程序》由鉴认委认可的考试中心。

2）考试应由主考人主持和监督（Ⅰ级和Ⅱ级考试至少 1 名主考人；Ⅲ级考试应至少两名主考人）。

①主考人由鉴认委在无损检测Ⅲ级人员中挑选并任命。

②主考人不能是该批报考人的培训教师，即考核与培训分开。

13.7.4　考试的评分

本条规定了资格鉴定考试的评分原则。其要点有：

1）评分由主考人（对于Ⅰ级和Ⅱ级，至少 1 人；对于Ⅲ级，至少 2 人）执行。

2）实际操作考试按包含至少 10 个考查点的程序进行评分；具体程序由国防无损检测人员鉴认委制订。

3）对于每一考试项目，分别按百分制打分。

*13.7.5　考试的合格条件

GJB 9712—2002 规定，同时满足下列条件时，视资格鉴定考试合格：

1）通用考试和专门考试的成绩（百分制）应满足表 13-5 或表 13-6 的要求；

2）报考Ⅱ级和Ⅲ级的人员在实际操作考试中,应能检出所有规定的缺陷；

3）报考Ⅲ级的人员，技术答辩成绩应合格。

表 13-5　Ⅰ级和Ⅱ级人员通用考试和专门考试成绩的合格分数线

报考级别	通用考试	专门考试			平均
		相关标准	实际操作	无损检测规程	
Ⅰ	70	70	80	—	80
Ⅱ	70	70	80	**80**	80

表 13-6　Ⅲ级人员通用考试和专门考试成绩的合格分数线

通用考试		专门考试			平均
基础理论	相关知识	实际操作	相关标准	无损检测规程	
70	70	80	70	80	80

规定报考Ⅱ级和Ⅲ级的人员在实际操作考试中，应能检出"所有""规定的"缺陷。"所有"就是 100%；"规定的"缺陷是指：考试试件中，经 2 名Ⅲ级人员事先检测确定的、要求报考者必须检测出的缺陷。误检或漏检规定的缺陷者，其实际操作考试不合格。

*13.7.6　补考和重新考试

根据 GJB 9712—2002，补考和重新考试的规定可归结为：

（1）补考的内容

1）平均成绩合格但有单项成绩不合格时，补考不合格的单项；单项成绩均合格而平均成绩低于 80 分时，补考低于 80 分的项目。平均成绩和单项成绩均不合格者，不能补考。

2）报考Ⅲ级的人员，技术答辩成绩不合格，补考技术答辩。

（2）补考的时机　符合前款条件的报考人可在 30 天后、一年内申请补考。具体补考时间由鉴认委秘书处安排。

（3）补考结果处理　补考结果满足 13.7.5 的要求时，合格；补考仍达不到 13.7.5 的要求时，则全部项目均需重新考试。

（4）重新考试

1）重新考试的人员范围：由于违反考试规则而被取消考试资格的报考人；考试不合格且补考仍未通过的报考人；

2）重新考试的时间安排：由于违反考试规则而被取消考试资格的报考人，应至少等待 12 个月，才可再次提出报考申请;对于考试不合格且补考仍未通过的报考人不作限制。

3）重新考试的申请：申请重新考试的报考人应按适用于初次报考人的程序提出申请。

4）重新考试的要求：　重新考试的考试项目、考试内容、考试的合格分数线、补考和重考等要求均与初次资格鉴定考试要求相同。

13.8　认证

根据 GJB 9712—2002 的规定，认证活动由国防无损检测人员鉴认委统一管理和实施，并直接通知认证结果、颁发证书。

国防无损检测人员鉴认委所发证书由正本和副本（胸卡）组成。按 DiNDT104—2003《国防科技工业无损检测人员资格证书使用和管理规定》使用和管理。

13.9　有效期和更新认证

*13.9.1　有效期

（1）证书的有效期　GJB 9712—2002 规定，证书的有效期从证书上所指明的证书颁发日期开始计算，"最长为 5 年"。这意味着，具体的有效期可由雇主或用人单位根据自身的需要选择，但最长不能超过 5 年。证书不能延期。

（2）证书的失效　在下列情况下，证书即为无效：

1）在查证有违反职业道德行为后，认证机构作出了处罚；

2）由雇主或用人单位负责的每年一次的视力检查中，持证人的视力不符合 12.2.6 中第 5 条的规定；

3）持证人的工作不连续，存在明显中断。

注："明显中断"是指在一段时间内工作的中断或变动，而在此中断期间，持证人不从事与其取证的方法、级别相一致的实践工作，并且总的中断时间超过 1 年。

13.9.2　更新认证

（1）更新认证申请　GJB 9712—2002 规定，每当有效期满，若持证人能提供下列证明，并至少提前 3 个月提出申请（更新认证申请表见图标准中 B.3 和图 B.4），认证机构可通过更新认证考试对其进行更新认证。对更新认证考试合格者，认证机构可将其证书延长一个有效期：

1）提供此前 12 个月之内的视力检查合格证明；

2）提供有效期内无责任事故和重大技术失误的证明；

3）提供工作连续正常、无明显中断的证明。

（2）更新认证培训　申请更新认证的人员需通过认证机构认可的更新认证培训。

更新认证培训的目的是知识更新，培训内容为检测技术、设备和标准等的最新进展，但以分别满足Ⅰ、Ⅱ、Ⅲ级的相应能力要求为限。

（3）更新认证考试

1）Ⅰ级和Ⅱ级：GJB 9712—2002 规定，Ⅰ级和Ⅱ级更新认证考试要求与初次认证相同。这意味着，Ⅰ级和Ⅱ级更新认证考试的考试项目、考试内容、考试的合格分数线、补考和重考等要求均与初次资格鉴定考试要求相同。即按"13.7 考试"执行。差别仅在于，随着技术的进步和标准的修改，具体考试内容应包括更新认证培训内容。

2）Ⅲ级：GJB 9712—2002 规定，Ⅲ级实际操作考试和技术答辩与初次认证相同。这意味着，Ⅲ级实际操作考试和技术答辩的考试内容、考试的合格分数线、补考和重考等要求均与初次资格鉴定考试要求相同。Ⅲ级的其他考试简化为以下内容：

①申请认证的方法的应用试题，试题数不少于 20 道；

②有关本标准的试题，试题数不少于 5 道。

③简化的考试合格分数线为 80 分。

13.10 其他

1. 培训教师

标准中的附录 A 是关于培训教师职责、条件和认可的规定。

培训教师认可按 DiNDT302—2003《国防科技工业无损检测人员资格鉴定培训教师资格认可办法》由鉴认委实施。

2. 国防科技工业无损检测人员资格认证申请表格式

标准的附录 B 是国防科技工业无损检测人员资格认证申请表的格式。B.1 和 B.2 适用于初次报考的报考人；B.3 和 B.4 适用于更新认证的报考人。

申请表可以从 GJB 9712—2002 上复制，亦可从网站 www.Dindt.com.cn 下载。

申请表由报考人填写。雇主或用人单位签署意见推荐报考人，并保证申报资料的真实性。

复 习 题

1. 说明 GJB 9712—2002 包含的内容范围、适用的人员范围和适用的方法范围。

2. 何谓操作授权？

3. 结合本人所从事的专业，举例说明什么是无损检测方法，什么是无损检测技术。

4. 什么叫"无损检测规程"，什么人可以编写"无损检测规程"，"无损检测规程"的主要作用是什么？

5. 什么叫"无损检测规程（工艺卡）"，什么人可以编写"无损检测规程（工艺卡）"，"无损检测规程（工艺卡）"的主要作用是什么？

6. 写出 GJB 9712—2002 规定的 10 种无损检测方法的缩写词。

7. 无损检测人员资格鉴定与认证的级别分为几级，分级依据是什么？

8. 简述对自己所报考的人员资格级别的能力要求。

9. 报考的一般要求包括哪些方面？说明对无损检测人员的学历要求和视力要求。

10. 说明初次报考自己所从事的方法和级别所需要满足的最低培训时间和实践经历要求。

11. 扼要说明初次报考自己所从事的方法和级别的考试项目和具体考试内容。

12. 有哪些行为的考生将被取消考试资格？

13. 说明初次报考自己所从事的方法和级别时，资格鉴定考试的合格条件。

14. 关于补考和重考的规定有哪些？

15. 资格证书的有效期是如何规定的，资格证书在什么情况下失效？

16. 说明 GJB 9712－2002 的颁布日期和实施日期。

附录　典型缺陷主要特征、冶金分析与检测方法

无损检测工作者的任务之一，就是必须选择能充分满足具体零件设计目标的检测方法。

在选择评价具体缺陷的无损检测方法时，必须记住：无损检测方法可以彼此补充，几种无损检测方法可能都有能力执行同一任务。具体方法的选择取决于下列因素：缺陷的类型和起源；材料加工工艺；检测的可达性；所采用的验收标准；可能获得的设备；价格。

虽然，本附录针对每一种缺陷列出的无损检测方法都是按适用于特定缺陷的优先顺序排列的，但必须指出的是，无损检测领域的新技术可能改变检测的优先顺序。

无损检测方法的局限性随适用的标准、材料和服役环境而变。对一种缺陷列出的限制也可能适用于材料或环境条件稍许不同的其他缺陷。

本附录列出了 20 种缺陷，说明了每种缺陷的主要特征及五大常规无损检测方法对检测这些缺陷的适用性和局限性，其意图在于使读者意识到影响有效无损检测方法选择的诸多因素。

A.1　爆裂

1. 主要特征

（1）类型和材料　属于工艺缺陷；可在钢铁材料和有色金属锻件、轧制件或挤压件中找到。

（2）起源和位置　表面或内部。

（3）形状与取向　形状为直的或无规则的空腔，空腔的尺寸可以很宽，也可能很紧密。取向通常与变形的流线方向平行。

（4）典型照片　图 A-1 给出了锻件表面爆裂和螺栓、轧棒和锻棒内部爆裂的典型照片。

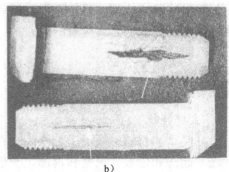

a)　　　　　　　　　　　　　　　　　　b)

图 A-1　爆裂缺陷

a）锻件外部爆裂　b）螺栓内部爆裂

c)　　　　　　　　　　　　　　　　d)

图 A-1　爆裂缺陷（续）

c）轧棒内部爆裂　d）锻棒内部爆裂

2．冶金分析

爆裂是在锻造、轧制或挤压操作时，过低温度加工、过量变形产生的突然破裂。爆裂没有多孔的外观，因而，甚至当其在工件中心出现时，也可以与缩孔相区别。爆裂一般较大，很难在后续加工中消除。

3．检测方法

（1）超声检测　通常用于检测内部爆裂。爆裂都是明确的破裂，类似于裂纹，在示波器上会产生一个很尖锐的反射。超声检测能够检测改变角度的爆裂，而这是其他常规无损检测方法办不到的。工件上的刻痕、沟槽、台阶、撕裂、外来物或气泡可能对超声检测结果产生干扰。

（2）涡流检测　通常不用。涡流检测限于丝材、细棒和其他直径小于 6.35mm 的零件。

（3）磁粉检测　一般用于锻造的铁磁性材料中开口到表面或已经暴露到表面的爆裂。

（4）液体渗透检测　通常不用。当荧光渗透检测要用于此前经过着色渗透检测的零件时，应首先通过延长在适当溶剂中的清洁时间，彻底清除所有着色渗透液的痕迹。

（5）射线照相检测　通常不用。爆裂的方向、闭合界面、锻造材料、缺陷尺寸和材料厚度等因素限制了射线检测的能力。

A.2　冷隔

1．主要特征

（1）类型和材料　属于工艺缺陷；存在于钢铁材料和有色金属铸件中。

（2）起源和位置　表面和内部，一般出现在铸件表面。

（3）形状与取向　平滑的缺口，类似于铸件的折叠。

（4）典型照片　图 A-2 给出了表面冷隔和内部冷隔的典型照片。

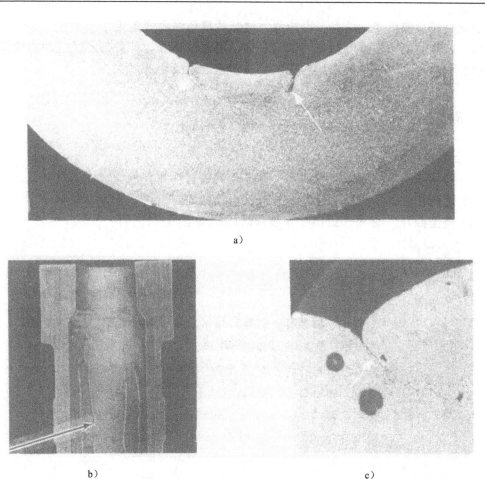

图 A-2　冷隔缺陷

a）表面冷隔　b）内部冷隔　c）表面冷隔显微照片

2．冶金分析

充填金属流汇合时熔合不良所致的穿透或不穿透的缝隙。边缘呈圆角状。多出现在远离浇道的铸件宽大上表面或薄壁处，金属流汇合处，激冷部位，以及芯撑、内冷铁或镶嵌件表面。在具有几个浇道的铸模成形的铸件中，冷隔更普遍。

3．检测方法

（1）液体渗透检测　通常用于评价铁材料和非铁材料的表面冷隔，显示为平滑、规则、连续或断续的线段。用于镍基合金、某些不锈钢和钛的渗透液，其硫或氯含量不应超过 1%。某些铸件可能有盲表面，从这些表面清除多余的渗透液也许是困难的。铸件的几何结构（凹陷处、孔和凸缘）可能集结湿的显像剂，从而干扰缺陷的检测。

（2）磁粉检测　通常用于铁磁性材料的评价。在某些情况下，有些耐蚀钢的冶金特性可导致磁粉显示，而不是裂纹或其他有害缺陷产生的结果；这些显示源自材料内部的双重组织结构，一部分显示很强的顽磁（感应强度），而其他部分不显示。

（3）射线照相检测　用射线照相检测其它铸件缺陷时，冷隔通常也被同时检测到。

冷隔表现为长、宽可变，具有平滑轮廓，清晰的黑色线段或条带。

（4）超声检测　不推荐。作为普遍规律，铸件结构和零件外形不适宜超声检测。

（5）涡流检测　零件外形和内在的材质因素要求采用专用探头。

A.3　角裂纹（螺栓）

1. 主要特征

（1）类型和材料　属于服役缺陷；存在于钢铁材料和有色金属锻造材料中。

（2）起源和位置　表面，位于螺栓杆部内圆角处。

（3）典型照片　图 A-3 给出了角裂纹缺陷的典型照片。

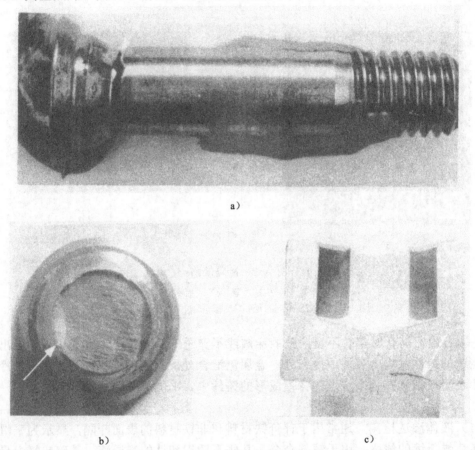

a）

b）　　　　　　　　　　　　　c）

图 A-3　角裂纹缺陷

a）内圆角疲劳失效　b）显示失效切点的断裂区　c）显示内圆角疲劳裂纹的横断面

2. 冶金分析

角裂纹在直径发生显著变化的部位，例如螺栓头部与螺杆的汇合处产生。螺栓服役期间，由于机械运转而承受拉伸交变载荷，导致疲劳失效，裂纹从表面开始，向内部扩展。

3．检测方法

（1）超声检测　广泛用于与服役有关的角裂纹的检测。换能器和仪器的选择范围大，使得对角裂纹的现场评价成为可能。由于角裂纹是一种明确的材料破裂，示波器图像将是一尖锐的反射。超声设备有很高的灵敏度，可以给出可重复和可靠的结果。

（2）液体渗透检测　角裂纹的检测结果表现为尖锐、清晰的显示。与脱漆剂、碱性涂层去除剂、脱氧剂溶液等接触的暴露的高强度钢可能产生结构损伤。由于渗透液与水分的亲和力，渗透液在紧固件、孔、连接部位的聚集可能引起腐蚀。

（3）磁粉检测　仅用于铁磁性螺栓。由于磁粉的大量聚集，角裂纹表现为锐利、清晰的显示。尖角区域可能产生非相关磁显示。个别钢在退火状态表现为微磁性，但热处理后成为强磁性可以进行磁粉检测。

（4）涡流检测　通常不用于角裂纹的检测。

（5）射线照相检测　通常不用于角裂纹的检测。射线照相检测难以对角裂纹进行评价。

A.4　磨削裂纹

1．主要特征

（1）类型和材料　属于工艺缺陷；存在于经过磨削加工的钢铁材料和有色金属热处理零件、表面硬化零件、镀铬零件和陶瓷材料中。

（2）起源和位置　表面。

（3）形状与取向　很浅，根部尖锐。类似于热处理裂纹。一般（但不总是）成簇出现，通常与磨削方向成直角。

（4）典型照片　图 A-4 给出了磨削裂纹缺陷的典型照片。

2．冶金分析

对硬化表面的磨削常常引起裂纹。产生这些热裂纹的原因是磨削表面的局部过热，而导致过热的原因则通常是冷却剂不足或质量太差，钝化或不适当的磨削砂轮，太快的磨削速度或太大的进给量。

3．检测方法

（1）液体渗透检测　通常既用于铁、也用于非铁材料磨削裂纹的检测。液体渗透液显示表现为不规则的或者分散的细线图案。磨削裂纹是最难检测的缺陷，要求最长的渗透时间。已经除油的零件，由于缺陷处仍会积聚一些溶剂，因此，在施加渗透液之前，应给予充分的时间让溶剂蒸发掉。

（2）磁粉检测　严格限于铁磁性材料。虽然在极端情况下可能出现完全的网状裂纹，但磨削裂纹通常与磨削方向成直角，磨削裂纹也许会平行于磁场。当磨削裂纹尺寸减小时，磁粉检测的灵敏度降低。

（3）涡流检测　通常不采用。但涡流设备有能力检测磨削裂纹，并能够为特定的铁和非铁材料应用研发设备。

（4）超声检测　通常不采用。就磨削裂纹而言，其他无损检测方法比超声检测更经济、更快更好。

　　（5）射线照相检测　　不推荐。

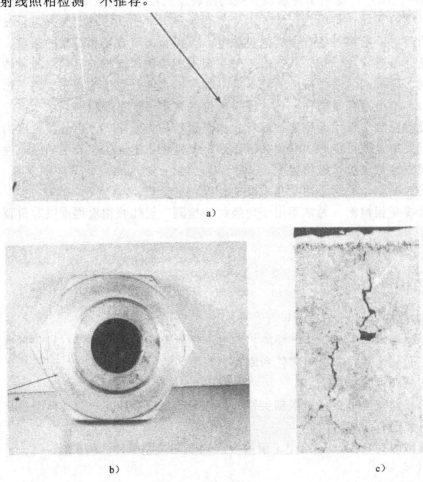

a）

b）　　　　　　　　　　　　c）

图 A-4　磨削裂纹缺陷

a）典型的网状磨削裂纹图案　b）与磨削方向垂直的磨削裂纹图案　c）磨削裂纹显微照片

A.5　回旋管道裂纹

　　1. 主要特征

　　（1）类型和材料　　属于工艺缺陷；存在于有色金属回旋管道中。

　　（2）起源和位置　　表面。

　　（3）形状与取向　　小到显微开裂，大到张开裂缝；沿轧制方向纵向扩展。

　　（4）典型照片　　图 A-5 给出了回旋管道裂纹的典型照片。

　　2. 冶金分析

　　由于成形操作使管道过度延伸，也由于化学腐蚀（例如酸洗），导致粗糙的回旋管道裂纹"桔皮剥落"效应。粗糙表面含有形成应力集中的小凹坑；这些凹坑在后来的服役使用（振动和弯曲）中可能产生附加应力导致疲劳裂纹。

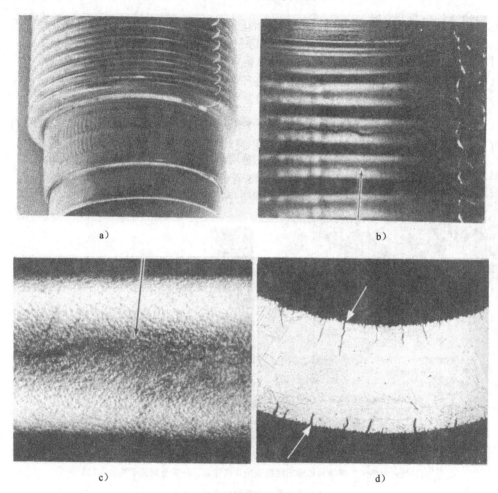

图 A-5　回旋管道裂纹缺陷

a）典型的回旋管道　b）开裂的回旋管道横断面

c）显示桔皮剥落裂纹的放大形貌　d）边缘局部开裂回旋管道裂纹的显微照片

3．检测方法

（1）射线照相检测　广泛用于回旋管道裂纹的检测。制品外形和缺陷位置使得检测几乎仅限于射线照相。由于与 X 射线不垂直的那些裂纹引起的密度变化小而不会在底片上记录，因此，回旋管道与 X 射线源的取向是很关键的。用于识别缺陷位置的标记方式（例如在钛材料上使用油脂铅笔）可能影响制品的组织。

（2）超声检测　通常不用。制品的外形和结构（双壁回旋管道）严格限制了超声检测的应用。

（3）涡流检测　通常不用。

（4）液体渗透检测　不推荐。

（5）磁粉检测　不能用，因为材料是非铁磁性的。

A.6 热影响区裂纹

1. 主要特征

（1）类型和材料　属于工艺缺陷；存在于钢铁材料和有色金属焊接件中。

（2）起源和位置　表面。

（3）形状与取向　一般相当深而紧密。通常与焊接件热影响区的焊缝大致平行。

（4）典型照片　图 A-6 给出了热影响区裂纹缺陷的典型照片。

 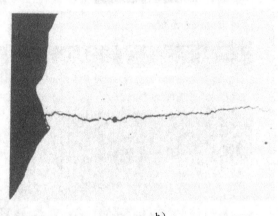

a)　　　　　　　　　　　　　　　　　　　　　　b)

图 A-6　热影响区裂纹缺陷

a）显示出裂纹的焊缝和热影响区显微照片（注意：冷折叠掩盖了裂纹入口）

b）显示图 a 中裂纹的显微照片

2. 冶金分析

焊接件产生热裂纹的机会随含碳量的增加而增加。w（C）>0.3%的钢倾向于这类失效，故要求在焊接前进行预热。

3. 检测方法

（1）磁粉检测　通常用于铁磁性材料的焊接件。

（2）液体渗透检测　通常用于非铁材料焊接件。由于制造加工导致表面污染，在表面污物被清理干净以前不应当进行渗透检测。在应用某些化学薄膜涂层后，由于其对不连续性的覆盖和充填，液体渗透检测可能是无效的。

（3）射线照相检测　通常不用。

（4）超声检测　用于已经开发的专项检测。为了开发有效的检测，需要有要求严格的标块和规程。表面粗糙是使声束偏转的主要因素。

（5）涡流检测　虽然涡流检测方法通常不用于热影响区的检测，但涡流检测设备有能力检测铁或非铁材料的表面缺陷。

A.7 热处理裂纹

1．主要特征

（1）类型和材料　属于工艺缺陷；存在于经过热处理的钢铁材料和有色金属锻件、铸件、焊接件和机加工件中。

（2）起源和位置　表面。起源于材料厚度迅速变化处、尖锐的机械加工痕迹、圆角、刻痕。

（3）形状与取向　一般很深、呈叉状。能沿零件的任何方向产生。

（4）典型照片　图 A-7 给出了热处理裂纹不连续性的典型照片。

a）

b）

图 A-7　热处理裂纹缺陷

a）厚度变化的内圆角处裂纹（顶部中间）和无倒角开裂（左下）

b）由于机械加工痕迹产生的热处理裂纹

2．冶金分析

在加热和冷却过程中，不均匀的加热或冷却、零件变形受限或截面厚度的变化都可能产生局部应力，这些应力可能超过材料的抗拉强度，从而引起零件破裂。应力集中处（键槽或凹槽），还可能产生附加的裂纹。

3. 检测方法

（1）磁粉检测　对于铁磁性材料，热处理裂纹通常采用磁粉检测。相关显示通常表现为平直、交叉或曲线显示。热处理裂纹可能的起源点是可能产生应力集中的区域，例如键槽、圆角或材料厚度急剧变化处。可时效硬化和可热处理不锈钢的冶金组织可产生非相关显示。

（2）液体渗透检测　推荐用于非铁材料的检测。

（3）涡流检测　虽然涡流检测方法通常不用于热处理裂纹的检测，但涡流检测设备有能力检测铁或非铁材料的表面缺陷。

（4）超声检测　通常不采用。如果采用，示波器图像将示出缺陷的明确显示。推荐采用表面波。

（5）射线照相检测　通常不采用。

A.8　表面缩裂

1. 主要特征

（1）类型和材料　属于工艺缺陷（焊接）；存在于钢铁材料和有色金属焊接件中。

（2）起源和位置　位于焊缝、熔合区和基体金属表面。

（3）形状与取向　尺寸范围从很小、很紧密到张开，从很浅到很深。裂纹方向可能与焊接方向平行或垂直。

（4）典型照片　图 A-8 给出了表面缩裂缺陷的典型照片。

2. 冶金分析

表面缩裂通常是零件在加热或焊接时热量运用不适当的结果。局部区域加热或冷却可能产生超过材料拉伸强度的应力，从而引起材料开裂。加热、冷却或焊接期间材料变形（收缩或膨胀）受限也可产生额外的应力。

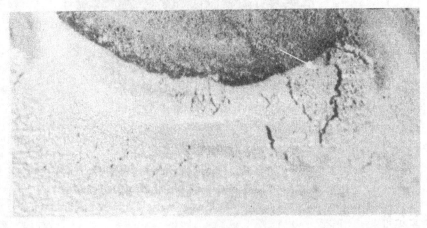

a）

图 A-8　表面缩裂缺陷

a）热影响区横向裂纹

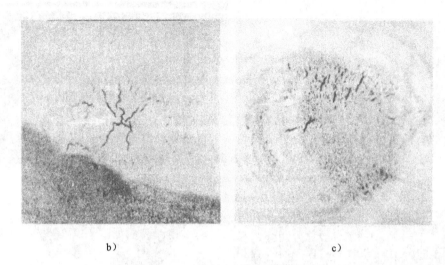

图 A-8　表面缩裂缺陷（续）

b）典型的星形焊口裂纹　c）焊缝终端的缩裂

3．检测方法

（1）液体渗透检测　非铁材料的表面缩裂通常采用液体渗透检测。由螺栓连接、铆接、断续焊接或压力装配连接的部件将残留渗透液，这些渗透液在显影后会渗出，从而干扰邻近表面的检测。当零件用热空气干燥机或类似手段干燥时，应避免过高的干燥温度，以防止渗透液的蒸发。

（2）磁粉检测　通常用于铁磁性焊接件的检测。与磁场方向平行的表面缺陷不会使磁场中断或变形，不会产生显示。

（3）涡流检测　能够检测铁或非铁焊接件。探头或环形线圈可能在工件结构允许的部位使用。

（4）射线照相检测　射线照相检测方法通常不用于表面缺陷的检测。

（5）超声检测　通常不用于表面缩裂的检测。

A.9　螺纹裂纹

1．主要特征

（1）类型和材料　属于服役缺陷；存在于钢铁材料和有色金属锻造螺栓中。

（2）起源和位置　表面。源于螺纹根部。

（3）形状与取向　穿晶裂纹。

（4）典型照片　图 A-9 给出了螺纹裂纹缺陷的典型照片。

2．冶金分析

这种形式的疲劳失效并不罕见。由于振动和/或屈曲导致的高循环应力附加到螺纹根部的应力集中部位产生裂纹。疲劳裂纹可能从很细的亚微观不连续或裂纹开始并沿外加应力的方向扩展。

图 A-9　螺栓裂纹缺陷

a）整个螺栓根部失效　b）典型的螺栓根部失效

c）显示图 a 根底裂纹的显微照片　d）显示图 b 螺栓根部穿晶裂纹的显微照片

3．检测方法

（1）液体渗透检测　优先推荐荧光渗透液。不推荐低表面张力溶剂如汽油、煤油作为清洁剂。将渗透液应用于部件或结构中的零件时，相邻部位应有效保护，避免超范围喷涂。

（2）磁粉检测　通常用于铁磁性材料螺纹裂纹的检测。螺纹轮廓可能产生非相关磁显示。在卤代碳氢化合物中清洗钛和 440C 不锈钢可导致材料的结构损伤。

（3）超声检测　可采用圆柱导波技术检测。

（4）涡流检测　要求应用适合螺纹尺寸的专用探头。

（5）射线照相检测　不推荐。

A.10　管裂纹

1．主要特征

（1）类型和材料　属于工艺缺陷；材料为有色金属。

（2）起源和位置　内表面。

（3）形状与取向 与晶粒流线方向平行。

（4）典型照片 图 A-10 给出了管裂纹缺陷的典型照片。

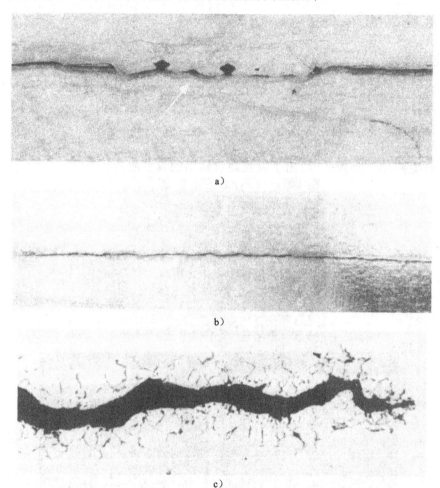

a)

b)

c)

图 A-10 管裂纹缺陷

a）典型的管子内部裂纹（显示有冷折叠） b）图 a 裂纹的另一部分（显示断裂） c）图 b 的显微照片

2．冶金分析

产生管裂纹的原因是：管子在制造期间冷变形不适当；管子内表面嵌入了外来物，当其退火加热时，引起冷加工材料脆化和开裂；在可能出现开裂的退火温度（649～760℃）范围，加热速率不够。

3．检测方法

（1）涡流检测 通常用于这类缺陷的检测。就设备能力而言，直径小于 25.4mm、壁厚小于 3.8mm 是最适宜的。

（2）超声检测 通常使用。有多种设备和探头可供选择。

（3）射线照相检测 通常不用。

（4）液体渗透检测 不推荐。

（5）磁粉检测　不用。因为材料是有色金属。

A.11　氢脆裂纹

1. 主要特征

（1）类型和材料　属于工艺和服役缺陷；可在经过酸洗和/或电镀后热处理，或在自由氢中暴露过的钢铁材料制件中找到。

（2）起源和位置　表面。

（3）形状与取向　尺寸很小。随机取向。

（4）典型照片　图 A-11 给出了氢脆裂纹缺陷的典型照片。

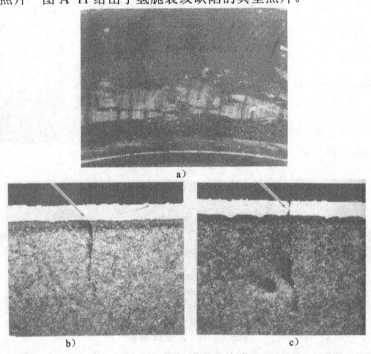

图 A-11　氢脆裂纹缺陷

a）氢脆裂纹图案　b）铬板下的氢脆裂纹　c）穿过铬板扩展的氢脆裂纹

2. 冶金分析

电镀或电镀前的酸洗和清洁操作使材料表面产生氢，这种氢从材料表面渗入，导致材料立即或延迟脆化和开裂。

3. 检测方法

（1）磁粉检测　磁粉显示表现为断裂图案。氢脆裂纹随机取向，可能与磁场平行。磁粉检测应在电镀前和电镀后进行。应当小心，避免产生非相关显示或引起过热损伤。某些耐蚀钢在退火状态是非磁性的，借助冷加工才成为磁性的。

（2）液体渗透检测　通常不用。表面氢脆裂纹极紧密、很小，检测困难。随后的电镀沉积物可能掩盖这种缺陷。

（3）超声检测　虽然超声设备有检测氢脆裂纹的能力，通常仍不采用。一般，零件形状和尺寸不适合这种方法检测。如果选用超声检测方法，推荐采用表面波和/或渡越时间技术。

（4）涡流检测　不推荐。

（5）射线照相检测　不推荐。

A.12　焊接件夹杂

1.　主要特征

（1）类型和材料　属于工艺缺陷；可能是金属夹杂，也可能是非金属夹杂。存在于钢铁材料和有色金属焊接件中。

（2）起源和位置　表面和近表面。

（3）形状与取向　可以是任何形状。可能单个出现，也可能分布在整个焊缝中。

（4）典型照片　图 A-12 给出了焊接件夹杂缺陷的典型照片。

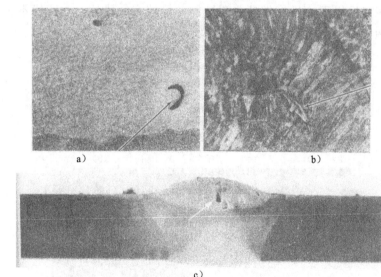

图 A-12　焊接件夹杂缺陷

a）金属夹杂　b）焊缝中夹杂　c）显示焊缝内部夹杂的横断面

2.　冶金分析

一般来说，金属夹杂是不同于焊缝或基体金属密度的不同密度的金属颗粒，非金属夹杂则是氧化物、硫化物、熔渣、或其它非金属外来物。

3.　检测方法

（1）射线照相检测　普遍应用。在射线照相底片上，金属夹杂表现为有界的、圆的、不规则形状的、或拉长的白点，可单独出现，也可分散成群存在。在射线照相底片上，非金属夹杂表现为圆球、拉长或不规则形状轮廓的阴影，可单独出现，也可分散成群存在于整个焊缝中；通常出现在熔合区或焊缝根部；较大的胶片密度显示夹杂为较小吸收系数的材料，较小的胶片密度显示夹杂为较大吸收系数的材料。像松散的鳞片、飞溅、或焊剂这些外来物可能使检测结果失效。

（2）涡流检测　通常限于薄壁管的检测。如果要获得有效的结果，必须建立标准。

（3）磁粉检测　通常不用于焊接件夹杂的检测。限于检测经过机械加工、夹杂处于表面或近表面的焊接件。将出现锯齿状、不规则形状、单个的、成群的显示；显示不太明显。

（4）超声检测　通常不用。特殊应用可以考虑。

（5）液体渗透检测　不用。

A.13　锻件夹杂

1. 主要特征

（1）类型和材料　属于工艺缺陷。可在钢铁材料和有色金属锻件、挤压件和轧制件中找到。

（2）起源和位置　近表面（机械加工前）和表面（机械加工后）。

（3）形状与取向　有两类。一类是与流线平行的长而直的非金属夹杂，紧密依附在基体上，很可能成组出现。另一类是非塑性的，呈较大的块体，与流线不平行。

（4）典型照片　图 A-13 给出了锻件夹杂缺陷的典型照片。

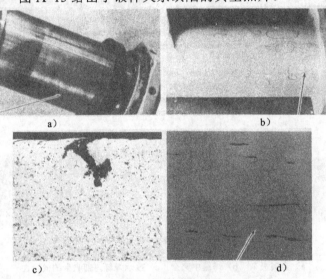

图 A-13　锻件夹杂缺陷

a）机加工表面上的典型夹杂图案　b）显示大量夹杂的钢锻件

c）典型夹杂的显微照片　d）显示夹杂取向的纵断面

2. 冶金分析

非金属夹杂是存在在钢坯或铸锭中的熔渣或氧化物造成的。非塑性夹杂是钢坯熔化时残存在固态中的颗粒引起的。

3. 检测方法

（1）超声检测　通常用于评价锻造材料中的夹杂。金属中的夹杂与金属有明显的界限；小的、成簇的夹杂引起背反射不同程度的降低，无数小而分散的夹杂则产生过量的噪声。夹杂取向与超声束的关系至关重要。只要可能，超声束的入射方向就应当与晶粒流线方向垂直。

（2）涡流检测　通常用于薄壁管和小尺寸棒材的检测。铁磁性材料的涡流检测是困难的。

（3）磁粉检测　通常用于机械加工表面。夹杂表现为直的、断续的、或连续的显示；可单个存在，也可成簇存在。所选择的磁化技术应使得表面或近表面夹杂都能令人满意的检测出来。由于夹杂方向与晶粒流线方向平行，因此掌握材料晶粒变形流线的知识至关重要。

（4）液体渗透检测　通常不用。

（5）射线照相检测　不推荐。

A.14　未焊透

1. 主要特征

（1）类型和材料　属于工艺缺陷。存在于钢铁材料和有色金属焊接件中。

（2）起源和位置　内部或外部。

（3）形状与取向　一般不规则，出现在焊缝根部，与焊缝平行。

（4）典型照片　图 A-14 给出了未焊透缺陷的典型照片。

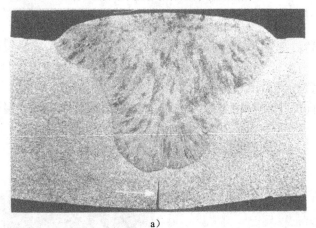

a)

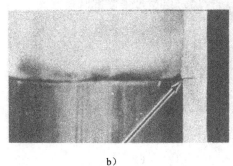

b)

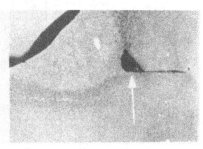

c)

图 A-14　未焊透缺陷

a）根部未焊透　b）焊管根部未充分焊透　c）内角处未充分焊透

2. 冶金分析

未焊透可由达不到熔化温度的根部接合表面形成，也可由快的焊接速度、太粗的焊条或太冷的焊珠所引起。

3. 检测方法

（1）射线照相检测　广泛应用于各种焊接件的未焊透检测。在射线照相底片上，未焊透表现为拉长的、长度和宽度各异的黑色影像。未焊透可以是连续的或断续的。未焊透方向与射线源的关系至关重要。灵敏度水平决定检测小或紧密不连续性的能力。

（2）超声检测　一般作为特殊用途。在示波器上，未焊透将表现为明显的突变或类似于裂纹的不连续，并给出很尖锐的反射。

（3）涡流检测　通常用于确定非铁焊管的未焊透。涡流检测也可用在其他非铁零件能满足设备配置要求的场合。

（4）磁粉检测　未焊透表现为宽度变化的不规则显示。

（5）液体渗透检测　未焊透表现为宽度变化的不规则显示。残留的渗透液和显像剂可能因腐蚀性而影响补焊。

A.15　分层

1. 主要特征

（1）类型和材料　属于工艺缺陷。存在于钢铁材料和有色金属锻件、挤压件和轧制件中。

（2）起源和位置　表面或内部。

（3）形状与取向　平的，相当薄。一般与工件表面平行。在分层的两表面之间可能包含一层氧化膜。

（4）典型照片　图 A-15 给出了分层缺陷的典型照片。

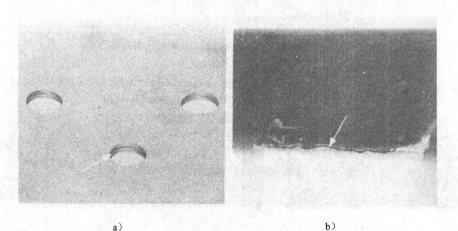

a)　　　　　　　　　　　　　　　　b)

图 A-15　分层缺陷

a）厚度6.35mm 板内的分层　b）厚度1mm 钛板中的分层

c)　　　　　　　　　　　　　　　　　　d)

图 A-15　分层缺陷（续）

c）显示表面取向的板内分层　d）显示表面取向的25.4mm棒内分层

2．冶金分析

分层通常平行于工件表面。分层可能是由于缩孔、气泡、夹杂或偏析等缺陷在加工时被延伸所致。

3．检测方法

（1）超声检测　对于大规格材料，分层的几何形状和取向（垂直于声束）使得它们的检查限于超声检测。多种波形均可使用，取决于材料厚度或所选择的检测方法；自动或手动，接触或液浸法都是可以采用的。对于薄截面，穿透技术和反射技术均可应用。

（2）磁粉检测　由铁磁性材料制造的零件通常可用磁粉检测检查分层。磁显示表现为直的、断续的显示。磁粉检测不能确定分层的总体尺寸和深度。

（3）液体渗透检测　通常用于非铁材料。机械加工、珩磨、研磨、或喷砂可能污染材料表面，从而封闭或掩盖表面分层。对于上述工艺引起的封闭和掩盖作用，必须采用酸或碱浸蚀，以进行彻底的表面清理。

（4）涡流检测　通常不用于检测分层。

（5）射线照相检测　不推荐。

A.16　折叠和发纹（1）

1．主要特征

（1）类型和材料　属于工艺缺陷 。存在于钢铁材料和有色金属轧制螺栓中。

（2）起源和位置　表面。

（3）形状与取向　波纹状，一般相当深，有时闭合，表现为发丝裂纹。沿轧制方向。

（4）典型照片　图 A-16 给出了折叠和发纹缺陷的典型照片。

2．冶金分析

轧制作业时，模具不当或材料过度充填所致。

3．检测方法

（1）液体渗透检测　荧光渗透液为首选。液体渗透液显示将是环绕的、稍微弯曲、断续或连续的显示；折叠和发纹可以单独出现，也可以成簇出现。

（2）磁粉检测　折叠与发纹的磁粉显示通常与液体渗透显示相同。非相关磁粉显示可能来源于螺栓本身。有问题的磁粉显示能够通过液体渗透检测来验证。

（3）涡流检测　探头线圈设计必须与被检件匹配。

（4）超声检测　不推荐。

（5）射线照相检测　不推荐。

a）

b）

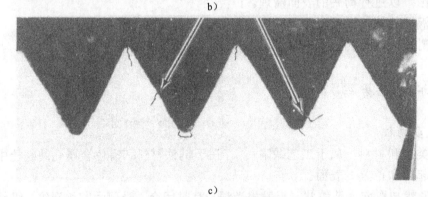
c）

图 A-16　轧制螺纹中的折叠和发纹缺陷

a）典型的折叠和发纹失效部位　b）出现在螺纹根部的失效　c）折叠和发纹容易出现的部位

A.17　折叠和发纹（2）

1．主要特征

（1）类型和材料　属于工艺缺陷。存在于钢铁材料和有色金属锻件中。可在锻造的锻件、板材、管、棒中找到。

（2）起源和位置　表面。

（3）形状与取向

1）折叠——波纹线。由于以小角度进入表面，通常既不明显，也不紧贴。折叠可能有被严重污染的表面开口。

2）发纹——很长、一般相当深、有时闭合。通常以与变形流线平行的裂缝形式出现。在轧制的棒、管材中，偶尔呈螺旋状。

（4）典型照片　图 A-17 给出了折叠缺陷的典型照片。

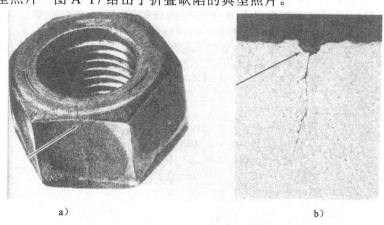

a)　　　　　　　　　　　　　　　　　b)

图 A-17　锻造材料中的折叠缺陷

a）典型的锻件折叠　b）一种折叠的显微照片。

2．冶金分析

1）发纹——起源于前期加工带来的气孔、裂纹、裂口和撕裂，沿轧制方向或锻造方向延伸。发纹两相邻界面之间的距离很小。

2）折叠——类似于发纹。产生折叠的原因可能是由于不适当的轧制、锻造或改变尺寸的操作。

3．检测方法

（1）磁粉检测　推荐用于铁磁性材料表面和近表面折叠和发纹的检测。折叠和发纹表现为平直的、螺旋的、或微弯的显示；可单独存在，亦可成簇存在；可以是连续的，也可以是断续的。由于折叠和发纹处的磁粉聚集很小，因此必须使用比检测裂纹更大的电流。检测锻件的折叠和发纹时，由于其所在平面几乎与表面平行，应采用正确的磁化技术。

（2）液体渗透检测　推荐用于非铁磁性材料的检测。折叠和发纹可能是闭合的，因而难以检测，采用渗透检测更是如此。施加渗透液前适当加热工件可稍微改善液体渗透检测折叠和发纹的能力。

（3）超声检测　推荐用于锻造材料的检测。表面波和／或渡越时间技术有可能准确评价折叠和发纹的深度、长度和大小。折叠和发纹的超声显示将表现为金属内部的明确界面。

（4）涡流检测　通常用于管道和管子折叠和发纹的评价。当零件外形和尺寸允许时，其他工件也能用涡流检测来鉴别。

（5）射线照相检测　不推荐。

A.18　显微缩松

1. 主要特征

（1）类型和材料　属于工艺缺陷。材料为镁合金铸件。

（2）起源和位置　内部。

（3）形状与取向　在晶界上出现的小的丝状孔穴，横断面上表现为集中的孔隙。

（4）典型照片　图 A-18 给出了显微缩松的典型照片。

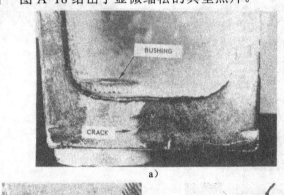

a）

b）

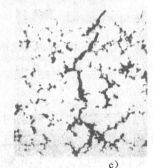

c）

图 A-18　显微缩松缺陷

a）有裂纹的镁合金机架　b）图 a 的局部　c）裂纹区的显微照片

2. 冶金分析

缩松在金属的塑性或半熔化状态出现。当其冷却时，如果金属液体补给不充分，则收缩将留下孔穴。

3. 检测方法

（1）射线照相检测　普遍用于确定显微缩松的验收级别。在射线照相底片上，显微缩松表现为黑色的、不规则的斑纹，这种斑纹预示着晶界上存在孔洞。

（2）液体渗透检测　通常用于精加工表面。显微缩松通常不开口于表面，因而，将在加工区检测到。显示的外形取决于切出显微缩松所在的平面，可从连续的细丝到大量多孔的显示变化。渗透液可能通过浸透多微孔的铸件而成为污染物，影响它接受表面处理的能力。不适当地使用酸和碱可能导致严重的结构或尺寸损伤；只有获得正式批准才能使用酸或碱。

（3）涡流检测　不推荐。

（4）超声检测　不推荐。

（5）磁粉检测　不适用。

A.19　气孔

1. 主要特征

（1）类型和材料　属于工艺缺陷。存在于钢铁材料和有色金属焊接件。

（2）起源和位置　表面或表面下。

（3）形状与取向　球形或拉长形泪珠状。分散均匀地遍布焊缝或呈小群孤立存在，也可能集中在焊缝根部或焊缝边缘。

（4）典型照片　图 A-19 给出了气孔缺陷的典型照片。

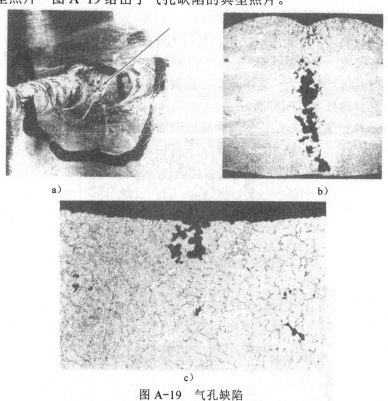

图 A-19　气孔缺陷

a）典型的表面气孔　b）显示气孔延伸的横断面

c）显示典型收缩气孔的横断面显微照片

2．冶金分析

焊缝中的气孔是由于熔化金属中的滞留气体、金属基体或焊条中太多的潮气，或不适当的清理或预热造成的。

3．检测方法

（1）射线照相检测　射线检测是应用最普遍的检测焊接件气孔的方法。在射线照片图像上，"球形"气孔表现为具有平滑边界的卵形斑点，而"拉长形"气孔有时表现为长轴比短轴长几倍的椭圆形斑点。外来物（如焊剂）会影响检测结果的有效性。

（2）超声检测　超声检测设备具有高的灵敏度，有能力检测气孔；如果要获得有效的检测结果，应当使用经确认的标块。表面粗糙度和晶粒尺寸将影响检测结果的有效性。

（3）涡流检测　通常限于薄壁管。透入深度不大于 6.35mm。

（4）液体渗透检测　通常限于铁和非铁焊接件的工艺控制。像磁粉检测一样，液体渗透检测只能用于表面评价。为了防止任何清洁剂、铁氧化物和液体渗透液滞留，从而污染重焊作业，操作需特别小心。

（5）磁粉检测　通常不用于检测气孔。

A.20　晶间腐蚀裂纹

1．主要特征

（1）类型和材料　类型为服役缺陷。材料为有色金属。

（2）起源和位置　表面或内部。

（3）形状与取向　形状为一连串无确定图案的小微孔；可单个出现，也可成簇出现。晶间腐蚀可沿晶界向任意方向扩展。

（4）典型照片　图 A-20 给出了晶间腐蚀缺陷的典型照片。

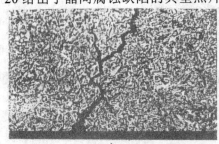

a)

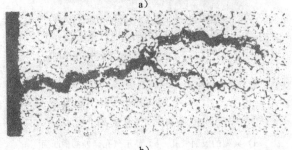

b)

图 A-20　晶间腐蚀缺陷

2．冶金分析

促成晶间腐蚀的两个因素是：有晶间腐蚀倾向的材料（如未经稳定化处理的 300 系列不锈钢）的冶金学组织；可能引起晶间腐蚀敏感性的不适当的消除应力或热处理。两个条件中的任意一个与腐蚀性大气相结合都将导致晶间腐蚀。

3．检测方法

（1）液体渗透检测　晶间腐蚀的尺寸和位置使得液体渗透检测成为首选。在应用液体渗透液之前进行的化学清洗作业可能污染工件并严重影响检测结果。用溶剂清洗可能释放 Cl_2 并加速晶间腐蚀。残留的渗透液溶液可能存在清理问题。

（2）超声检测　其先进技术已被成功地应用于核工业的应力腐蚀和应力腐蚀裂纹检测。显示表现为难以解释的超声信号幅度、波形和特征的变化。

（3）涡流检测　涡流能够用于探测晶间腐蚀。管材适于采用涡流检测。材料的冶金组织可严重影响输出的信号显示。

（4）射线照相检测　最晚期的晶间腐蚀已用射线照相检出。灵敏度水平可能阻碍微细晶间腐蚀的检测。射线照相可能不会显示出现在表面的晶间腐蚀。

（5）磁粉检测　不推荐。缺陷的类型和材料限制了磁粉检测的应用。

参 考 文 献

1 ASM, Metals Handbook, Ninth Edition. Volume17. Nondestructive Evaluation and Quality Control, 1989

2 中国机械工程学会无损检测学会编. 涡流检测. 北京：机械工业出版社，1986

3 任吉林 林俊明 高春法编著. 电磁检测. 北京：机械工业出版社，2000

4 Jim Cox. Classroom Training Handbook Nondestructive Testing, Eddy Current. Harrisburg: PH Diversified, Inc. 1997

5 杨宝初. 我国核蒸汽发生器传热管在役检测现状. 无损检测，2000，22（5）：215～216

6 姚广仁. 磁性金属基体上非磁性涂层厚度的无损检测方法. 无损检测，2000，22（5）：217～218

7 美国金属学会主编. 金属手册：第 11 卷无损检测与质量控质. 第 8 版. 王庆绥等译. 北京：机械工业出版社，1988

8 中国机械工程学会无损检测学会编著. 渗透检验. 北京：机械工业出版社，1986

9 全国锅炉压力容器无损检测人员资格鉴定考核委员会编. 渗透探伤. 北京：中国锅炉压力容器安全杂志社，1997

10 美国无损检测学会编. 美国无损检测手册. 美国无损检测手册译审委员会译. 上海：世界图书出版公司，1994

11 MAGNAFLUX Penetrant Seminars,Latest State-of-the-Art Penetrant Processing and Process controls 1994

12 中国机械工程学会无损检测分会编. 磁粉探伤. 北京：机械工业出版社，2004

13 全国锅炉压力容器无损检测人员资格鉴定考核委员会编. 磁粉探伤. 北京：劳动人事出版社，1999

14 中国机械工程学会无损检测分会编. 射线检测. 第 3 版. 北京：机械工业出版社，2004

15 国防科技工业无损检测人员资格鉴定与认证培训教材编审委员会编. 射线检测. 北京：机械工业出版社，2004

16 中国机械工程学会无损检测学会、航空航天无损检测人员资格鉴定委员会编. 超声波检测. 第 2 版. 北京：机械工业出版社，2000

17 全国锅炉压力容器无损检测人员资格鉴定考核委员会编. 超声波探伤. 北京：中国锅炉压力容器安全杂志社，1995

18 船级社编. 超声检测技术. 北京：人民交通出版社，2001

19 超声波探伤编写组编. 超声波探伤. 北京：电力工业出版社，1980

20 蒋危平等编. 超声检测学. 武汉：武汉测绘科技大学出版社，1991

21 李家伟，陈积懋主编. 无损检测手册. 北京：机械工业出版社，2002

22 师昌绪主编. 材料大词典. 北京：化学工业出版社，1994

23 中国冶金百科全书编辑委员会编. 中国冶金百科全书：金属材料卷. 北京：冶金工业出版社，2001

24 航空工业科技词典：航空材料与工艺. 北京：国防工业出版社，1982

25 中国冶金大百科全书编辑委员会编. 中国冶金百科全书：金属塑性加工. 北京：冶金工业出版社，1999

26 航空制造工程手册编委会编. 航空制造工程手册：表面处理. 北京：航空工业出版社，1993

27 CT－2 Nondestructive Testing，Liquid Penetrant Testing，PH Diversified，Inc.,1996

28 CT－3 Nondestructive Testing，Magnetic Particle Testing，PH Diversified，Inc，1996

29 CT－4 Nondestructive Testing，Ultrasonic Testing, PH Diversified，Inc，1997

30 CT－5 Nondestructive Testing，Eddy Current Testing，PH Diversified，Inc.，1996

31 CT－6 Nondestructive Testing，Radiographic Testing，PH Diversified，Inc.，1983

32 化工百科全书编辑委员会编. 化工百科全书：专业卷，冶金和金属材料. 北京：化学工业出版社，
    2001

33 航空制造工程手册编委会编. 航空制造工程手册：热处理. 北京：航空工业出版社，1993

34 方昆凡，黄英主编. 机械工程材料实用手册. 沈阳：东北大学出版社，1995

35 中国大百科全书总编辑委员会编. 中国大百科全书：机械工程卷Ⅰ. 北京：中国大百科全书出版
    社，1987

36 中国大百科全书总编辑委员会编. 中国大百科全书：机械工程卷Ⅱ. 北京：中国大百科全书出版
    社，1987

37 李成功，傅恒志，于翘等编着. 航空航天材料. 北京：国防工业出版社，2002

38 中国机械工程学会铸造专业分会编. 铸造手册：第五卷铸造工艺. 北京：国防工业出版社，1996

39 航空制造工程手册编委会编. 航空制造工程手册：焊接. 北京：航空工业出版社，1996